Rennhak
Strategisches Marketing

Strategisches Marketing

von

Prof. Dr. Carsten Rennhak

Verlag Franz Vahlen München

Prof. Dr. Carsten Rennhak ist Professor an der Fakultät Betriebswirtschaft der Universität der Bundeswehr in München und Visiting Professor an mehreren internationalen Hochschulen.

ISBN 978-3-8006-5126-9

Wilhelmstraße 9, 80801 München
Satz: Fotosatz Buck
Zweikirchener Str. 7, 84036 Kumhausen
Druck und Bindung: Nomos Verlagsgesellschaft mbH & Co. KG
In den Lissen 12, 76547 Sinzheim
Umschlaggestaltung: Ralph Zimmermann – Bureau Parapluie
Bildnachweis: © Oliver26 – depositphotos.com

Gedruckt auf säurefreiem, alterungsbeständigem Papier
(hergestellt aus chlorfrei gebleichtem Zellstoff)

Vorwort

Strategisches Marketing wendet sich an Studierende, Dozenten und Praktiker, die sich mit Fragen der langfristigen Marketingplanung befassen. Besonders geeignet ist dieses Buch für Lehrveranstaltungen im Rahmen von Bachelorstudiengängen an Universitäten und Fachhochschulen. Insbesondere für diese Zielgruppen bietet das Lehrbuch eine Basis für eine theoretisch fundierte und dennoch kompakte sowie praxisnahe akademische Ausbildung. Auch Praktiker, die in ihren Unternehmen Verantwortung für Marketingentscheidungen tragen, bilden eine zentrale Zielgruppe dieses Buches.

Durch die kompakte und – hoffentlich – verständliche Aufbereitung ist das Lehrbuch auch für Studierende mit dem Nebenfach „Betriebswirtschaftslehre" geeignet und nicht – wie viele andere Bücher zu diesem Thema auf dem Markt – überdimensioniert. Am Anfang jedes Kapitels verschaffen die Lernziele einen Überblick über die nachfolgend dargestellten Zusammenhänge. Außerdem werden zum einfacheren Erschließen des Materials ein englischsprachiger Abstract, eine Zusammenstellung der wichtigsten deutsch- und englischsprachigen Schlüsselbegriffe sowie ein Glossar angeboten. Neben der Hervorhebung der wichtigsten Definitionen im Text und aktuellen Fallbeispielen aus der Wirtschaftspraxis dienen Kontrollfragen am Ende eines jeden Kapitels der laufenden Lernkontrolle und einer gezielten Prüfungsvorbereitung.

Mein großer Dank für die Unterstützung bei der Erstellung dieses Lehrbuchs geht an Frau Carina Schmidt vom Institut für Organisationskommunikation der Universität der Bundeswehr in München, ohne deren Unterstützung ich dieses Projekt nicht hätte realisieren können. Mein herzlicher Dank gilt ebenso Frau Sabine Müller von der Fakultät Betriebswirtschaft der Universität der Bundeswehr in München, die in unermüdlicher Detailarbeit die Druckfahnen korrigiert hat, sowie Herrn Armin Tichacek für die Bearbeitung der Formatvorlage und die Überarbeitung sämtlicher Grafiken. Herrn Thomas Ammon vom Verlag Franz Vahlen danke ich für die hervorragende Betreuung des Projektes.

Ein Buch lebt von den Anregungen seiner Leserinnen und Leser. Ich würde mich deshalb freuen, wenn Sie mich über die angegebene E-Mail-Adresse bei der Weiterentwicklung und kontinuierlichen Verbesserung dieses Lehrbuches unterstützen würden.

Herzlichen Dank im Voraus für Ihre Rückmeldungen und Anregungen!

Universität der Bundeswehr München *Carsten Rennhak*
Carsten.Rennhak@unibw.de

Inhaltsverzeichnis

1. Grundlagen des strategischen Marketings 1

1.1 Aktuelle Herausforderungen im Marketing 3
1.1.1 Marketingbegriff heute 4
1.1.2 Herausforderungen für das moderne Marketing. 6
1.1.3 Marketingmaßnahmen im dynamischen Umfeld 9
1.1.4 Wichtige Grundlagen des strategischen Marketings 12
1.1.5 Das Aufgabenspektrum des strategischen Marketings 13
1.1.6 Der strategische Planungsprozess 14
1.1.6.1 Unternehmenszweck und Unternehmensmission 18
1.1.6.2 Unternehmensphilosophie 20
1.1.6.3 Unternehmensidentität. 22
1.1.6.4 Strategische Ziele der marktorientierten Unternehmensführung. 23
1.1.7 Leitbilder des strategischen Marketings 28
1.1.7.1 Der ressourcenorientierte Ansatz. . . . 28
1.1.7.2 Der marktorientierte Ansatz. 30
1.1.7.3 Vergleich und Würdigung der Ansätze 31
1.2 Abgrenzung von Märkten und Geschäftsfeldern 33
1.2.1 Marktabgrenzung 33
1.2.1.1 Grundlegende Ansätze zur Marktabgrenzung 35
1.2.1.2 Strategische Gruppen zur Kennzeichnung des relevanten Marktes 37
1.2.1.3 Strukturelle Marktdeterminanten und Wettbewerbsintensität. 38
1.2.1.4 Abgrenzung strategischer Geschäftsfelder 40
1.2.2 Methoden der Kundensegmentierung 42
1.3 Merksätze/Kontrollfragen/Zusammenfassung 47
1.4 Weiterführende Literatur/Glossar 52

2. Informationen im Strategieentwicklungsprozess 55

2.1 Situationsanalyse 57
2.1.1 Unternehmensanalyse 57

2.1.2 Kundenanalyse 59
2.1.3 Umfeldanalyse 64
2.1.4 Verfahren zur Datengewinnung 66
2.2 Entwicklung von strategischen Wettbewerbsvorteilen 68
2.2.1 Weitere strategische Analysen 68
2.2.1.1 Lebenszyklusanalyse 69
2.2.1.2 Portfolioanalyse 76
2.2.1.3 Wertkettenanalyse 79
2.2.2 SWOT-Analyse 83
2.2.3 Wettbewerbsvorteile durch Marketingstrategien 86
2.3 Merksätze/Kontrollfragen/Zusammenfassung 89
2.4 Weiterführende Literatur/Glossar 93

3. Grundlegende Strategieoptionen und Konzeptionsmodelle im Marketing 95

3.1 Wettbewerbszentrierte Strategien 97
3.1.1 Grundlegende Ausrichtungen marktgerichteter Strategien 98
3.1.1.1 Alternativen wettbewerbsgerichteter Marketingstrategien 103
3.1.1.2 Aspekte der wettbewerbsorientierten Marktteilnehmerstrategien 107
3.1.2 Kundenzentrierte Strategien 114
3.1.2.1 Kundenzufriedenheit 114
3.1.2.2 Kundenzufriedenheit und Kundenbindung 115
3.1.2.3 Kundenbeziehungszyklus und Kundenwertanalyse 116
3.1.3 Strategische Marktwahl 123
3.2 Situationsabhängige Strategiealternativen im Marketing 127
3.2.1 Marketingstrategien für neue Märkte 128
3.2.2 Marketingstrategien für reife Märkte 130
3.3 Bewertung und Auswahl 133
3.3.1 Prozessuale Schritte der Strategiebewertung . . 133
3.3.2 Verfahren zur Strategiebewertung 135
3.4 Ganzheitliche Konzeptionsmodelle in der deutschsprachigen Literatur 139
3.4.1 Marketingmanagementzyklus nach Meffert . . . 139
3.4.2 Konzeptionspyramide nach Becker 141
3.5 Merksätze/Kontrollfragen/Zusammenfassung 144
3.6 Weiterführende Literatur/Glossar 150

4. Ausgestaltung der Marketingstrategie 153

4.1 Produktstrategie 155
4.1.1 Differenzierung und Positionierung von Produkten 155
4.1.2 Herausforderungen bei Dienstleistungen 161
4.1.3 Struktur des Produktportfolios 163
4.1.4 Entwicklung neuer Produkte 169
4.2 Preisstrategie 174
4.2.1 Preis und Marketingstrategie 176
4.2.2 Preisstrategien 182
4.2.3 Preisstrategien für Dienstleistungen 183
4.2.4 Preiselastizitäten 186
4.2.5 Problembereiche der Preisstrategie 189
4.3 Distributionsstrategie 191
4.3.1 Strategische Vertriebskanalgestaltung 194
4.3.2 Konflikte und Kooperation in Wertschöpfungsketten 198
4.3.3 Trends in Vertriebskanälen 200
4.4 Kommunikationsstrategie 203
4.4.1 Der Kommunikationsprozess 204
4.4.2 Kommunikationsziele 205
4.4.3 Information Overload 206
4.4.4 Kommunikationsinstrumente 207
4.5 Merksätze/Kontrollfragen/Zusammenfassung 218
4.6 Weiterführende Literatur/Glossar 223

5. Umsetzung und Controlling für Marketingstrategien 225

5.1 Strategieimplementierung 227
5.1.1 Strategische Fragestellungen der Marketingimplementierung 227
5.1.2 Elemente der Strategieimplementierung 230
5.1.3 Ansätze der Strategieimplementierung 236
5.1.4 Internes Marketing und Strategieimplementierung 238
5.2 Strategiecontrolling 241
5.2.1 Formale Controllingsysteme 243
5.2.2 Informelle Controllingsysteme 245
5.2.3 Die Balanced Sorecard 246
5.3 Merksätze/Kontrollfragen/Zusammenfassung 249
5.4 Weiterführende Literatur/Glossar 253

6. Literaturverzeichnis 255

7. Sachverzeichnis 267

1 Grundlagen des strategischen Marketings

Dieses Kapitel vermittelt Ihnen ein Grundverständnis von strategischem Marketing. Sie werden grundlegende Kenntnisse über die aktuellen Herausforderungen im Marketing, das strategische Marketing und die Auswahl der relevanten Märkte erlangen.

Zunächst wird der Wandel des Marketingbegriffs beleuchtet: Marketing hat sich von einer Unternehmensfunktion unter vielen zu einer funktionsübergreifenden Notwendigkeit gewandelt. Die Bedeutung von Märkten und Konsumenten hat sich für die Unternehmen verändert. Heute steht nicht mehr die reine Optimierung des Marketing-Mix im Fokus, sondern die Schaffung eines langfristigen Kundenbeziehungsmanagements. Marketing hat sich so zu einer Denkhaltung und zur bewussten Führung des Unternehmens vom Markt her entwickelt. Ebenso haben sich die Herausforderungen des Marketings geändert: die Internationalisierung des Unternehmensumfeldes, der Wandel der Medienlandschaft und die gestiegene Marktmacht des Kunden.

Der allgemeine Wandel im Marketing bedingt auch die unterschiedlichen Aufgaben des strategischen Marketings. Diese müssen im strategischen Planungsprozess antizipiert und mit den Leitbildern des strategischen Marketings abgeglichen werden. Um zu verstehen, worauf sich die Marketingstrategien überhaupt beziehen, ist die Abgrenzung von Märkten und Geschäftsfeldern wesentlich.

Diese sind die eigentlichen Planungsobjekte und damit Gegenstand der Planungs- und Implementierungsprozesse. Die Marktabgrenzung umfasst die unternehmerische Festlegung und Auswahl von Märkten und Kundensegmenten.

Lernziele

Nach dem Studium dieses Kapitels werden Sie über grundsätzliche Kenntnisse über Marketing verfügen und wesentliche Zusammenhänge verstehen. Im Einzelnen können Sie

- den Wandel im Verständnis des Marketingbegriffs erklären,
- die Herausforderungen, denen sich das moderne Marketing gegenübersieht, benennen,
- die unterschiedlichen Aufgaben des strategischen Marketings erklären,
- die dominanten Leitbilder des strategischen Marketings diskutieren, und
- die unterschiedlichen Ansätze zur Abgrenzung von Märkten und Geschäftsfeldern sowie die verschiedenen Ansätze zur Kundensegmentierung in B2C- und B2B-Märkten erklären.

Exkurs: Abstract

The underlying chapter deals with the basics of strategic marketing. First, the dynamics of the meaning of the term marketing and the new challenges for modern marketing will be elaborated. The changes in marketing also define the tasks of strategic marketing. To fulfill those tasks, companies have to undergo a strategic planning process and follow the models of strategic marketing. To evaluate the aims of strategic marketing it is necessary to define the markets and customer segments of interest.

Exkurs: Schlüsselbegriffe

- strategisches Marketing
- strategischer Planungsprozess
- Unternehmenszweck und Unternehmensmission
- Unternehmensphilosophie und Unternehmensidentität
- marktorientierte Unternehmensführung
- ressourcenorientierter Ansatz
- marktorientierter Ansatz
- Marktabgrenzung
- strategische Geschäftsfelder
- Kundensegmentierung

Exkurs: Englische Fachbegriffe

- Strategic Marketing
- Strategic Planning Process
- Corporate Mission
- Corporate Philosophy and Corporate Identitiy
- Market-based Management
- Resource-based View
- Market-orientated View
- Market Definition
- Strategic Business Area
- Customer Segmentation

1.1 Aktuelle Herausforderungen im Marketing

Unternehmen versuchen, auf unsere Wünsche beim Kauf von Produkten oder bei der Nutzung von Dienstleistungen bestmöglich einzugehen. Dies geht teilweise so weit, dass selbst Produkte des täglichen Gebrauchs individuell auf uns zugeschnitten werden. Was hat das mit den aktuellen Herausforderungen im Marketing zu tun? Dieser zentralen Frage werden Sie in diesem Kapitel nachgehen.

Zunächst wird der Wandel im Verständnis des Marketingbegriffs aufgezeigt. Das Marketing, zuvor eine Unternehmensfunktion unter vielen, ist nun eine funktionsübergreifende Aufgabe. Im Fokus steht also nicht mehr die reine Optimierung des Marketing-Mix, sondern die Gestaltung eines nachhaltigen Kundenbeziehungsmanagements. Zusätzlich erfüllt das Marketing als integriertes Konzept der ganzheitlichen Unternehmensführung eine zentrale Rolle bei der Ausrichtung aller Unternehmensaktivitäten auf den Markt.

Marketing muss sich heute mit der signifikanten Verschiebung der Marktmacht hin zu den Kunden, der deutlichen Ausweitung des Produktangebots im zunehmend internationalen Wettbewerbsumfeld, der Fragmentierung der Medienlandschaft und des Medienpublikums sowie der Notwendigkeit, beständig werthaltige Nutzenversprechen zu geben, auseinandersetzen. Hinzu kommen die massiv gestiegene Sorge um den Schutz der Privatsphäre und der persönlichen Daten vonseiten der Kunden sowie die unterschiedlichen – bisweilen widersprüchlichen – Anforderungen multipler Rechtssysteme, in denen sich international tätige Unternehmen bewegen.

In Kapitel 1.1.3 werden die Instrumente beleuchtet, über die das moderne Marketing verfügt, um den oben ausgeführten Herausforderungen zu begegnen. Dazu gehören Strategieplanung, Corporate Social Responsibility und die gezielte Analyse von Kundendaten. So sind die Unternehmen in der Lage, Wettbewerbsvorteile und Kundenbeziehungen aufzubauen und zu pflegen und passende Marketingstrategien zu entwickeln und zu implementieren.

1.1.1 Marketingbegriff heute

Die Bedeutung des Begriffs „Marketing" variiert beträchtlich. „Marketingfremde" halten das Marketing für eine Funktion in einem Unternehmen, genau wie Produktion, Forschung und Entwicklung, Personal oder Rechnungswesen (vgl. *Ferrell/Hartline* 2014, S. 7). Die Funktion des Marketings ist, den Kontakt zwischen Unternehmen und Kunden herzustellen. Personen, die mit Marketing vertraut sind, verstehen das Marketing als Prozess, in dem die Angebote des Unternehmens entstehen und an den Kunden gebracht („vermarktet") werden. Die im Marketing wohl einflussreichste Standesorganisation, die American Marketing Association, definiert Marketing wie folgt:

"Marketing is the process of planning and executing the conception, pricing, promotion, and distribution of ideas, goods, and services to create exchanges that satisfy individual and organizational objectives." (Ferrell/Hartline 2014, S. 7).

Diese aktivitätsorientierte Definition entstand in den 1970er-Jahren und wurde sehr stark durch die Entwicklung und Betonung des Marketing-Mix geprägt. Sie definiert Marketing im Kern als ein Bündel marktgerichteter Unternehmensaktivitäten. Diese sind als Prozess der Planung und Durchführung der Produktkonzeption, des Preismanagements, der Kommunikationsaktivitäten und des Vertriebs von Ideen, Gütern und Dienstleistungen zu verstehen. Zweck ist, einen Austausch zu erreichen, der die Wünsche von Individuen und Organisationen befriedigt. Allerdings haben sich seitdem die Realitäten gewandelt und 2005 wurde die Definition für Marketing diesen angepasst.

"Marketing is an organizational function and a set of processes for creating, communicating, and delivering value to customers and for managing customer relationships in ways that benefit the organization and its stakeholders." (Ferrell/Hartline 2014, S. 7).

Diese Marketingdefinition ist eher auf Kundenbeziehungen ausgelegt und darauf ausgerichtet, diese aufzubauen, zu erhalten und zu stärken. Sie ersetzt die aktivitätsorientierte Definition nicht, sondern ergänzt sie. Diese beziehungsorientierte Marketingdefinition ist Ende der 1980er-Jahre im Zusammenhang mit Relationship Marketing entstanden. Relationship Marketing löste damals die Fokussierung auf die einzelnen Transaktionen mit dem Kunden zugunsten der Fokussierung auf die nachhaltigen Beziehungen mit dem Kunden ab.

Die neue Definition der American Marketing Association betont vor allem zwei Aspekte, die heute relevant sind. Einerseits *Value*, also die Schaffung von Werten für den Kunden, und *Customer Relationships*, sprich eine langfristig orientierte Kundenbeziehungsperspektive, die den Kunden als Partner interpretiert. Dies löst eine nur transaktionsorientierte Sicht ab, in der der reine Austausch von Produkten und Dienstleistungen im Vordergrund steht.

Die Kundenzufriedenheit wird durch den Fokus auf die Schaffung von Werten für den Kunden zur zentralen Zielsetzung aller Marketinganstrengungen. Zufriedenheit kann aus einer Vielzahl von Beweggründen jenseits des reinen Produktangebotes bzw. des wahrgenommenen Preis-Leistungs-Verhältnisses entstehen. Die Kundenbeziehung ist besonders dann für den Unternehmenserfolg maßgeblich, wenn der Markt eine gewisse Reife erlangt hat und man sich mit dem Produkt im Wettbewerbsumfeld nicht mehr hinreichend differenzieren kann (vgl. *Ferrell/Hartline* 2014, S. 8).

Darüber hinaus erhält Marketing noch eine weitere Bedeutung. Es soll menschliche und soziale Bedürfnisse erfüllen. Letztendlich soll das Marketing den Lebensstandard kontinuierlich verbessern. Dies bezieht sich nicht nur auf verbesserte Konsummöglichkeiten und wachsenden Reichtum, sondern auch auf die gesamtgesellschaftliche Wohlfahrt. Marketingaktivität erweitert die Konsummöglichkeiten der Kunden. Dies sorgt ebenfalls für steigende Unternehmensgewinne, die den Arbeitnehmern und nicht zuletzt den Anteilseignern zugutekommen (vgl. *Ferrell/Hartline* 2014, S. 8).

Gleichzeitig liegt beim Marketing auch die Verantwortung für die negativen Effekte, die von ihm mitverursacht werden. Dies erfordert von Marktingverantwortlichen, dass sie die sozialen und ethischen Implikationen ihres Handelns bedenken und in ihren Entscheidungen berücksichtigen (vgl. *Ferrell/Hartline* 2014, S. 8).

Nach dieser holistischen Sichtweise wird Marketing zu einem Konzept der ganzheitlichen, marktorientierten Unternehmensführung zur Befriedigung der Bedürfnisse und Erwartungen der Kunden und anderer Interessengruppen (der so genannten Stakeholder). Das Verständnis des Marketings entwickelt sich von einer operativen Beeinflussungstechnik, also den Instrumenten des Marketing-Mix, hin zu einer Führungskonzeption. Diese schließt andere Funktionen wie Beschaffung, Produktion, Verwaltung und Personal mit ein und ist mit entsprechend übergreifenden Entscheidungskompetenzen verbunden. Um diese unternehmensinterne Aufgabe zu erfüllen, muss das Marketing über alle Funktionsbereiche hinweg die Voraussetzungen für die Durchführung der marktbezogenen Aktivitäten im Unternehmen schaffen. Dies bezieht sich besonders auf die Führung des Unternehmens nach der Leitidee der Marktorientierung. Marketing wird dementsprechend von vielen Marketingwissenschaftlern als eine im Kern unternehmerische Denkhaltung gesehen.

1.1.2 Herausforderungen für das moderne Marketing

Für das moderne Marketing hat sich im Laufe der Jahre nicht nur die Bedeutung gewandelt, sondern auch die Herausforderungen. Dies ist bedingt durch Entwicklungen wie den Fortschritt der Computer- und Kommunikationstechnologie, aber auch Ereignisse wie das Platzen der Dotcom-Blase am Anfang des 21. Jahrhunderts und die weltweite Finanzkrise. Die Unternehmenslandschaft wandelt sich fundamental und dynamisch. Zur Veranschaulichung kann man die Mitgliedsunternehmen in Dow Jones oder DAX von heute und denen vor zehn oder zwanzig Jahren betrachten. Dazu ist die *Verschiebung der Marktmacht auf die Seite der Kunden* hervorzuheben (vgl. *Ferrell/Hartline* 2014, S. 3). Die Unterteilung der Märkte in Käufer- und Verkäufermärkte erfolgt entsprechend der vorherrschenden Machtverteilung. Dies bezieht sich auf den jeweiligen Markt, dessen Vertragsbedingungen (Preise, Zahlungs- und Lieferbedingungen, Handelszeiten und -orte etc.) durch den Käufer bzw. den Verkäufer festgelegt werden.

Ein Überhang des Angebotes bei geringer Nachfrage hat zu einer zunehmenden Verbesserung der Verhandlungsposition auf Käuferseite geführt. Während früher die Verhandlungsstärke bei den Unternehmen lag, so gelingt es heute den Kunden immer besser, Unternehmen zu weitreichenden Zugeständnissen zu bewegen.

Aufgrund der einfacher zugänglichen und in Echtzeit vorliegenden Informationen über Konkurrenzangebote, wie beispielsweise Internetseiten zum Preisvergleich eines Produktes bei verschiedenen Anbietern, und der stärkeren Vernetzung von Kunden zur Bildung von Einkaufsgemeinschaften wandeln sich die Märkte immer mehr zu Käufermärkten. Kunden kommunizieren ihre Konsumerfahrung ausgiebig über Social Media. Sie sind heute in der Lage, ihre Unzufriedenheit mit Produkten oder Unternehmenspolitiken vor allem im Internet zu kommunizieren und andere Kunden damit zu mobilisieren.

Beispiel
Sehen Sie sich den Clip „GreenPeace – KitKat" auf YouTube an (https://www.YouTube.com/watch?v=1BCA8dQfGi0).

Die Umweltschutzorganisation Greenpeace machte 2010 mit dieser Kampagne darauf aufmerksam, dass Nestlés Schokoriegel KitKat mit Palmöl produziert wird. Um dieses Palmöl zu gewinnen, werden indonesische Wälder abgeholzt, in denen unter anderem Orang-Utans leben. Mit der Zerstörung ihres Lebensraumes droht die Ausrottung dieser Art. Die Social-Media-Kampagne wies mit einem abschreckenden Video darauf hin, dass Konsumenten bei einer Kaufentscheidung für KitKat zum Aussterben von Orang-Utans beitrugen. Das Video verbreitete sich stark und wurde mehr als 1,6 Millionen Mal angeklickt.

Obwohl Nestlé zunächst versuchte, sich zu wehren und sogar das Video auf dem englischen YouTube-Kanal verbieten ließ, war der öffentliche Aufruhr so groß, dass das Unternehmen schließlich die Verträge mit dem Palmölproduzenten kündigte. Nestlé hatte die Wirkung dieser Social-Media-Kampagne völlig falsch eingeschätzt und war zunächst nicht in der Lage, den Schaden zu begrenzen.

Dank Internet stehen Unternehmen nun jederzeit mit ihrem gesamten Produktangebot weltweit im Wettbewerb (vgl. *Ferrell/Hartline* 2014, S. 3). Der Wettbewerb auf Konsum- und Industriegütermärkten, der durch die zunehmende Internationalisierung hervorgerufen wird, verschärft die Wettbewerbsbedingungen, die teilweise in Verdrängungswettbewerb münden (vgl. *Benkenstein/Uhrich* 2009, S. 14).

Eine weitere Herausforderung für das Marketing stellt die zunehmende *Fragmentierung der Medienlandschaft* und die damit einhergehende Fragmentierung des Medienpublikums dar. Diese Fragmentierung wird durch das Internet und das von ihm geänderte Mediennutzungsverhalten beschleunigt. Aber auch das Angebot der traditionellen Massenmedien erweitert sich fortlaufend. Zum einfachen Kabelfernsehen sind mittlerweile Satellitenfernsehen und Pay-TV gekommen, was auch eine Erhöhung der verfügbaren Fernsehkanäle mit sich gebracht hat. Ebenso hat sich die Zahl von verfügbaren Radiosendern erhöht.

Durch das Internet sind viele Radio- und Fernsehinhalte auch online verfügbar oder werden nur noch dafür produziert. Das Fernsehen wird vielfach durch Portale wie YouTube oder Netflix ersetzt, auf denen Filme und Serien veröffentlicht werden. Auch im Bereich der Printmedien wandelt sich das Trägerobjekt der Information von Zeitungen zu digitalen Darreichungsformen.

In der Konsequenz gewinnt das Internet im Marketing immer mehr an Bedeutung. Allerdings steigen auch die Herausforderungen für

Medienverantwortliche, ein Publikum zu erreichen, das zunehmend fragmentierter wird, eine immer größere Auswahl an Medien hat und mit den einzelnen Medien immer weniger Zeit verbringt (vgl. *Ferrell/Hartline* 2014, S. 4).

Diese dynamischen Innovationen in der Informations- und Kommunikationstechnologie haben in der jüngeren Vergangenheit viele Impulse für das Marketing geliefert. Jenseits der Verschärfung des Wettbewerbs in der Konsumgüterbranche durch neue Kommunikations- und Vertriebswege wurde auch die Vernetzung zwischen Anbietern und Nachfragern gefördert (vgl. *Benkenstein/Uhrich* 2009, S. 15).

Beispiel

Im Jahr 1895 gründet der Unternehmer Daniel Swarovski im Tiroler Dorf Wattens ein Unternehmen zur Verarbeitung von Kristall. Im Laufe der Zeit ist Swarovski führender Hersteller von Kristallwaren geworden. Heute vertreibt das Unternehmen seine Produkte weltweit. So wie es seine Produktpalette erweitert hat, hat es sich auch im Bereich Marketing angepasst. Neben „traditionellen" Werbeanzeigen in Hochglanzmagazinen hat es einen entsprechenden Online-Auftritt. Neben Infotexten über die Produkte und das Unternehmen gibt es Imagefilme, einen Online-Shop und einen Kunst- und Kultur-Blog, in dem Swarovski-Produkte platziert werden. Darüber hinaus unterhält das Unternehmen einen weltweiten Club für die Sammler ihrer Kristallfiguren.

In den Social Media ist das Unternehmen ebenfalls stark präsent. Auf Facebook unterhält es mehrere Seiten und auf YouTube kann der Konsument sich diverse Videos über Produkte, Herstellungsverfahren und Making-ofs (z. B. von dem Fotoshooting des aktuellen Kataloges) ansehen.

1995 eröffnete Swarovski in seinem Herkunftsort Wattens die Swarovski Kristallwelten. Das Museum zelebriert Kristall in verschiedenen Facetten und erreicht damit nicht nur Kristallfans (vgl. http://www.swarovski.com).

Das Aufkommen diverser Krisen (Finanzkrise, Terrorismus etc.) hat Kunden verunsichert. Hinzu kommt die zunehmende Volatilität in den Arbeitsverhältnissen, die ebenfalls zu einer steigenden Preissensitivität beiträgt. Die Unternehmen müssen diesem Wertewandel Rechnung tragen, um weiterhin wettbewerbsfähig zu sein. Der Ängstlichkeit der Kunden begegnen sie mit *werthaltigen Nutzenversprechen*, d. h. der Erklärung des Mehrwerts eines Angebots und seiner Preiswürdigkeit.

Darüber hinaus sind Kunden heute in der Lage, viele Dienstleistungen, für die zuvor ein spezialisierter Dienstleister benötigt wurde, selbst zu generieren. Während man früher für die Buchung eines

Urlaubes in ein Reisebüro gehen musste, buchen viele Leute heute Flüge, Hotels und Mietwagen bei Internetportalen (vgl. *Ferrell/Hartline* 2014, S. 4 f.).

Ein Mehrwert ist für den Kunden nur vorhanden, wenn er etwas selbst nicht leisten kann. Kann er eine entsprechende Leistung selbst durchführen, ist er nicht willens, dafür zu zahlen. Kunden sind heute oft direkt mit dem Hersteller vernetzt und können Zwischenhändler umgehen. Diese Entwicklung zeigt sich auch in vielen Branchen, z. B. dem Buchhandel. Hier hat sich der Markt durch Innovationen wie das E-Book stark geändert. Die Kernleistung wurde für den Kunden immer günstiger und in der Konsequenz hat sich die Branchenstruktur verändert.

Der technologische Wandel bedingt auch einen gesellschaftlichen Wandel hin zu einer immer offeneren Gesellschaft. Dieser Wandel geht Hand in Hand mit einem gestiegenen Bedürfnis nach *Privatsphäre und Datenschutz* auf Kundenseite. Das betrifft nicht nur Online-Geschäftsmodelle, sondern auch die Offline-Welt (vgl. *Ferrell/Hartline* 2014, S. 5). Das Sammeln und Auswerten von Kundendaten ist keine neue Unternehmenspraxis. Allerdings sind Kunden heute wesentlich sensibler, was die Nutzung ihrer Daten angeht. Zwar schätzen die Kunden die Annehmlichkeiten individualisierter Angebote über elektronische Plattformen, gleichzeitig verlangen sie aber Datensicherheit und Vertraulichkeit sensibler Informationen.

Da die Unternehmen immer internationaler in ihrer Geschäftstätigkeit werden, sind sie zunehmend mit den Anforderungen multipler Rechtssysteme konfrontiert. Denken Sie nur an die Vielzahl an Ländermärkten, auf denen Internetunternehmen aktiv sind. An die Unternehmen wird der Anspruch gestellt, allen rechtlichen Normen in allen Ländern zu genügen. Das ist aber – bei widersprüchlichen Rechtsnormen – in der Praxis nicht verwirklichbar. Beispielsweise ist Google gezwungen, einen separaten Suchdienst in China anzubieten, um mit den chinesischen Zensurvorschriften kompatibel zu sein (vgl. *Ferrell/Hartline* 2014, S. 6).

1.1.3 Marketingmaßnahmen im dynamischen Umfeld

Um den verschiedenen Herausforderungen des modernen Marketings zu begegnen, entfalten Unternehmen eine Vielzahl an Aktivitäten. Diese variieren in Umfang und Reichweite, zielen aber immer darauf ab, den Kunden davon zu überzeugen, das eigene Produkt zu kaufen (vgl. *Ferrell/Hartline* 2014, S. 14). Es gibt verschiedene Marketingentscheidungen, die notwendig sind, um im dynamischen Umfeld zu bestehen. *Ferrell/Hartline* (2014, S. 14 ff.) unterscheiden zwischen folgenden Marketingmaßnahmen, die notwendig sind, um die Herausforderungen für das moderne Marketing zu meistern:

- die Strategieplanung
- die Sicherstellung von Corporate Social Responsibility
- die rigorose Analyse von Kundendaten
- die Entwicklung nachhaltiger Wettbewerbsvorteile
- die damit einhergehenden Marketingstrategien
- deren systematische Implementierung
- der Aufbau und die Bewahrung von Kundenbeziehungen.

Um seine Ziele zu erreichen, muss ein Unternehmen einen Plan entwickeln. Die *Strategieplanung* zeichnet mittelfristig (ca. ein bis drei Jahre) oder langfristig (ca. drei bis fünf Jahre) vor, wie Unternehmensziele erreicht werden können. Dabei ist Strategieplanung ein vielstufiger, immer wieder zu leistender Prozess. Dieser Prozess obliegt in vielen Unternehmen hierarchisch bedingt den oberen Managementebenen. Hier fokussieren die Planer die Makro-Fragestellungen, z. B. die Bestimmung von Unternehmenszweck und -mission, Unternehmensphilosophie und -identität, oder die Planung des Portfolios an Geschäftsfeldern.

Auf der mittleren Ebene erfolgt die Planung typischerweise aus der Perspektive eines Geschäftsfeldes, während auf den unteren Hierarchieebenen oft eher taktisch geplant wird, z. B. in Form von Marketingplänen, die die Vermarktung von Produkten auf den entsprechenden Märkten optimieren.

Corporate Social Responsibility bezeichnet nach *Ferrell/Hartline* (2014, S. 20) die Verpflichtung eines Unternehmens, eine maximal positive Wirkung auf die Gesellschaft zu erreichen. Dieser Verantwortung wird im Bereich der Marketingethik Rechnung getragen. Marketingethik bezeichnet die Grundsätze und Standards, die akzeptables Marketingverhalten definieren. Ethisches Marketing erzeugt Vertrauen bei den Marktpartnern, was die Grundlage für langfristige Beziehungen schafft. Zusätzlich ist die Förderung von gemeinnützig-philanthropischen Aktivitäten ein wichtiger Beitrag zur Corporate Social Responsibility.

Beispiel

Red Nose Day/Green Seven Pro 7

Red Nose Day ist eine Initiative zur nachhaltigen Förderung des sozialen ehrenamtlichen Engagements für bedürftige Kinder und Jugendliche in Deutschland und der ganzen Welt. Dieser Charity-Event, der seit 2003 jährlich von ProSieben veranstaltet wird, wird von Personen und Unternehmen der deutschen Medienwirtschaft durchgeführt. Über Tage hinweg wird der Event auf dem Fernsehsender ProSieben mit prominenten Persönlichkeiten beworben und in viele Sendungsformate integriert.

Neben dem Red Nose Day gibt es eine weitere, weithin sichtbare Corporate Social Responsibility Maßnahme von ProSieben, die einmal jährlich stattfindet: die ProSieben Green Seven Woche. In mehreren Sendungen behandelt ProSieben in dieser Woche ein ausgewähltes Thema im Bereich Umweltschutz. 2015 standen z. B. Bienen bzw. das Bienensterben im Fokus. Dabei wird den Zuschauern mit Wissensbeiträgen die Bedeutung der Bienen für den Menschen und die aktuellen Problematiken des Bienensterbens durch Umweltgifte und landwirtschaftliche Monokulturen nahegebracht (vgl. http://www.prosieben.de).

Für die Strategieplanung sind vor allem die Verfügbarkeit und Interpretation von Information notwendig. Daher ist die *Analyse von Kundendaten* zu deren Bedürfnissen, Meinungen und Einstellungen essenziell für Marketingverantwortliche. Neben Kundendaten sind auch Daten zu internen Stärken und Schwächen, hier insbesondere zur aktuellen und künftigen Verfügbarkeit von Ressourcen, sowie Wettbewerbsdaten (u. a. zu Fähigkeiten, Stärken und Schwächen und zukünftigen Handlungsabsichten) und Daten zur Entwicklung im Unternehmensumfeld (u. a. zu politischen, ökonomischen, sozialen und kulturellen sowie technologischen Trends) entscheidend für die Strategieplanung (vgl. *Ferrell/Hartline* 2016, S. 16).

Für den Erfolg am Markt braucht ein Unternehmen zumindest einen *Wettbewerbsvorteil*. Ein Wettbewerbsvorteil ist, einfach gesagt, etwas, das das Unternehmen besser macht als seine Wettbewerber und das aus Kundensicht relevant ist. Wettbewerbsvorteile determinieren den Rahmen für die nachgelagerten Marketingaktivitäten (vgl. *Ferrell/Hartline* 2014, S. 16). Apple beispielsweise positioniert sich am Markt durch Innovationsdynamik, Ästhetik und Customer Experience (vgl. *Ferrell/Hartline* 2014, S. 16).

In der *Marketingstrategie* legt das Unternehmen fest, wie es die Bedürfnisse und Wünsche seiner Kunden erfüllen will. Dies schließt auch das Streben ein, Beziehungen zum wechselseitigen Nutzen mit anderen Stakeholdern wie Mitarbeitern oder Partnern in der Wertschöpfungskette zu etablieren und zu erhalten. Also bezeichnet der Begriff Marketingstrategie ein langfristig ausgerichtetes, planvolles Vorgehen zur Realisierung der Marketingziele. Sie umschreibt einen Plan, wie das Unternehmen seine Stärken und Fähigkeiten einsetzen will, um die Kundenanforderungen am Markt zu erfüllen. Zu einer Marketingstrategie gehört eine Definition des Zielmarktes und des notwendigen Marketing-Mix. Mit der Marketingstrategie kann die Planung der optimalen Kombination der Marketinginstrumente wie Produkt, Preis, Distribution und Kommunikation erfolgen (vgl. *Ferrell/Hartline* 2014, S. 17). Sobald Marketingstrategie und Marketing-Mix definiert sind, ist der Plan in die Tat umzusetzen. Diesen Schritt bezeichnet man als Implementierung (vgl. *Ferrell/Hartline* 2014, S. 20). Die Art und Weise der Implementierung muss bereits von der Planung erfasst sein.

Im Laufe der Zeit haben Unternehmen festgestellt, dass sie durch die Etablierung und Pflege langfristiger Kundenbeziehungen leichter Kundendaten generieren können und Kundenbeziehungen profitabler werden. Das neue Paradigma *Customer Relationship Management* bezeichnet deshalb die konsequente Ausrichtung einer Unternehmung auf die systematische Gestaltung der Kundenbeziehungsprozesse (vgl. *Ferrell/Hartline* 2014, S. 21). Das Management der Kundenbeziehungen löst damit das transaktionsorientierte Marketing ab.

	Transaktionsorientierter Ansatz	Kundenbindungsansatz
Ziel	• Auftragsabschluss • Kunden-Lieferantenverhältnis • Kunde kauft Leistungsangebot	• Etablierung langfristiger Kundenbeziehungen • Partnerschaftsverhältnis • Interaktive Wertgenerierung und Kundenintegration
Paradigma	• Umsatzfokussierung • Undifferenzierte Services • Einzelproduktorientierung	• Ergebnisfokussierung • Individualisierte Servicelevels • Kundenorientierung
Kunden-verständnis	• Geringe Kundenkenntnis • Relative Unabhängigkeit Verkäufer/Käufer	• Spezifische Kenntnis individueller Kunden inkl. Prognose des individuellen Kundenverhältnisses • Interdependenz Verkäufer/Käufer
Marktsicht	• Bewertung auf Basis von Produkten und Kosten • Fokus auf Neukundengewinnung	• Bewertung auf Basis der Problemlösungs-kompetenz • Fokus auf Wertsteigerung in bestehenden Beziehungen
Marketing-verständnis	• Fokus auf Produkte • Kundenkontakte als episodische Ereignisse • Monolog zu aggregierter Kundenmenge	• Fokus auf Service • Kundenkontakte als kontinuierlicher Prozess • Individualisierter Dialog

Abbildung 1: Transaktionskosten vs. Kundenbeziehungsmanagement

1.1.4 Wichtige Grundlagen des strategischen Marketings

Unter einer Strategie versteht man im Allgemeinen die Festlegung eines Plans, mit welchen Maßnahmen das gewünschte Ziel erreicht werden kann. Stellen Sie sich vor, Sie möchten die Räume Ihrer Wohnung oder Ihres Hauses neu gestalten. Wie gehen Sie vor? Zunächst wählen Sie ein Zimmer aus, mit dem Sie beginnen. Sie beschäftigen sich mit der farblichen Ausgestaltung: Welche Farbe wirkt am besten und welche Muster passen dazu? Sie überlegen, ob Sie selbst renovieren oder einen Handwerker beauftragen, je nach finanziellem Budget. Sie machen sich einen Zeitplan, bis wann das Zimmer fertig sein soll. Ähnlich wie bei der Renovierung muss beim strategischen Marketing zunächst ein Planungsprozess erfolgen.

1.1.5 Das Aufgabenspektrum des strategischen Marketings

In den 1920er-Jahren entwickelte sich aus der *Handelsbetriebslehre* eine eigenständige *betriebliche Absatzlehre* mit betriebswirtschaftlicher Perspektive. Die Entwicklung hin zur industriellen Massenproduktion in den 1930er-und 1940er-Jahren führte in den 1950er-Jahren zu einer verstärkten Verkaufsorientierung der Disziplin.

Der Absatz von Gütern wurde als eine Funktion „am Ende des Fließbandes" interpretiert. Produzierte Waren mussten verkauft werden.

Mit dem wachsenden Wohlstand seit den 1950er-Jahren wurde das Warenangebot größer und die Position der Nachfrager stärker. Aus dem Käufer, der die raren Waren zu ergattern hoffte, wurde ein Konsument, der vergleichen und auswählen und so auch mit seinen Kaufentscheidungen über den Erfolg oder Misserfolg der Unternehmen entscheiden konnte. So entstanden *Käufermärkte.*

Zeitgleich wurde von *Drucker* der Begriff „Marketing" verbreitet. Von der „verlängerten Werkbank" wurde Marketing jetzt als bewusstes Führen einer Unternehmung vom Absatzmarkt her verstanden. Das Marketing hat sich vertieft und verbreitert (vgl. *Meffert/Bruhn* 1976). Die steigende Dynamik der Aufgabenumwelt sorgt für eine zunehmend strategische Orientierung des Marketings (vgl. *Ansoff* 1981, *Benkenstein/Uhrich* 2009, *Köhler/Böhler* 1984). Marketing wurde zusehends zu einem integrierten Konzept der marktorientierten Unternehmensführung (vgl. *Meffert* 1989, *Köhler* 1993). Das Ziel des Marketings ist, Kundenbedürfnisse zu erkennen, Kundenprobleme zu verstehen und diese besser zu lösen als der Wettbewerb (vgl. *Rennhak/Opresnik* 2015).

Das strategische Marketing hat zwei grundlegende Aufgaben (vgl. *Benkenstein/Uhrich* 2009, S. 15 f.):

- Die Abgrenzung des Zielmarktes durch die Identifikation von Wünschen und Bedürfnissen desselben
- Das Angebot eines Vorteils gegenüber vergleichbaren Angeboten durch die Entwicklung und Implementierung von Wettbewerbsstrategien. Dieser Vorteil kann in der Wirksamkeit und/oder der Wirtschaftlichkeit des Angebots bestehen (*Kotler/Bliemel* 2006).

Die Abgrenzung des Aufgabenspektrums des strategischen Marketings ist allgemein gehalten. Ein Überblick über unterschiedliche Auffassungen der Aufgaben des strategischen Marketings ist z. B. bei *Benkenstein/Uhrich* (2009, S. 16) zu finden.

In der Abbildung wird deutlich, dass die verschiedenen Autoren dem strategischen Marketing deutlich unterschiedliche Aufgaben zuordnen.

Kotler/Bliemel (2001)	Meffert et al. (2008)	Becker (2006)	Backhaus/Voeth (2007)	Bruhn (2009)
Auswahl von Zielmärkten	Bildung strategischer Geschäftsfelder	Strategische Marketingziele	Definition der „Corporate Mission"	Festlegung strategischer Marketingziele
Formulierung des unternehmerischen Grundauftrags und der Leistungsziele	Definition der „Business Mission"	Marktfeldstrategien	Abgrenzung der strategischen Geschäftsfelder	Prioritäten bei der Auswahl und Bearbeitung der Marktsegmente
Definition generischer Wettbewerbsstrategien	Ableitung strategischer Stoßrichtungen	Marktstimulierungsstrategien	Koordination des Geschäftsfeldportfolios	Verbindungen zum strategischen Controlling
Bildung strategischer Allianzen	Ableitung von Norm- und Marktteilnehmerstrategien	Marktparzellierungsstrategien	Festlegungen zur Art der Marktstimulierung	
Strategieimplementierung	Formulierung funktionaler Strategien	Marktarealstrategien	Zeitpunkt des Marktein und -austritts	
			Identifikation von Kooperationspartnern	

Abbildung 2: Aufgabenspektrum des strategischen Marketings nach *Benkenstein/Uhrich* (2009, S. 16)

Die einen sehen die vornehmliche Aufgabe des strategischen Marketings in der Definition generischer Wettbewerbsstrategien *Kotler/Bliemel* (2006). Andere dagegen fokussieren auf die Definition von Marktteilnehmerstrategien als Kernaufgabe des strategischen Marketings *Meffert et al* (2008). *Becker* (2013) misst Marktfeld- und Marktarealstrategien die größte Bedeutung bei, während *Backhaus/Voeth* (2007) insbesondere auf das Timing von Marktein- und -austritt verweisen. *Bruhn* (2009) ist vor allem die Verbindung zum strategischen Controlling wichtig (*Benkenstein/Uhrich* 2009, S. 16).

Trotz der Heterogenität der Schwerpunkte zeigt ein Vergleich der beschriebenen Aufgabenspektren, dass die Aufgaben des strategischen Marketings doch relativ einheitlich gesehen werden (vgl. *Benkenstein/Uhrich* 2009, S. 16). Kernaufgaben sind nach *Benkenstein/Uhrich* (2009, S. 16 f.):

- Festlegung der Unternehmensphilosophie und der strategischen Ziele
- Abgrenzung und Auswahl der strategischen Geschäftsfelder
- Entwicklung, Bewertung und Auswahl der Marktteilnehmer- und Marktbearbeitungsstrategien
- Implementierung der Strategien (sowohl intern im Unternehmen wie auch extern im Markt)

1.1.6 Der strategische Planungsprozess

Die Marketingstrategie ist im Kontext der Gesamtstrategie zu sehen und muss die relevanten Aspekte derselben integrieren (vgl. *Ferrell/Hartline* 2014, S. 27 ff.). Der strategische Planungsprozess wiederum bildet den Rahmen für die Marketingstrategie.

Der strategische Planungsprozesses beginnt mit der Situationsanalyse, welche die Ressourcen, Stärken und Fähigkeiten des Unternehmens an den Anforderungen des Kunden- und Wettbewerbsumfelds sowie der sonstigen Einflüsse im Unternehmensumfeld spiegelt (vgl. *Ferrell/Hartline* 2014, S. 29). Auf Grundlage dieser umfassenden Analyse erfolgt dann die Ableitung von

- Unternehmenszweck bzw. -mission,
- Unternehmensphilosophie,
- Unternehmensidentität,
- Oberzielen der Unternehmung,
- Geschäftsbereichs- und Funktionalzielen sowie
- Unterzielen im Planungsprozess (*Ferrell/Hartline* 2014, S. 29).

Die Planung marktgerichteter Wettbewerbsstrategien muss nach *Benkenstein/Uhrich* (2009, S. 88) folgende Voraussetzungen erfüllen:

- die Abgrenzung der relevanten Märkte
- die Analyse der unternehmensexternen wie -internen Einflüsse auf die Unternehmenstätigkeit
- deren Erfolgsbedingungen

Der Ansatz von *Hinterhuber* (2004) gewichtet vor allem die Festlegung der Mission der Unternehmung und die Formulierung langfristiger Ziele, was auch von *Benkenstein/Uhrich* (2009, S. 88) als die entscheidende Voraussetzung für eine erfolgreiche Planung der marktgerichteten Wettbewerbsstrategien angesehen wird.

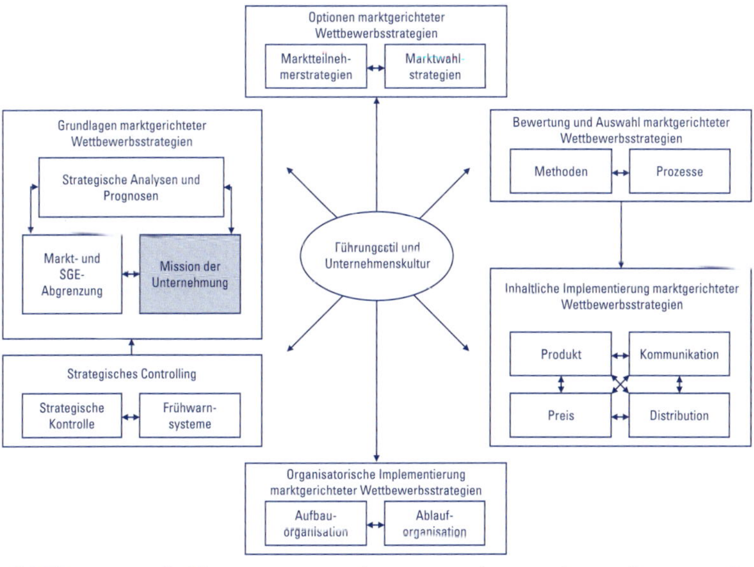

Abbildung 3: Zielbildung im Prozess der strategischen Marketingplanung und -implementierung nach *Benkenstein/Uhrich* (2009, S. 88)

Die Zusammenstellung der Marketingziele zählt zu den anspruchsvollsten Aufgaben in einem Unternehmen. Einerseits soll ein bestimmtes Ziel erreicht werden, andererseits sind die Ziele abhängig von den strategischen und operativen Möglichkeiten sowie von den unternehmensexternen Bedingungen und ihren künftigen Veränderungen. Orientiert sich die Marketingstrategie jedoch nicht an klaren Zielen, läuft sie Gefahr, dass die Marketingmaßnahmen kurzfristig angelegt, immer wieder angepasst und schließlich zu einem „muddling through“ werden.

Es besteht dennoch ein wechselseitiger Zusammenhang zwischen den Zielen und den Strategien eines Unternehmens. Grundsätzlich sollen bestimmte Ziele durch entsprechende Strategien erreicht werden, allerdings können bestimmte Ziele oft nur erreicht werden, wenn die strategischen Grundlagen klar sind. Obwohl in diesem Kapitel der Fokus auf den marktseitigen Herausforderungen und Planungsschritten zur Entwicklung einer kundenorientierten Marketingstrategie liegt, muss hier nochmals klar herausgestellt werden, dass Unternehmen dann besonders effektive Marketingstrategien entwickeln, wenn die Marketingstrategien im Einklang mit dem Unternehmenszweck und den Unternehmenszielen sowie sämtlichen anderen funktionalen Plänen stehen (vgl. *Ferrell/Hartline* 2014, S. 30).

Entsprechend ist zu Beginn der Zielbildung die Definition des *Unternehmenszwecks* (bzw. der Unternehmensmission), der *Unternehmensphilosophie* und der *Unternehmensgrundsätze* nötig (*Schreyögg* 1993). Diese Definitionen sind wiederum die Grundlage für die Festlegung der zu bearbeitenden Geschäftsfelder (vgl. *Benkenstein/Uhrich* 2009, S. 89). Sind die Geschäftsfelder eindeutig definiert, kann die Unternehmensmission in *operationale Handlungsziele* gewandelt werden. Diese Interdependenz im Zielbildungsprozess ist anhand einer gebrochenen Zielpyramide in Abbildung 4 dargestellt (*Becker* 2013, *Benkenstein/Uhrich* 2009, S. 89, *Meffert* 1994). Ziele gelten hier als erwünschte zukünftige Zustände, die durch Implementierung der festgelegten Marketingstrategien erreicht werden sollen (vgl. *Steffenhagen* 2008).

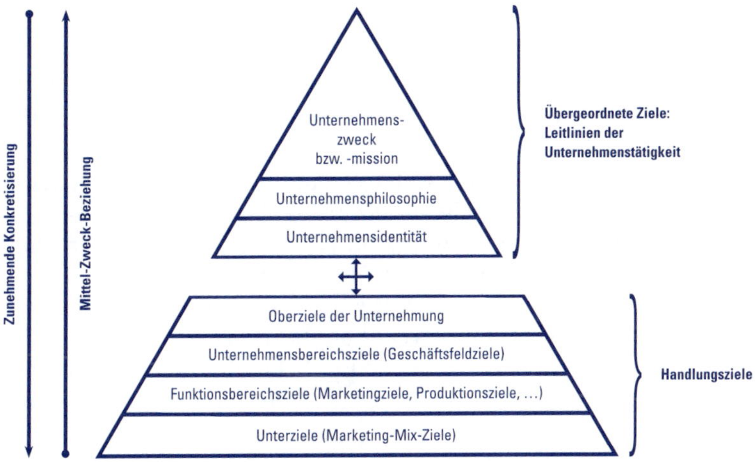

Abbildung 4: Verknüpfungsbeziehungen innerhalb der Zielbildung (vgl. *Benkenstein/Uhrich* 2009, S. 89)

Die übergeordneten Ziele auf den oberen Ebenen definieren die Leitlinien der Unternehmenstätigkeit. Die unteren Ebenen umfassen die Zielbildung im engeren Sinn (vgl. *Becker* 2013, S. 27 f.). Die Leitlinien der Unternehmenstätigkeit werden als Prämissen oder als Leitlinien für den Prozess der Formulierung und der Auswahl von Strategien angesehen. Die in der Zielpyramide darunter liegenden Handlungsziele lassen sich erst festlegen, wenn bestimmte Strategien definiert worden sind. In dieser Phase des strategischen Planungsprozesses ist die Definition eines langfristig gültigen *Zielsystems* der Unternehmung wichtig. Das Zielsystem wird mittels strategischer und operativer Verhaltenspläne (*Meffert* 1986) der einzelnen Unternehmensbereiche und Geschäftsfelder umgesetzt (vgl. *Benkenstein/Uhrich* 2009, S. 89). Die Handlungsziele werden also auf der Basis von Unternehmenszweck bzw. -mission, Unternehmensphilosophie und Unternehmensidentität erarbeitet. Handlungsziele sind die *Oberziele der Unternehmung*, also die Formal- und Sachziele. Dazu gehören u. a. Gewinnziele, Rentabilitätsziele und soziale Ziele. Um die Realisierung dieser Unternehmensziele zu gewährleisten, müssen den einzelnen Bereichen des Unternehmens, z. B. Beschaffung, Produktion und Marketing, detailliertere Teilziele vorgegeben werden. Dies sind Funktionsbereichsziele. Sie müssen noch weiter präzisiert werden, sodass daraus schließlich die geschäftsfeldbezogenen Zwischenziele und auf der nachfolgenden Ebene die Unter- oder Instrumentalziele entstehen. Unternehmens- und Marketingziele sind also hierarchisch aufgebaut und entsprechend in die unterschiedlichen Ebenen der Unternehmenshierarchie eingebunden.

Für den Marketingbereich müssen aus den übergeordneten Zielen des Unternehmens Marketingziele abgeleitet werden, die mit den Marketingstrategien und den Marketinginstrumenten erreicht werden können. Das Marketing-Zielsystem ist hierarchisch und komplex aufgebaut.

Ein solches Zielsystem stellt Kohärenz und unternehmensbereichs- bzw. geschäftsfeldübergreifende Koordination sowie vorausschauendes Handeln im Wettbewerbsumfeld sicher. Zusätzlich ist eine effektive, flexible und zeitnahe Anpassung an sich verändernde Umweltbedingungen möglich. Des Weiteren kann vermieden werden, dass sich das strategische Marketing nur als „reaktive Anpassung" (*Meffert* 1994) an politische, ökonomische, soziale, technische und/ oder technologische Dynamiken in der Unternehmensumwelt darstellt.

Die Ableitung der strategischen Ausgangsziele einer marktorientierten Unternehmensplanung und deren schrittweise Konkretisierung erfolgt, indem die Mittel-Zweck-Beziehungen zwischen den einzelnen Leitlinien der Unternehmenstätigkeit und den einzelnen Handlungszielen analysiert werden (vgl. *Becker* 2013, S. 28).

1.1.6.1 Unternehmenszweck und Unternehmensmission

Die Erstellung eines marktorientierten strategischen Zielsystems beginnt mit der Bestimmung der Unternehmensmission (vgl. *Hinterhuber* 2004). Dieser wiederum geht die Festlegung des Unternehmenszwecks voran. Der Unternehmenszweck legt fest, warum die Unternehmung besteht und welche Aufgabe sie im wirtschaftlichen Umfeld und in der Gesellschaft zu erfüllen gedenkt.

Am Anfang einer Unternehmensgründung steht meist die Idee eines Zusatznutzens für Kunden, Markt und Gesellschaft. Diese Idee stellt die Unternehmensmission bzw. die Formulierung des Unternehmenszwecks dar, beschreibt den Sinn des Unternehmens und begründet somit dessen Existenz. Der Unternehmenszweck determiniert die Grundrichtung des Unternehmens (vgl. *Benkenstein/Uhrich* 2009, S. 90). *„Der Unternehmenszweck kann produkt-, technologie- oder auch markt- bzw. kundenorientiert ausgerichtet sein"* (*Benkenstein/Uhrich* 2009, S. 90).

Die Unternehmensmission soll nach *Ferrell/Hartline* (2014, S. 30) u.a. die folgenden Fragen beantworten:

- Wer sind wir?
- Wer sind unsere Kunden?
- Welches sind unsere Kernkompetenzen bzw. Wettbewerbsvorteile?
- Welches sind unsere Verantwortlichkeiten als ehrbare Kaufleute hinsichtlich der uns anvertrauten Ressourcen (Personal, Finanzen, natürliche Ressourcen etc.)?

Im Zuge der Bestimmung des Unternehmenszwecks ist auch die korrekte Abgrenzung der Unternehmenstätigkeit wichtig (vgl. *Morris* 1996, S. 103 ff.). Werden wichtige Teile in der Zweckbestimmung vernachlässigt oder nebensächliche Bereiche zu stark berücksichtigt, können sich als Folge die Mitarbeiter nicht mit dieser Zweckbestimmung identifizieren oder die Unternehmung rückt falsche Aufgaben in den Mittelpunkt ihrer Tätigkeit und gefährdet damit die Erreichung ihrer Ziele (vgl. *Benkenstein/Uhrich* 2009, S. 91).

Kritische Beurteilungsmaßstäbe sind die Reichweite und die Stabilität der Unternehmensmission (*Ferrell/Hartline* 2014, S. 32). Wird eine Mission zu breit angelegt (z. B. „Make all people happy around the world by providing them with entertaining products"), hat sie keinerlei Aussagekraft. Mit einer zu breit angelegten Unternehmensmission läuft das Unternehmen Gefahr, Strategien für Tätigkeitsbereiche zu entwickeln und hier entsprechende Ressourcen einzusetzen, in denen ihm die Expertise oder hinreichende Stärken für eine erfolgreiche Marktbearbeitung fehlen. Bei einer zu eng gefassten Unternehmensmission besteht die Gefahr, dass man sich zu sehr auf ein Produkt oder eine Technologie fokussiert und vergisst, dass Kunden das Produkt nur kaufen (bzw. die Technologie nur nutzen), um ein bestimmtes Problem zu lösen. Hat ein anderes Unternehmen eine überlegene Problemlösung mittels eines anderen Produkts oder einer anderen Technologie, hat man im Wettbewerb das Nachsehen.

Der Unternehmenszweck bzw. die Unternehmensmission sollten so selten wie möglich variiert werden und über mehrere strategische Planungszyklen hinweg stabil bleiben (vgl. *Ferrell/Hartline* 2011, S. 33). Änderungen auf dieser Ebene ziehen Änderungsbedarfe auf allen nachgelagerten Ebenen im strategischen Planungsprozess nach sich. Anpassungen des Unternehmenszwecks bzw. der Unternehmensmission sollten also nur erfolgen, wenn sich Kompetenzen und Fähigkeiten des Unternehmens sowie das Kunden-, Wettbewerbs- oder Technologieumfeld deutlich verändern (vgl. *Ferrell/Hartline* 2014, S. 33).

Beispiel

Der weltgrößte Nahrungsmittelkonzern Nestlé formuliert seinen Unternehmenszweck wie folgt:

„Als Unternehmen können wir nur dann erfolgreich sein, wenn wir Mehrwert für die Gesellschaft schaffen. Unsere Grundsätze bilden die Wertegrundlage unserer Arbeit. Überzeugen Sie sich von unseren hohen Ansprüchen!" (http://www.nestle.de)

Das Unternehmen hat den Unternehmenszweck jedoch weiter diversifiziert. So konzentriert sich Nestlé in seinen Grundsätzen auf Produktqualität, Lebensmittelsicherheit, soziale Verantwortung, gemeinsame

Wertschöpfung, Compliance, Maßnahmen gegen Kinderarbeit, Säuglingsnahrung, Werbung, Gentechnik und Umweltschutz. (http://www.nestle.de/unternehmen/grundsaetze, 2015)

Schließlich lässt sich innerhalb der gemeinsamen Wertschöpfung eine ausformulierte Unternehmensmission von Nestlé finden:

„Unser Ziel ist es, Tag für Tag die Lebensqualität der Konsumenten in aller Welt zu verbessern, indem wir ihnen schmackhaftere und gesündere Nahrungsmittel- und Getränkeoptionen bieten und sie zu einem gesunden Lebensstil anregen." (Vgl. www.nestle.de)

1.1.6.2 Unternehmensphilosophie

Definition

Die Unternehmensphilosophie beschreibt das Selbstverständnis des Unternehmens und seine Grundprinzipien. Unternehmenszweck bzw. Unternehmensmission geben vor, wie ein Zusatznutzen für Kunden, Markt oder Gesellschaft erbracht werden kann. In der Unternehmensphilosophie wird dies durch Leitsätze oder Unternehmensleitlinien spezifiziert, die konkret das Verhältnis zu zentralen Bezugsgruppen bestimmen.

Die Unternehmensleitlinien sollen nach innen Orientierung geben und handlungsleitend und motivierend für die Unternehmung als Ganzes und alle Mitarbeiter wirken. Nach außen, in Richtung der externen Anspruchsgruppen wie Kunden, Lieferanten oder allgemeine Öffentlichkeit sollen sie deutlich machen, wofür die Unternehmung steht. Die Leitsätze formulieren die elementaren Werte, Ziele und Erfolgskriterien des Unternehmens. Darüber hinaus zeigen sie die spezifische Kompetenz des Unternehmens, dessen Leistungsfähigkeit und Wettbewerbsvorteile auf. Die Leitsätze gelten als Richtlinie für Mitarbeiter, um die Leitidee optimal umsetzen zu können. Sie sind dennoch so allgemein gehalten, dass sie auf alle Bereiche des Unternehmens angewandt werden können.

Gabele/Kretschmer(1986) identifizieren zwei grundsätzliche Dimensionen innerhalb der Unternehmensleitlinien: zum einen schwerpunktmäßig Aussagen zur allgemeinen Geschäftspolitik und zum anderen zur Position gegenüber den die Unternehmenstätigkeit beeinflussenden Stakeholdern (*Benkenstein/Uhrich* 2009, S. 91).

Beispiel

Benkenstein/Uhrich (2009, S. 92) stellen exemplarisch die im Rahmen der Vision 2010 erarbeiteten Unternehmensgrundsätze der BASF AG dar, die exakt diese Dimensionen aufweisen.

Unternehmensgrundsätze

Adressatenbezogen

- Eigentümer, Aktionäre
- Gläubiger
- Mitarbeiter
- Konkurrenz
- Gesellschaft

Geschäftsbezogen

- Tätigkeit und Zweck
- Verhalten einer Unternehmung
- Potenziale

Abbildung 5: Dimensionen von Unternehmensgrundsätzen (*Benkenstein/Uhrich* 2009, S. 91)

Adressatenbezogen

- Produkte und Leistungen an den Bedürfnissen und Ansprüchen der Gesellschaft zu orientieren
- Sich auf die Kunden ausgeprägt einzustellen
- Ökonomische, ökologische und soziale Erfordernisse zu berücksichtigen
- Gesellschaftliche und unternehmerische Interessen in Einklang zu bringen
- Engagierte, gestaltende und kreative Mitarbeiter aus unterschiedlichen Kulturen zu gewinnen
- Mit leistungsfähigen Partnern zu kooperieren
- Dauerhafte Attraktivität für Anteilseigner und Kapitalgeber zu sichern

Geschäftsbezogen

- Alle Instrumente auf den Hauptmärkten einzusetzen
- Sich auf technologische und regionale Stärken zu konzentrieren
- Das Portfolio der Tätigkeiten ausgewogen und konjunkturstabil zu gestalten
- Hierarchie und Bürokratie abzubauen
- Die Rohstoffbasis weiter zu entwickeln
- Den Wert der anvertrauten Mittel zu mehren

Abbildung 6: Unternehmensgrundsätze der BASF AG (*Benkenstein/Uhrich* 2009, S. 92)

1.1.6.3 Unternehmensidentität

Die Rahmenbedingungen für Unternehmen waren in den letzten Jahren einem großen Wandel unterworfen. Produkte unterscheiden sich oft nur noch geringfügig hinsichtlich ihrer Qualität, daher kann der Konsument sie kaum mehr differenzieren. Zusätzlich führen immer schneller aufeinanderfolgende Produkteinführungen zu mehr Produktflops. Kunden kaufen Produkte mittlerweile nicht nur aufgrund ihres bloßen Nutzens, sondern interessieren sich auch für das Unternehmen, das das Produkt anbietet, und was es verkörpert. Kunden suchen emotionale Bindungen und Identifikationsmerkmale.

Gleichermaßen verlangen gesellschaftliche Veränderungen, wie die Verschiebung von Werten, unternehmerisches Umdenken und Handeln. Werte, wie Gesundheits- und Umweltbewusstsein sowie die Förderung sozialer und humanitärer Ziele, haben an Bedeutung gewonnen. Zusätzlich werden Selbstentfaltung, Individualität und Gemeinschaftserlebnis hoch geschätzt. Entsprechend wollen Mitarbeiter heute den Sinn ihrer Tätigkeit erfahren, stärker in das Unternehmensgeschehen eingebunden werden und die übergeordneten Ziele des Unternehmens kennen (vgl. *Stengel/Rennhak* 2012, S. 141 ff.).

Jenseits des wirtschaftlichen und gesellschaftlichen Umfeldes hat sich auch die Unternehmenslandschaft selbst verändert. Dies ist erkennbar an der zunehmenden Anzahl von Fusionen, Kooperationen und Übernahmen. Nachteile dieser Veränderungen sind Verwirrung bei Kunden und Verlust des „Wir-Gefühls" der Mitarbeiter. Diversifikation führt zu heterogeneren Produktsortimenten und zur Verwässerung des Profils der Dachmarke. Zusätzlich erschweren Produktmanager, die sich kurzfristige Erfolge als Ziel gesetzt haben, eine langfristige, konsistente Markenführung.

Dieser Entwicklung müssen Unternehmen mit einer klaren und einzigartigen Unternehmens- bzw. Markenidentität entgegenwirken. So können sie sich von der Konkurrenz abheben und Marktteilnehmern eine stärkere Orientierung und Sicherheit bieten. Die konsequente Vermittlung von Werten und Normen erleichtert es internen sowie externen Bezugsgruppen, sich mit dem Unternehmen zu identifizieren. Dies wirkt vertrauensbildend und schafft die Basis für langfristige Beziehungen.

Corporate Identity ist das Resultat eines einheitlichen Selbstverständnisses aller Mitarbeiter in Bezug auf die Unternehmenspersönlichkeit. Je homogener das Selbstverständnis, desto stärker ist die Persönlichkeit des Unternehmens, die intern wie extern über das Verhalten (Corporate Behaviour – CB), die Kommunikation (Corporate Communication – CC) und das Erscheinungsbild (Corporate Design – CD) vermittelt wird. Im Rahmen des Corporate-Identity-Managements wird das Selbstverständnis des Unternehmens langfristig und systematisch analysiert, geplant, gestaltet und kontrolliert. Wesentliches Ziel des Corporate-Identity-Managements ist die Profilierung eines Unternehmens nach außen und die Erlangung eines Wettbewerbsvorteils.

1.1.6.4 Strategische Ziele der marktorientierten Unternehmensführung

Ausgehend von Mission und Unternehmenszweck und der mit diesen in engem Zusammenhang stehenden Unternehmensphilosophie und -identität sind im Rahmen des Zielbildungsprozesses die strategischen Zielsetzungen der marktorientierten Unternehmensführung zu präzisieren (vgl. *Benkenstein/Uhrich* 2009, S. 93). Zur Abstimmung aller Ressourcen in sämtlichen Bereichen wie Produktion, Finanzen, Personal, Forschung und Entwicklung und Marketing benötigt jedes Unternehmen ein zentrales Schema (vgl. *Ferrell/Hartline* 2014, S. 34). Dies wird nach den übergeordneten Zielsetzungen, den sogenannten Oberzielen der Unternehmung, und den bereits konkretisierten Handlungszielen differenziert (vgl. *Benkenstein/Uhrich* 2009, S. 93).

Primäres Oberziel der Unternehmung ist die Gewinnmaximierung. Allerdings verdeutlichen empirische Studien, dass mit zunehmender Ertragskraft von Unternehmen die sozialen, auf die Mitarbeiterzufriedenheit gerichteten Ziele ebenso an Bedeutung gewinnen wie die ökologieorientierten Ziele (vgl. *Becker* 2013, S. 18 f.). Abbildung 7 verdeutlicht dies mit empirisch erhobenen Daten.

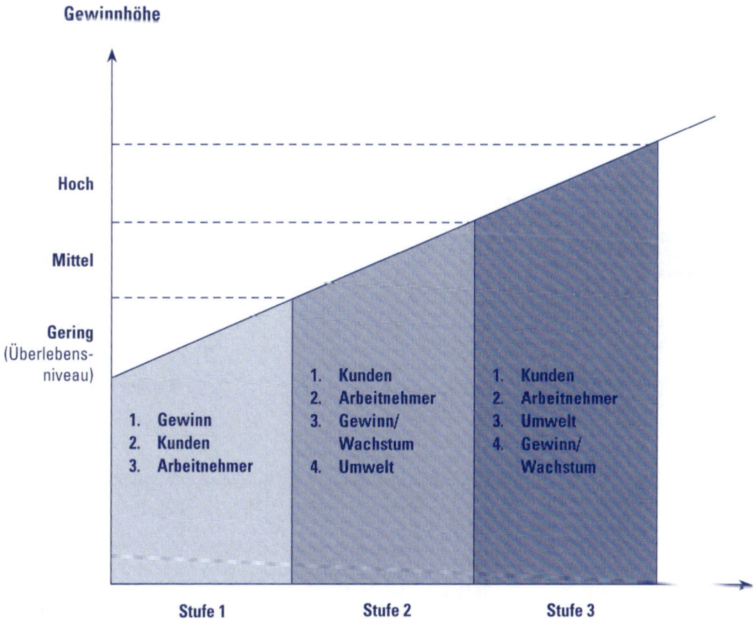

Abbildung 7: Prioritätsänderungen von Unternehmenszielsetzungen nach *Benkenstein/Uhrich* (2009, S. 94)

Sämtliche möglichen Unternehmensziele werden im Folgenden in sechs Zielkategorien unterteilt (*Becker* 2013, *Meffert* 1994). Die ersten beiden Kategorien, die finanziellen Ziele bzw. Rentabilitätsziele, dienen zur Existenzsicherung des Unternehmens. Die finanziellen Ziele sind auf die jederzeitige Liquidität, die Sicherstellung der Kreditwürdigkeit, einen angemessenen Grad an Selbstfinanzierung und damit eine adäquate Kapitalstruktur ausgerichtet (vgl. *Benkenstein/Uhrich* 2009, S. 95).

Die Rentabilitätsziele geben dem Unternehmen einen angemessenen (bzw. maximalen) Gewinn sowie eine adäquate Umsatz-, Eigenkapital- bzw. Gesamtkapitalrendite vor.

Daneben zählen zu den Oberzielen der Unternehmung noch die Marktstellungsziele, die Prestigeziele, die sozialen Ziele sowie die Umweltschutzziele (vgl. *Benkenstein/Uhrich* 2009, S. 95). Die folgende Abbildung 8 stellt diese sechs Zielkategorien dar.

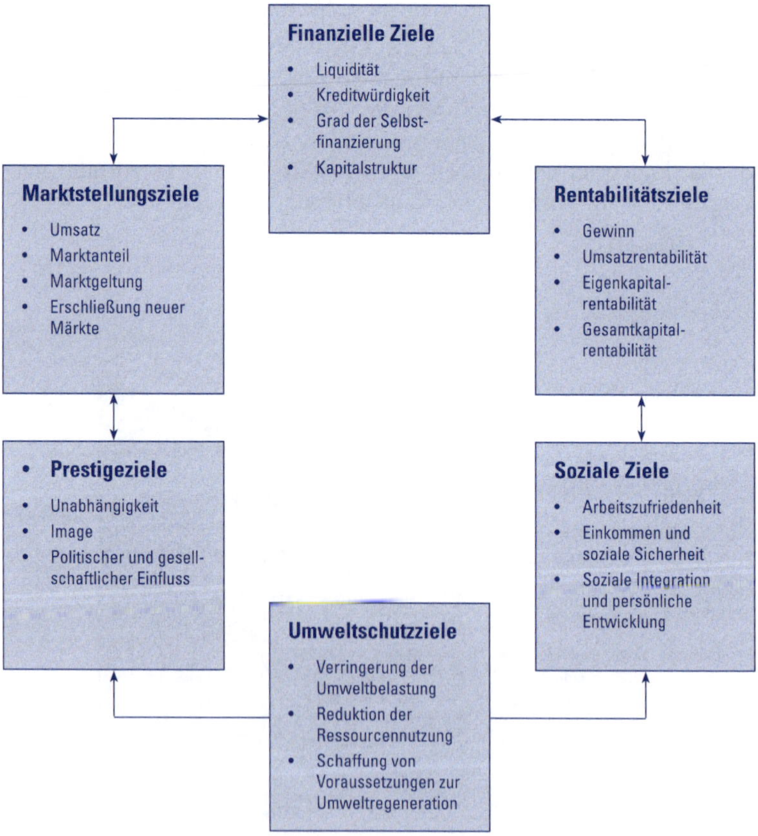

Abbildung 8: Kategorien möglicher Unternehmensziele (*Benkenstein/Uhrich* 2009, S. 95)

Die sechs Zielkategorien hängen eng zusammen und können daher nicht isoliert voneinander betrachtet und optimiert werden. Die Zielkategorien sind durch sachlogische Zusammenhänge verbunden (vgl. *Benkenstein/Uhrich* 2009, S. 95) und ihre Vielschichtigkeit erlaubt keine pauschalisierenden Aussagen über die Bedeutung bestimmter Zielkategorien in einzelnen Unternehmungen. Die Bedeutung hängt vom Typus der Unternehmung, von der Rechtsform oder der Unternehmensgröße ab. Beispielsweise haben Non-Profit-Unternehmen oder öffentliche Betriebe eine andere Gewichtung der Finanz- und/oder Rentabilitätsziele als gewinnorientiert wirtschaftende Unternehmen. Auch die Größe des Unternehmens beeinflusst die Zielformulierungen. Mit steigender Größe einer Unternehmung und damit einhergehend wachsender Anzahl von Akteuren und Interessengruppen, nehmen Quantität und Qualität der Ziele in der Regel zu.

Beispiel

Die Unternehmensziele der BMW Group lauten (vgl. www.bmwgroup.com):

Mit der Strategie Number ONE richten wir die BMW Group in einem veränderten Umfeld auf Profitabilität und langfristige Wertsteigerung aus – technologisch, strukturell und kulturell. Im Jahr 2007 haben wir damit die Weichen für eine erfolgreiche Zukunft gestellt und setzen Maßnahmen in vier Säulen der Strategie um: Wachstum, Zukunft gestalten, Profitabilität und Zugang zu Technologien und Kunden.

Wachstum

Mit ihren drei Marken BMW, MINI und Rolls-Royce Motor Cars setzt die BMW Group über alle relevanten Segmente der internationalen Automobilmärkte hinweg gezielt auf Premium-Qualität – und nutzt damit die Stärken des Unternehmens mit einer Konsequenz, die in der Branche einmalig ist. Drei Marken, ein Anspruch: immer noch besser zu werden. Dank unserer kompromisslosen Ausrichtung am Premium-Gedanken und am Nachhaltigkeitsprinzip begeistert die BMW Group heute weltweit mehr Menschen denn je. Die strategische Zielsetzung reicht bis in das Jahr 2020 und ist klar definiert: Die BMW Group ist der weltweit führende Anbieter von Premium-Produkten und Premium-Dienstleistungen für individuelle Mobilität.

Zukunft gestalten

Um langfristig erfolgreich zu sein, bedarf es einer lebenswerten Umwelt und einer intakten Gesellschaft. Deshalb übernehmen wir Verantwortung. Aus Überzeugung und aus eigenem Interesse – heute und in Zukunft.

Immer einen Schritt voraus zu sein und dabei die Mobilität der Zukunft zu gestalten ist Teil unserer Unternehmensphilosophie.

Innovationen gehören seit der Unternehmensgründung zu den Erfolgsfaktoren der BMW Group:

- Erneuerbare Energien: Biomasse
- Innovative Produktion
- Leichtbau
- Erneuerbare Energien: Methangas
- Nachhaltigkeit im Handel

Profitabilität

Agilität und Wirtschaftlichkeit sind die obersten Prämissen im weltweiten Produktionsnetzwerk der BMW Group. Von der Entwicklung über die Produktion bis hin zur Vermarktung gilt eine kompromisslose Orientierung am Premium-Anspruch. Eine Strategie, die klar auf profitables Wachstum zielt. Die intelligente Vernetzung von Know-how über die Werksgrenzen hinaus sowie das außergewöhnliche Engagement, die Eigenverantwortung und die Identifikation der Mitarbeiter tragen zu einem pünktlichen Produktionsanlauf und einer von Anfang an hohen Produktqualität bei.

Zugang zu Technologie und Kunden

Als Unternehmen tragen wir eine gesellschaftliche Verantwortung, die wir an allen unseren Standorten wahrnehmen: Wir wollen ein aktiver und fairer Partner für die Region und ihre Menschen sein. Indem wir in unseren Entscheidungen auch Nachhaltigkeitsaspekte berücksichtigen, schaffen wir für das Unternehmen einen Mehrwert. Darüber hinaus – und das ist entscheidend – erzeugen wir Innovationen mit einem spürbaren gesellschaftlichen Nutzen.

Sogenannte „atmende" Strukturen ermöglichen der BMW Group, agil auf die jeweiligen Kundenwünsche und Marktgegebenheiten zu reagieren. Dazu gehören flexible Arbeitszeitmodelle und Arbeitszeitkonten sowie die Fähigkeit, je nach Bedarf bestimmte Modelle zusätzlich in weiteren Werken zu bauen.

Die betriebswirtschaftliche Forschung hat immer wieder versucht, aufbauend auf den genannten Zielkategorien die einzelnen Zielinhalte in eine hierarchische Ordnung zu bringen (vgl. *Benkenstein/Uhrich* 2009, S. 96). Das bekannteste Modell dieser Art ist das sogenannte DuPont-Schema (vgl. *Perridon/Steiner* 2004, S. 586). In diesem Schema werden die einzelnen Zielsetzungen im Hinblick auf ihren Beitrag zur Verwirklichung der jeweils höherrangigen Ziele hin analysiert (siehe Abbildung 9). Dabei nutzt es definitorische Zielinterdependenzen, indem z. B. der Return on Investment als Produkt aus Umsatzrendite und Kapitalumschlag errechnet wird (vgl. *Benkenstein/Uhrich* 2009, S. 96). Abbildung 9 zeigt solch ein Return-on-Invest (ROI) – Schema.

Die Oberziele der Unternehmung können dann erreicht werden, wenn sie als *Handlungsziele* weiter konkretisiert werden. Dies erfolgt durch eine Überführung der Oberziele anhand von Mittel-Zweck-Beziehungen in Funktionsbereichsziele (vgl. *Benkenstein/Uhrich* 2009, S. 97). Für verschiedene Unternehmensbereiche müssen ebenfalls mit den Oberzielen der Unternehmung kompatible *Geschäftsfeldziele* formuliert werden. In kleineren Unternehmen fallen Unternehmensstrategie und Geschäftsfeld in der Regel zusammen, während größere Unternehmen dedizierte Geschäftsfeldstrategien für einzelne Geschäftsfelder formulieren (vgl. *Ferrell/Hartline* 2014, S. 35).

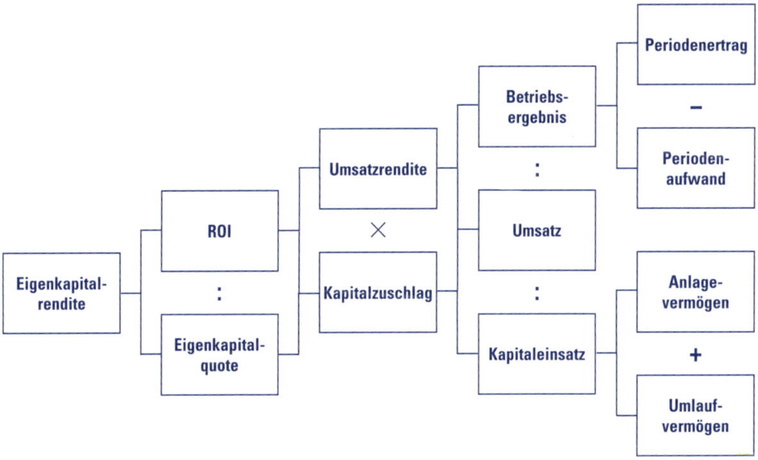

Abbildung 9: Mittel-Zweck-Schema (*Benkenstein/Uhrich* 2009, S. 96)

Zur Erfüllung der Funktionsbereichsziele wiederum tragen *Unterziele* bei, anhand deren der Einsatz der einzelnen Marketinginstrumente gesteuert wird (vgl. *Benkenstein/Uhrich* 2009, S. 97). Ein entsprechendes, nach Zielebenen geordnetes Zielsystem stellt Abbildung 10 dar.

Abbildung 10: Zielebenen (*Benkenstein/Uhrich* 2009, S. 97)

1.1.7 Leitbilder des strategischen Marketings

Während der letzten 50 Jahre hat das Marketing als Disziplin verschiedene Entwicklungsphasen durchlaufen. In dieser Zeit ist immer wieder die Frage nach dem leitenden Paradigma der Marketingwissenschaft aufgekommen (vgl. *Benkenstein/Uhrich* 2009, S. 17). Es wurden verschiedene Leitbilder postuliert (vgl. *Meffert et al.* 2008), die verdeutlichen, dass die Analyse und Gestaltung von – wie auch immer gearteten und teilweise sehr breit definierten – Kundenbeziehungen im Fokus stehen (vgl. *Benkenstein/Uhrich* 2009, S. 17).

Die 1970er-Jahre waren von einer relativ einseitigen Ausrichtung am Absatzmarkt dominiert. Dieses Weltbild wurde in den 1980er-Jahren von einer intensiven Wettbewerbs- und Umweltorientierung abgelöst. Seine Kernaussage ist die Marktstruktur-Marktverhaltens-Marktergebnis-Hypothese, in der der Erfolg eines Unternehmens auf seine strategische Anpassung an extern gegebene Faktoren, z. B. Branchencharakteristika, zurückgeführt wird.

In den 1990er-Jahren gerät die einseitige Ausrichtung des strategischen Managements an externen Faktoren immer mehr in die Kritik. Unter Rückgriff auf *Selznick* (1957) und *Penrose* (1959) wird wieder die Idee eines *ressourcenbasierten Ansatzes* aufgegriffen. Die interne Ressourcenorientierung liefert Einsichten in die Fähigkeiten der Unternehmung. Markterfolg stellt sich erst ein, wenn ein Anbieter auch die notwendigen Ressourcen zur Produktion des unter Kunden- und Wettbewerbsaspekten überlegenen Angebots besitzt. Der Erfolg eines Unternehmens hängt von der richtigen Balance zwischen dem auf Kernkompetenzen ausgerichteten ressourcenorientierten Ansatz (Inside-out-Perspektive/Technology Push) und dem marktorientierten Ansatz (Outside-in-Perspektive/Market Pull) ab (vgl. *Opresnik/Rennhak* 2015).

1.1.7.1 Der ressourcenorientierte Ansatz

Der ressourcenorientierte Ansatz des strategischen Marketings nimmt eine *Inside-out-Perspektive* auf das Unternehmen ein. Einzigartige Ressourcen sind die entscheidende Ursache für die Verschiedenartigkeit und damit auch für unterschiedlich stark ausgeprägten Erfolg von Unternehmen. Die Verfügbarkeit umfangreicher und qualitativ hochwertiger Ressourcen bestimmt die einzigartigen Fähigkeiten und Kompetenzen eines Unternehmens und damit seinen Erfolg. Das strategische Marketing soll die kritischen Ressourcen identifizieren, aufbauen, pflegen und im Rahmen der Kundenbeziehung zum Einsatz bringen (vgl. *Benkenstein/Uhrich* 2009, S. 17).

Strategische Vorteile von Unternehmen werden also damit erklärt, dass sie über andere, strategisch wertvollere Ressourcen verfügen und/oder dass sie ihre Ressourcen besser als ihre Konkurrenz nutzen können. Bereits *Schumpeter* (1911) hat den ressourcenorientierten Ansatz in der Marketingwissenschaft identifiziert, indem er auf die Innovationsfähigkeit von Unternehmen als spezielle Ressource zur Schaffung von Erfolgspotenzialen hingewiesen hat. Aktuellere Forschung beschäftigt sich mit der Systematisierung strategischer Ressourcen. So unterscheidet z.B. *Grant* (1991) zwischen tangiblen, intangiblen und Humanressourcen. *Bea/Haas* (2005) klassifizieren in Leistungs- und Führungspotenziale (vgl. *Benkenstein/Uhrich* 2009, S. 17).

Das Konzept der Kernkompetenzen von *Hamel/Prahalad* (1994) hat sich als einflussreichster Entwurf innerhalb des ressourcenbasierten Ansatzes herausgestellt. Gemäß diesem Konzept müssen Unternehmen Kernkompetenzen schaffen, indem sie ihre strategischen Ressourcen bündeln. Kernkompetenzen bezeichnen dabei Fähigkeiten bzw. Tätigkeiten, die ein Unternehmen im Vergleich zu seinen Wettbewerbern besser ausführen kann. *Hamel/Prahalad* (1994) definieren Kernkompetenz als „(...) die Fähigkeiten, die ein Unternehmen in die Lage versetzen, wesentlichen Kundennutzen zu liefern".

Diese Kernkompetenzen dienen zur Entwicklung von Angeboten an den Kunden, die sich von denen der Konkurrenz klar differenzieren (vgl. *Benkenstein/Uhrich* 2009, S. 17f.). Um zu entscheiden, ob eine Kernkompetenz vorliegt, schlagen *Hamel/Prahalad* (1994) drei Prüfkriterien vor:

- Kernkompetenzen ermöglichen den Zugang zu einer Vielzahl von Märkten.
- Kernkompetenzen leisten einen entscheidenden Beitrag zum wahrgenommenen Nutzen des Angebots an den Kunden.
- Kernkompetenzen sind nur schwer imitierbar, d.h., Wettbewerber können sich die Kernkompetenzen des eigenen Unternehmens nicht leicht aneignen, sondern müssen diese Kompetenzen langsam aufbauen.

Aus einer exklusiven Kernkompetenz wird u.a. als strategisches Unternehmensziel die Entwicklung mindestens eines Alleinstellungsmerkmals postuliert. Kernkompetenzen sollen bei der Produktion einer Vielzahl von Angeboten an den Kunden eingesetzt werden und dabei einen möglichst hohen Nutzenzuwachs für den Kunden bieten.

Ressourcen eines Unternehmens sollen möglichst immobil, nicht substituierbar und nur schwer oder besser gar nicht imitierbar sein. Dadurch können mit diesen Ressourcen, die durch ihren strategischen Wert und ihre Einzigartigkeit bzw. Knappheit determiniert sind, dauerhafte Wettbewerbsvorteile generiert werden. Die Nicht-Imitierbarkeit von Ressourcen basiert häufig auf der einzigartigen Geschichte von Unternehmungen und/oder der sozialen Komplexität von Ressourcen bzw. der wechselseitigen Abhängigkeit verschiedener Ressourcen.

Zu bemängeln ist beim ressourcenorientierten Ansatz aufgrund seiner relativ frühen Entwicklungsphase das Fehlen von Konkretisierungen, z. B. genaue Begriffsdefinitionen (Was genau ist eine „Ressource"? Was genau ist eine „Kernkompetenz"?). Zusätzlich zeigt der Kernkompetenzansatz Schwächen in der Messung von Kernkompetenzen. Diese ist letztlich nur a posteriori möglich. Die Erfolgsfaktoren von überdurchschnittlich guten Unternehmen werden dann im Nachhinein als Kernkompetenzen definiert. Eine weitere Gefahr birgt die Identifizierung von Kernkompetenzen, die nicht zu den marktlichen Anforderungen passen. Hierbei läuft das Unternehmen Gefahr, eine falsche strategische Neuausrichtung vorzunehmen und Fehlinvestitionen zu tätigen. Im Zeitalter von immer häufigeren Unternehmenszusammenschlüssen, intensiven Kooperationen auch zwischen Wettbewerbern, offenen Unternehmensnetzwerken in der Wertschöpfungskette und Open-Source-Innovationen stößt das Konzept der Kernkompetenzen an Grenzen bei der Erklärung von Unternehmenserfolg.

Neuere Ansätze berücksichtigen diese Probleme und fokussieren stattdessen Relational bzw. Dynamic Capabilities, also die Fähigkeiten von Unternehmen, zu lernen, externe strategische Ressourcen verfügbar zu machen und sinnvoll in die eigene Organisation einzugliedern (z. B. in einem Unternehmensnetzwerk, durch Unternehmenskooperationen oder durch gezielte Akquisition) sowie die vorhandenen internen und externen strategischen Kompetenzen und Ressourcen zu koordinieren und permanent zu optimieren.

1.1.7.2 Der marktorientierte Ansatz

Der marktorientierte Ansatz ist eine stark umfeldorientierte Strategie. Die wichtigsten Planungsinstrumente dieses Ansatzes sind das Branchenstrukturmodell („fünf Wettbewerbskräfte"), die Wertkettenanalyse (vgl. *Porter* 1980, *Porter* 1985) und das Marktanteils-Marktwachstums-Portfolio („BCG-Matrix") (vgl. *Henderson* 1979).

Grundlegende Annahme des marktorientierten Ansatzes ist, dass das strategische Verhalten eines Unternehmens und damit sein Erfolg von der Branchenstruktur bestimmt wird. Auf dieser Annahme aufbauend hat *Porter* ein Branchenstrukturmodell entworfen, das die Attraktivität einer Branche anhand von fünf Wettbewerbskräften (Wettbewerb in der Branche, Verhandlungsmacht von Abnehmern und Lieferanten, potenzielle neue Konkurrenten und Substitutionsprodukte) analysiert.

Im marktorientierten Ansatz dominiert die Outside-in-Perspektive. Als Basisstrategien wird zwischen der Kostenführerschaft und der Differenzierung unterschieden. Daneben kann das Unternehmen spezielle Abnehmersegmente fokussieren und damit eine Konzentrationsstrategie verfolgen, die sich wiederum auf einen Kosten- oder Differenzierungsvorteil stützt.

Die Anforderungen des Marktes bzw. die Wünsche und Erwartungen der Kunden müssen vom Unternehmen abgedeckt werden, um erfolgreich zu sein. Der Markt zeigt entsprechend die Entwicklungspfade auf, entlang deren sich Unternehmen erfolgreich entwickeln können (vgl. *Benkenstein/Uhrich* 2009, S. 18).

Bereits *Kotler* (1974) und *Meffert* (1977) haben bei Planungs-, Koordinations- und Kontrollmaßnahmen der marktorientierten Unternehmensführung den Kunden und seine Wünsche und Bedürfnisse zum Startpunkt erklärt (vgl. *Benkenstein/Uhrich* 2009, S. 18). Die Outside-in-Perspektive wird auch in jüngster Zeit von Vertretern der Industrieökonomik wie z. B. *Cockburn et al.* (2000) oder *White* (2001) als überlegene Herangehensweise bei der Erklärung von Unternehmenserfolg präferiert.

Die Erfolgsfaktorenforschung hat die Gültigkeit des marktorientierten Ansatzes empirisch bestätigt (vgl. *Benkenstein/Uhrich* 2009, S. 18).

Kritik am marktorientierten Ansatz zielt darauf ab, dass eine reine Outside-in-Perspektive bei einer sehr orthodoxen Interpretation den Eindruck entstehen lässt, das strategische Marketing sei ausschließlich reaktiv und defensiv orientiert (vgl. *Benkenstein/Uhrich* 2009, S. 18). Dies ist unter Umständen dann berechtigt, wenn Marktorientierung dahingehend interpretiert wird, sich ausschließlich auf bereits bestehende Märkte zu konzentrieren (vgl. *Benkenstein/Uhrich* 2009, S. 18).

Aus der Perspektive der Markteffizienz wird an diesem Ansatz kritisiert, dass hier Wettbewerbsvorteile auf Marktineffizienzen („monopolistischen Renten") beruhen und mit kollektiven Wohlfahrtsverlusten einhergehen (vgl. *Barney* 1991, S. 99 ff.).

1.1.7.3 Vergleich und Würdigung der Ansätze

Der ressourcenorientierte und der marktorientierte Ansatz scheinen auf den ersten Blick gegensätzlich ausgerichtet zu sein, weisen jedoch eine Reihe von Gemeinsamkeiten auf, die im Folgenden dargelegt werden.

Grundannahmen und Ziele sind beiden Ansätzen gemeinsam: Unternehmen können dauerhaft überdurchschnittlichen Markterfolg erreichen. Die Gründe für diesen dauerhaften Wettbewerbsvorteil müssen identifiziert werden und die Leistung von Unternehmen verbessert werden.

Unterschiede liegen darin, dass sich der marktorientierte Ansatz sehr stark auf die Branche, in der das betrachtete Unternehmen tätig ist, konzentriert, während der ressourcenorientierte Ansatz das einzelne Unternehmen in den Mittelpunkt seines Interesses stellt. Entsprechend ist kritisch anzumerken, dass der ressourcenorientierte Ansatz das Umfeld des Unternehmens bei der Analyse weitestgehend ausklammert und der marktorientierte Ansatz die internen Abläufe innerhalb eines Unternehmens nicht beleuchtet.

Weiterhin unterscheiden sich die beiden Ansätze darin, was als Hauptursache für den Markterfolg eines Unternehmens angesehen wird. Der marktorientierte Ansatz konzentriert sich hier ausschließlich auf die Branchenstruktur, d.h. auf externe Einflussfaktoren. Der ressourcenorientierte Ansatz sieht hingegen die internen Ressourcen als entscheidendes Erfolgskriterium. Während der marktorientierte Ansatz eher kurzfristig ist und das direkte Wettbewerbsumfeld im Augenblick der Analyse erklären will, ist die Ausrichtung des ressourcenorientierten Ansatzes eher langfristig.

Die jeweilige Perspektive auf die Beschaffenheit der Unternehmensressourcen stellt den letzten großen Unterscheidungspunkt dar. Im Rahmen des marktorientierten Ansatzes werden sie als homogen und vollständig mobil betrachtet. Im Gegensatz dazu stellen sie beim ressourcenorientierten Ansatz gerade das entscheidende Kriterium für Unterschiede zwischen Unternehmen dar und sind demnach heterogen und immobil.

Jedoch muss auch die bestehende Verzahnung der so gegensätzlich wirkenden Ansätze verdeutlicht werden: Der marktorientierte Ansatz postuliert, dass ein Unternehmen für den Markterfolg eine herausragende Machtposition in der Branche benötigt. Diese Machtposition kann es z. B. durch die Errichtung von Markteintrittsbarrieren erlangen, die wiederum auf der Verfügungsgewalt über kritische Ressourcen beruhen können. Dabei kann es sich z. B. um Erfahrungswissen, Patentrechte, eine besonders hohe Reputation oder ein jahrelang aufgebautes positives Image der Unternehmung handeln.

Der marktorientierte und der ressourcenorientierter Ansatz können auch als komplementär angesehen werden (*Meffert et al.* 2008, S. 81). Ressourcen sind erst dann von Wert, wenn sie tatsächlich für den Markt relevant sind. Eine marktorientierte Strategie hat erst dann Erfolg, wenn sie auf die zu ihrer Umsetzung notwendigen Ressourcen zugreifen kann.

1.2 Abgrenzung von Märkten und Geschäftsfeldern

Wesentlicher Ausgangspunkt sämtlicher Planungsprozesse im strategischen Marketing ist die Abgrenzung von Märkten und Geschäftsfeldern. Dabei werden Planungsobjekte definiert und voneinander unterschieden. Auf Basis dieser Objekte wird dann der Rahmen des Planungs- und Implementierungsprozesses definiert.

Die Marktabgrenzung, die im Anschnitt 1.2.1 behandelt wird, beinhaltet die unternehmerische Festlegung und Auswahl von Märkten, besonders von Absatzmärkten, auf die dann die absatzpolitischen Instrumente zugeschnitten werden. Zur besseren Abstimmung von Angebot und Nachfrage führen Unternehmen Kundensegmentierungen durch. Abschnitt 1.2.2 stellt die hierfür gängigen Ansätze dar.

1.2.1 Marktabgrenzung

Ein wesentliches Element der strategischen Marketingplanung ist die Abgrenzung des relevanten Marktes und die Festlegung der für das Unternehmen relevanten strategischen Geschäftsfelder innerhalb des abgegrenzten Marktes (vgl. *Abell/Hammond* 1979). Die Marktabgrenzung ist das Ergebnis der Marktsegmentierung und der Analyse der verschiedenen Marktsegmente, die die vielversprechendsten Teilmärkte identifiziert (Marktselektion). Die Marktabgrenzung kann auf Basis von geografischen Faktoren, dem Leistungsangebot und einer Abnehmersegmentierung erfolgen (*Bauer* 1989). Im laufenden Marktabgrenzungsprozess sollten die drei Entscheidungsebenen parallel bedacht werden, in der Praxis erfolgt jedoch regelmäßig eine schrittweise Festlegung.

Bei der geografischen Marktabgrenzung werden bestimmte geografische Märkte, z. B. aus infrastrukturellen oder Risikoüberlegungen heraus, eliminiert. Hinsichtlich der Abgrenzung aufgrund des Leistungsangebots werden bestimmte Leistungsbereiche als Grundlage für weitere Überlegungen ausgewählt. Die verbleibenden Märkte werden dann im Hinblick auf Abnehmerzielgruppen weiter eingegrenzt (*Bauer* 1989).

Das Marktvolumen in Kombination mit dem Marktwachstum und dem Marktrisiko sind wichtige Kriterien für die Marktabgrenzung. Hier werden Nischenmärkte mit geringem Marktvolumen und geringerem Marktrisiko aufgrund des geringeren Interesses der Wettbewerber und Massenmärkte mit großem Marktvolumen aber auch tendenziell höherem Wettbewerbsdruck unterschieden. Die Marktabgrenzung sollte zeitlich stabil sein und die verschiedenen Marktbereiche sollten unterschiedlich auf den Einsatz des absatzpolitischen Instrumentariums reagieren.

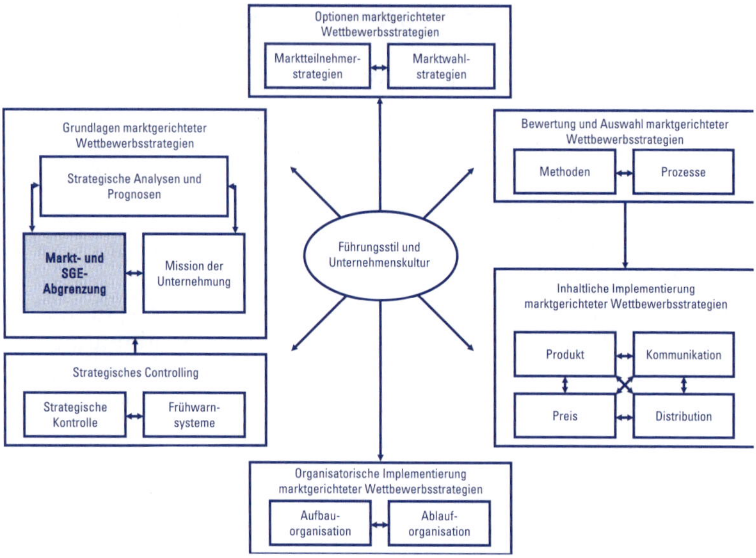

Abbildung 11: Markt- und Geschäftsfeldabgrenzung im Prozess der strategischen Marketingplanung und -implementierung nach *Benkenstein/Uhrich* (2009, S. 26)

Die Abgrenzung des relevanten Marktes und die Festlegung der Geschäftsfelder gehören zu den Grundlagen marktgerichteter Wettbewerbsstrategien (*Benkenstein/Uhrich* 2009, S. 25 f.):

- Die Abgrenzung des relevanten Marktes legt fest, in welcher „Wettbewerbsarena" sich das Unternehmen bewegt und welche – direkten oder indirekten – Wettbewerber relevant sind. Direkte Wettbewerber lösen das Kundenproblem prinzipiell auf dieselbe Art wie das Unternehmen, indirekte Wettbewerber auf eine andere Art. Sie bieten somit Substitute für die eigene Problemlösung. Die Identifikation der Kernwettbewerber wird durch die Abgrenzung des relevanten Marktes beeinflusst und somit auch die Ausgestaltung wettbewerbsgerichteter Marketingstrategien (vgl. *Bauer* 1995, *Benkenstein/Uhrich* 2010, S. 25).
- Ziel des Konzepts des relevanten Marktes ist, Gruppen von Anbietern, Leistungsangeboten oder Kunden trennscharf voneinander abzugrenzen. Der Grundgedanke dabei ist, die Wettbewerbsbeziehungen zwischen Anbietern bzw. die Substitutionsbeziehungen zwischen Leistungsangeboten aufzudecken und somit Teilmärkte mit jeweils engeren Beziehungen der Elemente zueinander als zu Elementen anderer Teilmärkte zu identifizieren (vgl. *Bauer* 1989).
- Die Einflüsse der Marktabgrenzung auf die Marketingstrategie treten deutlich intensiver im Rahmen der Abgrenzung strategischer Geschäftseinheiten auf. Diese definieren letztendlich das engere

Betätigungsfeld des Unternehmens und legen so die Beziehungen zu den in den jeweiligen Märkten tätigen Hauptwettbewerbern fest (vgl. *Müller* 1995, *Benkenstein/Uhrich* 2009, S. 25).

Die Abgrenzung des relevanten Marktes resultiert auch aus der Identifikation der Wettbewerber und der Beziehungsstrukturen zwischen Unternehmen und Wettbewerbern. Nimmt ein Unternehmen eine sehr breite Marktabgrenzung vor, muss es innerhalb dieses breit definierten Marktes detaillierte Geschäftsfeldabgrenzungen vornehmen. Ist die Marktabgrenzung hingegen sehr eng, also eine Marktnischenstrategie, ist eine Abgrenzung strategischer Geschäftsfelder in der Regel nicht erforderlich (*Benkenstein/Uhrich* 2009, S. 25).

Märkte können sehr unterschiedlich abgegrenzt werden (vgl. *Benkenstein/Uhrich* 2009, S. 26). Dies ist auf die verschiedenen verwendeten *Abgrenzungsmerkmale* (vgl. *Bauer* 1989) zurückzuführen. Diese können sein: *Produkte*, die „auf ihnen" gehandelt werden (und die jeweils zugehörigen Produktmerkmale), und die aktiven *Anbieter* und deren Wettbewerbsverhalten sowie die auf diesem Markt als Nachfrager auftretenden *Kunden* und deren spezielle Bedürfnisstrukturen (vgl. *Benkenstein/Uhrich* 2009, S. 26). Je nachdem, welche Merkmale zur Abgrenzung des relevanten Marktes herangezogen werden, entstehen sehr unterschiedliche Abgrenzungen des relevanten Marktes. Daher empfiehlt es sich, die genannten Merkmale möglichst integriert zur Marktabgrenzung einzusetzen (*Benkenstein/Uhrich* 2009, S. 27). Eine rein produktorientierte Marktabgrenzung kann schnell dazu führen, die Bedürfnisse der Kunden im relevanten Markt zu vernachlässigen und am Ende die Kunden an die anderen Anbieter zu verlieren.

1.2.1.1 Grundlegende Ansätze zur Marktabgrenzung

Die folgenden grundlegenden Ansätze zur Marktabgrenzung werden in diesem Abschnitt erläutert:

- das Konzept der physisch-technischen Ähnlichkeit
- das Konzept der Konkurrenzsituation
- das Konzept der Kreuzpreiselastizitäten
- das Konzept der verwenderorientierten bzw. subjektiven Austauschbarkeit
- das Konzept der funktionalen Ähnlichkeit

Das *Konzept der physisch-technischen Ähnlichkeit* definiert den relevanten Markt als alle Produkte, die sich nach Stoff, Verarbeitung, Form und/oder technischer Gestaltung gleichen (vgl. *Marshall* 1978). Bei diesem Konzept der Marktabgrenzung werden Wettbewerbsbeziehungen zwischen Gütern, die physikalisch-technisch nicht äquivalent sind, systematisch ausgeklammert. Dies vernachlässigt den Wettbewerb zwischen Gütern mit substitutiven Technologien, der aus Kundensicht durchaus vorhanden ist (vgl. *Benkenstein/Uhrich* 2009, S. 30).

Das *Konzept der Konkurrenzsituation* definiert den relevanten Markt als alle Konkurrenzprodukte, die ein Anbieter in seinen Marketingplanungen berücksichtigt. Dieses Konzept ist somit maximal anbieterorientiert und zielt auf die Identifikation der Hauptwettbewerber ab. Dies ist in der Praxis aber aufgrund des offensichtlichen Tautologieschlusses wenig hilfreich: Wer im Rahmen der Marketingplanungen als relevanter Wettbewerber identifiziert wurde, gehört zum relevanten Markt und sollte in den Marketingplanungen berücksichtigt werden.

Im *Konzept der Kreuzpreiselastizitäten* umfasst der relevante Markt alle Produkte, die sich durch eine hohe Kreuzpreiselastizität auszeichnen. Je höher die Kreuzpreiselastizität ist, desto stärker reagiert die Menge auf den geänderten Preis des anderen Produkts. Die Kreuzpreiselastizität ist für die hier verfolgten Zielsetzungen einer wettbewerbsorientierten, marktgerichteten Unternehmensplanung ein geeignetes Instrumentarium der Marktabgrenzung (vgl. *Benkenstein/Uhrich* 2009, S. 28). Problematisch erscheint lediglich, eine exakte Grenze für die Kreuzpreiselastizität anzugeben, ab der bestimmte Wettbewerbsprodukte gerade noch oder nicht mehr als relevant berücksichtigt werden sollen (vgl. *Benkenstein/Uhrich* 2009, S. 28).

Im *Konzept der verwenderorientierten bzw. subjektiven Austauschbarkeit* umfasst der relevante Markt alle Produkte, die vom Verwender als subjektiv austauschbar angesehen werden. Der relevante Markt wird so durch das Nachfragerverhalten bestimmt (vgl. *Benkenstein/Uhrich* 2009, S. 30). Letztlich stehen somit solche Leistungsangebote und deren Anbieter in direktem Wettbewerb und sind in der Konsequenz demselben relevanten Markt zuzuordnen, deren Distanzen im Produktmarktraum einen kritischen Wert unterschreiten.

Abbildung 12 illustriert dies am Markt für Luftfrachtdienstleistungen (*Benkenstein/Uhrich* 2009, S. 31).

Beispiel

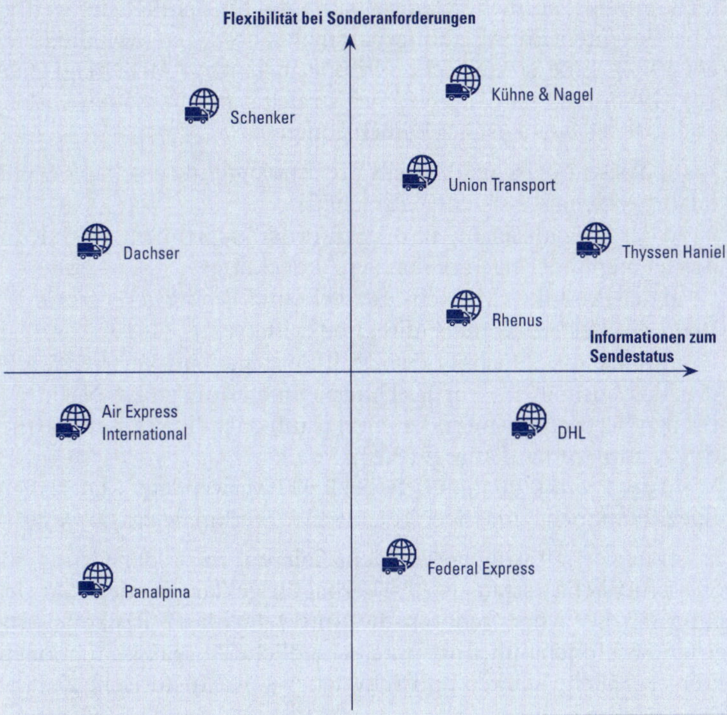

Abbildung 12: Abgrenzung des relevanten Marktes anhand wahrgenommener Eigenschaften im Produktraummarkt (*Benkenstein/Uhrich* 2009, S. 31)

Das wesentliche Problem dieses Konzeptes ist wiederum die Bestimmung von Grenzwerten, in diesem Fall der kritischen Distanzen (vgl. *Benkenstein/Uhrich* 2009, S. 31).

Nach dem *Konzept der funktionalen Ähnlichkeit* werden all die Produkte als relevanter Markt betrachtet, welche die gleiche Funktion und damit das gleiche Grundbedürfnis erfüllen (vgl. *Benkenstein/Uhrich* 2009, S. 30). All diejenigen Produkte stehen im Wettbewerb zueinander, die denselben Nutzen stiften. So lassen sich nach diesem Ansatz auch die Hauptwettbewerber ermitteln.

1.2.1.2 Strategische Gruppen zur Kennzeichnung des relevanten Marktes

Allen obigen Konzepten ist gemein, dass sie von subjektiven Faktoren bestimmt werden (vgl. *Benkenstein/Uhrich* 2009, S. 32). Ein anderer Ansatz, der subjektive Festlegung zumindest in Ansätzen vermeidet, ist das *Konzept der strategischen Gruppen* (vgl. *Haedrich/Jenner* 1995). Eine strategische Gruppe umfasst alle Unternehmen, die sich in derselben oder zumindest ähnlichen Umweltsituation hinsichtlich der wettbewerbsrelevanten Entscheidungsparameter homogen verhalten (vgl. *Hunt* 1972). Eine strategische Gruppe in einem Markt zeigt nach *Porter* (1980) ein relativ homogenes strategisches Verhalten entlang verschiedener strategischer Dimensionen:

- Wahl des strategischen Vorteils (Technologieführerschaft, Qualitätsführerschaft, Kostenführerschaft)
- Grad der Spezialisierung (z. B. nach Produktsortiment, nach Kundensegment oder nach regionaler Abdeckung)
- Grad der Produkt-, Marken-, Service- und Preisdifferenzierung
- Wahl des Vertriebskanals (direkt oder indirekt)
- Dominanz von „Push-„ oder „Pull-Strategie" im Vertriebskanal, d. h. das Ausmaß, in dem das Unternehmen Kunden zur Nachfrage bei den Vertriebspartnern animiert (Pull) oder die Vertriebspartner direkt zum Verkauf anregt (Push)
- Wahl der Produktqualität (z. B. bezüglich verwendeter Materialien, Spezifikationen, zulässiger Toleranzen, Merkmale etc.)

Um strategische Gruppen zu identifizieren, muss der Grund für unterschiedliches strategisches Verhalten geklärt werden. Zu den häufigsten Ursachen gehören die unterschiedliche Risikoneigung der Unternehmensführung, unterschiedliche Ausgangssituationen, unterschiedliche Stärken und Schwächen sowie historische Zufälle.

1.2.1.3 Strukturelle Marktdeterminanten und Wettbewerbsintensität

Die oben behandelten Ansätze der Marktabgrenzung zeigen, dass die vom Nachfrager wahrgenommenen Substitutionsbeziehungen zwischen den Leistungsangeboten der Wettbewerber und die damit verbundene Wettbewerbsintensität zwischen den Anbietern der wesentliche Ansatzpunkt jedweder Marktabgrenzung ist (vgl. *Benkenstein/Uhrich* 2009, S. 34). Vor diesem Hintergrund ist es sinnvoll, zu fragen, durch welche strukturellen Marktdeterminanten die Wettbewerbsintensität in einer Branche beeinflusst wird. *Porter* (1980) beschreibt fünf Wettbewerbskräfte (siehe auch Abbildung 13):

- *Rivalität unter den bestehenden Wettbewerbern/brancheninterner Wettbewerb*: Wenn es viele ähnlich geartete Konkurrenten gibt, die Branche nur langsam wächst und/oder hohe Marktaustrittsbarrieren existieren, ist die Intensität des Wettbewerbes hoch. Betritt ein neuer Anbieter den Markt, drückt dieses zusätzliche Angebot bei gleicher Nachfrage die Rendite der Marktteilnehmer.
- *Bedrohung durch neue Anbieter*: Die Bedrohung durch neue Anbieter ist groß, wenn die Zugangsbarrieren niedrig sind. Wesentliche Zugangsbarrieren sind Skalenerträge, Produktdifferenzierung,

Kapitalerfordernisse, Wechselbarrieren für die Kunden und den Zugang zu Vertriebskanälen (*Porter* 1980).

- *Verhandlungsstärke der Lieferanten*: Lieferanten können für eine Branche eine Gefahr darstellen, wenn sie damit drohen, die Preise für Waren oder Dienstleistungen zu erhöhen. Mächtige Lieferanten können dadurch die Profitabilität einer Branche reduzieren.
- *Verhandlungsstärke der Abnehmer*: Abnehmer (Kunden) können Preise drücken, bessere Qualitäten durchsetzen oder erweiterte Dienstleistungen erzwingen, wenn sie über eine hohe Verhandlungsstärke verfügen. Dies senkt die Profitabilität innerhalb der Branche.
- *Bedrohung durch Ersatzprodukte (Substitute)*: Im weitesten Sinne konkurrieren alle Mitbewerber einer Branche mit Industrien, die Substitute herstellen, d.h. Produkte, die das Kundenproblem auf eine andere Art lösen und somit aus Kundensicht die gleiche Funktion wie das Produkt der betrachteten Branche erfüllen. Substitute begrenzen somit die möglichen Gewinne einer Branche

Je stärker die Bedrohung durch diese fünf Wettbewerbskräfte ist, desto unattraktiver ist die betrachtete Branche und desto schwieriger ist es, einen dauerhaften Wettbewerbsvorteil zu erzielen. Unternehmen sollten daher versuchen, eine Position zu erlangen, in der die fünf Wettbewerbskräfte eine möglichst geringe Bedrohung darstellen.

Unternehmen können mittels entsprechender strategischer Ausrichtung die fünf Wettbewerbskräfte reduzieren. Dies kann die Attraktivität einer Branche erhöhen, jedoch auch die Branche auf Dauer beschädigen, wenn Unternehmen die Verteilung der Wettbewerbskräfte beeinflussen, ohne sich über die langfristigen Auswirkungen im Klaren zu sein, oder diese bewusst in Kauf nehmen.

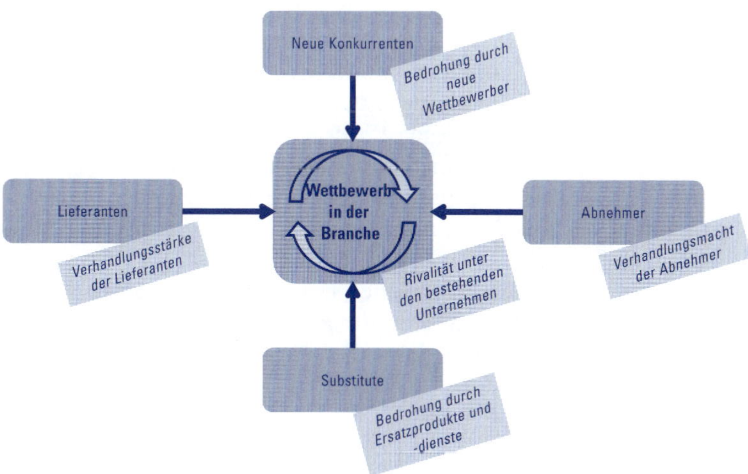

Abbildung 13: Strukturelle Marktdeterminanten der Wettbewerbsintensität (*Benkenstein/Uhrich* 2009, S. 35)

Die aufgeführten Marktdeterminanten machen es möglich, die Wettbewerbsstrukturen in breit abgegrenzten Märkten zu charakterisieren sowie potenzielle Wettbewerber und Substitute zu identifizieren und die *Triebkräfte der Wettbewerbsintensität* zu erkennen (vgl. *Benkenstein/Uhrich* 2009, S. 36).

Insgesamt bieten die strukturellen Marktdeterminanten somit die Möglichkeit, über die klassische Marktabgrenzung hinaus die für die wettbewerbsorientierte strategische Marketingplanung wesentlichen *wettbewerbsbezogenen Strukturparameter* zu identifizieren und für die Marketingplanung nutzbar zu machen (vgl. *Benkenstein/Uhrich* 2009, S. 36).

1.2.1.4 Abgrenzung strategischer Geschäftsfelder

Die Abgrenzung strategischer Geschäftsfelder ist eng verknüpft mit der Abgrenzung des relevanten Marktes (vgl. *Benkenstein/Uhrich* 2009, S. 36). Für stark diversifizierte Unternehmen, die mit einem breiten Leistungsprogramm eine Vielzahl von Marktsegmenten bearbeiten, ist es sinnvoll, die verschiedenartigen Aktivitäten unter Beachtung der wechselseitigen Abhängigkeiten im Rahmen ihrer strategischen Marketingplanung zu berücksichtigen. Gegebenenfalls macht es Sinn, unterschiedliche Wettbewerbsstrategien für die jeweiligen Aktivitäten zu implementieren (vgl. *Benkenstein/Uhrich* 2009, S. 37, Meffert 1994). Diese separaten Analyse- und Planungseinheiten werden als strategische Geschäftseinheiten (SGE) bezeichnet (*Benkenstein/Uhrich* 2009, S. 37, *Gälweiler* 1979, *Köhler* 1981). An eine strategische Geschäftseinheit sind mehrere Forderungen zu stellen:

- Eine strategische Geschäftseinheit sollte separat plan- und kontrollierbar sein, d. h. eine in sich geschlossene operative Einheit bilden.
- Einzelprodukte einer strategischen Geschäftseinheit sollten sich hinsichtlich ihres Nutzens, ihrer Abnehmer und ihrer Vertriebswege sehr ähnlich sein; Einzelprodukte verschiedener strategischer Geschäftseinheit, sollten hinsichtlich ihres Nutzens, ihrer Abnehmer und ihrer Vertriebswege sehr unterschiedlich sein.
- Einzelne Handlungsparameter, z. B. Marktanteil oder Fertigungstechnologien einer strategischen Geschäftseinheit sollten änderbar sein, ohne dass sich Wirkungen auf andere strategische Geschäftseinheiten ergeben.
- Eine strategische Geschäftseinheit muss vom Marktpotenzial her betrachtet attraktiv genug sein, um dafür eine eigenständige strategische Marktbearbeitung zu rechtfertigen.

Diese Einteilung der Unternehmung in markt- und konkurrenzunabhängige Teileinheiten verhindert, dass strategische Geschäftseinheiten auf einem gemeinsamen Markt in Konkurrenz zueinander treten. Wechselbeziehungen zwischen einzelnen strategischen Geschäftseinheiten, die den Gesamterfolg eines Unternehmens negativ beeinflussen können, entstehen bei gegenseitigen Leistungsverflechtungen oder gemeinsamen Beschaffungsmärkten. Die Gliederung des Unternehmens in strategische Geschäftseinheiten trägt somit auch diesen Interdependenzen Rechnung. Im idealtypischen Fall besteht ein Unternehmen nur noch aus einer Vielzahl voneinander unabhängiger Geschäftseinheiten, zwischen denen aufgrund eindeutig abgrenzbarer Produkt/Markt-Ressourcen-Kombinationen keine Interdependenzen existieren. Das Unternehmen ist quasi ein Portfolio von SGEs.

Die Vorgehensweise bei der Bildung strategischer Geschäftseinheiten lässt sich anhand dreier Fragen strukturieren (*Abell* 1980):

- Funktionserfüllung: Für welche grundlegenden Problemlösungen können Produkte entwickelt werden?
- Kundengruppen: Welche Nachfragergruppen kommen grundsätzlich als Kunden infrage?
- Technologien: Auf welcher Technologiebasis können Produkte entwickelt werden?

Beispiel

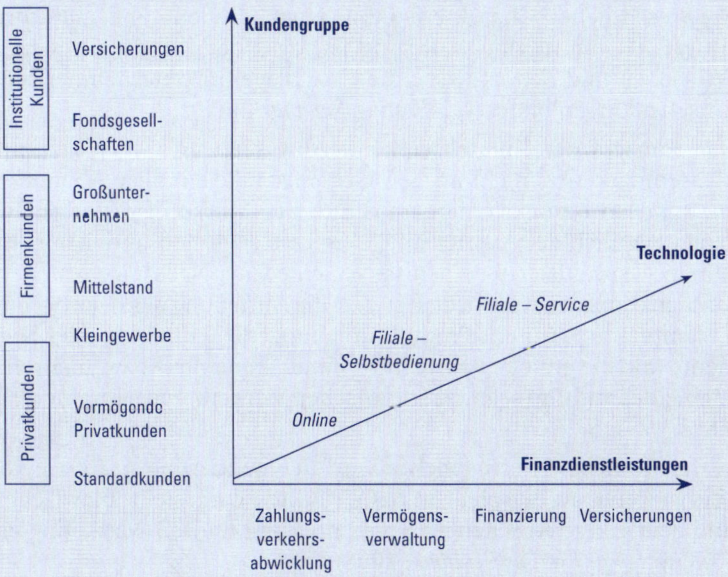

Abbildung 14: Geschäftsfeldabgrenzung im Markt für Finanzdienstleistungen in Anlehnung an *Benkenstein/Uhrich* (2009, S. 39)

Die Ausprägungen beziehen sich jeweils auf den aktuellen wie auf den künftigen Gesamtmarkt, unabhängig von den aktuellen Tätigkeitsbereichen des Unternehmens.

Das Konzept der strategischen Geschäftseinheiten soll durch eine Analyse des gesamten Marktes in Bezug auf die drei genannten Dimensionen erreichen, dass sich die Marketingverantwortlichen Gedanken über die Bedeutung zukünftiger Märkte machen, die betreffenden Unternehmensaktivitäten frühzeitig als strategische Geschäftseinheiten begreifen und entsprechende Strategievorkehrungen treffen.

Die Bildung strategischer Geschäftseinheiten ist als ein iterativer Prozess zu verstehen, in dem Einheiten ähnlicher Dimensionsausprägung so zusammengefügt werden, dass sie für das Unternehmen (jetzt oder zukünftig) eine einheitliche strategische Bedeutung aufweisen.

In den vorangegangenen Ausführungen wurden die Begriffe Geschäftsfeld und strategische Geschäftseinheit parallel zueinander behandelt. In der Literatur finden sich – wie oftmals im Marketingbereich – verschiedene Definitionen unterschiedlicher Autoren. Dies ist Ausdruck der Pluralität der Lehrmeinungen.

1.2.2 Methoden der Kundensegmentierung

Ein wesentliches Charakteristikum einer kunden- und marktorientierten Unternehmensführung ist, dass der Kunde mit seinen Wünschen und Bedürfnissen die Grundlage für unternehmerische Entscheidungen bildet (vgl. *Kesting/Rennhak* 2008).

Das Konzept der Kundensegmentierung setzt im Gegensatz zum Massenmarketing nicht an den Gemeinsamkeiten aller Abnehmer an, sondern berücksichtigt im Sinne des Marketinggrundgedankens – nämlich der Ausrichtung aller Unternehmensaktivitäten am Kunden – spezifische Bedürfnisse verschiedener Nachfragergruppen. Kundensegmentierung bedeutet „(...) die Aufteilung des heterogenen Gesamtmarktes für ein Produkt in homogene Teilmärkte oder Segmente und die gezielte Bearbeitung eines Segmentes (bzw. mehrerer Segmente) mithilfe segmentspezifischer Marketingprogramme (...)" (*Freter* 1983, S. 18).

In der Betriebswirtschaftslehre wird Segmentierung nach wie vor überwiegend am Beispiel von B2C-Märkten dargestellt. Inzwischen sind aber einige Arbeiten zu Segmentierung im B2B-Marketing erschienen (vgl. *Kesting/Rennhak*, 2008).

Kriterien zur Segmentierung müssen bestimmte Bedingungen erfüllen. In der Literatur werden üblicherweise sechs Anforderungen (vgl. Abbildung 15) an sie gestellt, die u. a. dazu dienen, die Zweckmäßigkeit der Marktaufteilung zu gewährleisten (vgl. *Kesting/Rennhak*, 2008).

Anforderungen an Segmentierungskriterien	
Kaufverhaltensrelevanz	Geeignete Indikatoren für zukünftiges Kaufverhalten
Messbarkeit (Operationalität)	Messbar und erfassbar mit den vorhandenen Marktforschungsmethoden
Erreichbarkeit bzw. Zugänglichkeit	Gewährleistung einer gezielten Ansprache der gebildeten Segmente
Handlungsfähigkeit	Gewährleistung des gezielten Einsatzes des Marketinginstrumentariums
Wirtschaftlichkeit	Nutzen der Erhebung sollte größer sein als die dafür anfallenden Kosten
Zeitliche Stabilität	Längerfristige Gültigkeit der mittels der Kriterien erhobenen Informationen

Abbildung 15: Anforderungen an Segmentierungskriterien (*Kesting/Rennhak*, 2008)

Segmentierungskriterien lassen sich in wenige Oberkategorien klassifizieren, die in der Literatur teilweise leicht voneinander abweichen. *Meffert* (2000, S. 188 f.) postuliert die folgenden Segmentierungskriterien für den B2C-Bereich:

Die älteste Form der Marktsegmentierung ist die *geografische Segmentierung*. Dies ist zum einen auf die räumliche Verteilung der Bevölkerung zurückzuführen und zum anderen darauf, dass sich in bestimmten Regionen eine eigenständige Kultur mit spezifischen Verhaltensmustern entwickelt. Die klassische geographische Segmentierung, die auch als *makrogeografische Segmentierung* bezeichnet werden kann, unterteilt den Markt in verschiedene regionale Einheiten. Große, international agierende Unternehmen segmentieren häufig nach Ländern oder größeren geografischen Regionen. Für den deutschen Markt wird häufig die bekannte Einteilung in Nielsen-Gebiete herangezogen. Der Vorteil des geografischen Segmentierungsansatzes liegt in der leichten Verfügbarkeit der benötigten Daten. Eine Segmentierung nach geografischen Kriterien erscheint vor allem bei Produktgruppen sinnvoll, bei denen Käufer spezifische regionale Präferenzen haben. Das ist allerdings nur bei einer sehr begrenzten Anzahl von Produktgruppen der Fall.

Eine andere Form der klassischen Segmentierung stellt die *soziodemografische Segmentierung* dar. Die soziodemografische Segmentierung grenzt Konsumentengruppen auf Basis von Populationscharakteristika ab. Soziodemografischen Kriterien wie z. B. Alter, Geschlecht, Familienstand oder Haushaltsgröße fällt im Rahmen der Marktsegmentierung eine Schlüsselrolle zu. Zusätzlich ermöglichen sie u. a. Einschätzungen im Hinblick auf die Marktgröße und die Erreichbarkeit der Nachfrager. Der Hauptvorteil des soziodemographischen

Segmentierungsansatzes liegt in der leichten Erfass- und Messbarkeit der Kriterien. Zudem gelten die Segmentierungsergebnisse als zeitlich relativ stabil. Allerdings sagen sie nur sehr begrenzt etwas über Gewohnheiten, Einstellungen und Werte der Nachfrager aus, da sie keine direkten Informationen in Bezug auf Präferenzen und Motive der Käufer bieten. Daher verliert der ausschließliche Einsatz soziodemografischer Segmentierungskriterien zunehmend an Bedeutung; sie werden verstärkt mit Kriterien aus anderen Kategorien kombiniert.

Der Ansatz der *psychografischen Segmentierung* bezweckt die Definition von Käufergruppen anhand von Merkmalen, die zur Bildung gleichartiger, psychisch verwandter Gruppierungen führen. Psychografische Kriterien berücksichtigen somit u. a. die Tatsache, dass Individuen trotz ihrer Zugehörigkeit zur gleichen demografischen Gruppierung teilweise völlig unterschiedliche Ansichten und Einstellungen haben können. Nach wie vor besteht allerdings keine einheitliche Grundauffassung darüber, welche Merkmale man nun konkret unter dem Begriff der psychografischen Segmentierung zusammenfasst. Dennoch lässt sich zumindest eine grundsätzliche Untergliederung in allgemeine Persönlichkeitsmerkmale und produktspezifische Merkmale vornehmen (vgl. Abbildung 16).

Die Variablen der psychografischen Segmentierung weisen produktspezifischen Einstellungen einen deutlich höheren Bezug zum Kaufverhalten zu als allgemeinen Einstellungen und lassen somit konkretere Aussagen im Hinblick auf das tatsächliche Konsumverhalten zu. Einzelne Motive stellen ebenfalls einen konkreteren Bezug zum Kaufverhalten her. Motive sind auch in Bezug auf die Markenwahl von Bedeutung, da gewisse Marken einer Produktart in unterschiedlich hohem Maße dafür geeignet sind, bestimmte Bedürfnisse zu befriedigen. Grundsätzlich ist es auch möglich, Konsumenten mit ähnlichen produktspezifischen Wahrnehmungen und Präferenzen zu Segmenten zusammenzufassen.

Psychografische Segmentierungskriterien	
Allg. Persönlichkeitsmerkmale	**Produktspezifische Merkmale**
Soziale Orientierung	Wahrnehmungen, Motive
Risikofreude	Präferenzen, Kaufabsichten
Allgemeine Einstellungen	Spezifische Einstellungen
...	...

Abbildung 16: Psychografische Segmentierungskriterien nach *Kesting/Rennhak* (2008)

Die *verhaltensorientierte Segmentierung* spiegelt das Ergebnis von Kaufentscheidungsprozessen wider. Analog zu den vier Marketing-Instrumentalbereichen lässt sich bei der verhaltensorientierten Segmentierung eine Untergliederung in produkt-, preis-, kommunikations- und vertriebsbezogene Merkmale vornehmen (vgl. Abbildung 17). Im Hinblick auf die *Produktwahl* wird beleuchtet, ob Verbraucher bestimmte Produktarten kaufen oder nicht und welche Marken gekauft werden. Ein weiterer relevanter Aspekt ist das *Kaufvolumen* oder die *Verbrauchsintensität*. Darunter versteht man die Kaufmenge, die Konsumenten innerhalb eines bestimmten Zeitraums im Durchschnitt kaufen bzw. verbrauchen. Anhand dieser Angaben lassen sie sich in bestimmte Segmente wie Viel-, Normal- oder Wenig-Käufer gliedern.

Eine verhaltensorientierte Segmentierung bietet sich auch im Hinblick auf das *Preisverhalten* an. Segmentierungen nach dem beobachtbaren Preisverhalten können sowohl produktbezogen als auch personenbezogen erfolgen oder auch kombiniert werden. Beobachtet werden der Kauf in gewissen Preisklassen oder die Reaktion von Konsumenten auf Sonderangebote. Allerdings müssen die ermittelten Ergebnisse zeitlich einigermaßen stabil sein, wenn daraus auf zukünftiges Kaufverhalten geschlossen werden soll. Werbeträger können gezielt für die verschiedenen Teilsegmente festgelegt werden, indem man die *Mediennutzung* im Hinblick auf Art und Anzahl analysiert. Wird darüber hinaus auch noch die interpersonelle Kommunikation beleuchtet, lässt sich zudem eine Unterteilung in Meinungsführer und Meinungsfolger vornehmen. Relevante Kriterien bezüglich der *Einkaufsstättenwahl* sind in erster Linie Präferenzen im Hinblick auf bestimmte Betriebstypen sowie die Geschäftstreue.

Verhaltensorientierte Kriterien weisen im Großen und Ganzen eine vergleichsweise hohe Kaufverhaltensrelevanz auf und sind zudem relativ leicht messbar, beispielweise Sekundärstatistiken für die Mediennutzung.

Insgesamt gelten verhaltensorientierte Segmentierungen als wirtschaftlicher als der psychografische Ansatz. Da sie aber die Entstehung von Kaufentscheidungsprozessen nicht erfassen, lassen sie meist keine Rückschlüsse zu, wie lange das beobachtete Kaufverhalten anhält, da es keine Hinweise gibt, welche der verwendeten Variablen darauf konkret Einfluss haben.

Somit bietet der alleinige Einsatz verhaltensorientierter Kriterien nur eine eingeschränkte Aussagekraft. Als sinnvoller erweist sich daher der Einsatz verhaltensorientierter Merkmale in Verbindung mit Kriterien aus anderen Kategorien.

Verhaltensorientierte Segmentierungskriterien	
Produktwahl	• Käufer/Nichtkäufer der Produktart • Markenwahl • Kaufvolumen
Preisverhalten	• Preisklassen • Reaktion auf Sonderangebote
Mediennutzung	• Art und Zahl der Medien • Intensität der Nutzung
Allgemeine Einstellungen	• Spezifische Einstellungen
Einkaufsstättenwahl	• Betriebsformen • Geschäftstreue/-wechsel

Abbildung 17: Verhaltensorientierte Segmentierungskriterien (*Kesting/Rennhak*, 2008)

Die Marketingliteratur behandelt das Thema Marktsegmentierung in erster Linie mit Blick auf den Konsumgüterbereich. Die Unterschiede, die zwischen Transaktionsprozessen mit Privatpersonen und organisationalen Nachfragern bestehen, sind oftmals so beträchtlich, dass eine reine Adaption der B2C-Problemlösungsansätze an den B2B-Bereich nicht ausreicht (*Kesting/Rennhak*, 2008). Um wettbewerbsfähig zu bleiben bzw. entsprechende Wettbewerbsvorteile aufbauen zu können, müssen auch B2B-Anbieter gezielter auf die jeweiligen spezifischen Kundenanforderungen eingehen. Der Grundansatz der Segmentierung im B2B-Bereich ist dementsprechend derselbe wie im B2C-Bereich. Die Anforderungen, denen Segmentierungskriterien grundsätzlich genügen müssen, gelten somit auch für Märkte mit organisationalen Nachfragern.

Insbesondere die stärkere Orientierung an den Einkaufsgremien bzw. Buying Centers hat in den letzten Jahren zu einer deutlichen Verfeinerung der Segmentierungskriterien im Investitionsgüterbereich geführt. *Becker* (2013, S. 281) unterscheidet drei Kategorien von B2B-Segmentierungskriterien:

- organisations-bezogene,
- organisationsmitglieder-bezogene und
- organisationsverhaltens-bezogene Kriterien.

Organisations-bezogene Variablen sind sehr gut mit den klassischen Segmentierungskriterien des B2C-Bereichs (geografische und soziodemografische Merkmale) vergleichbar. Es handelt sich hierbei um

B2B	B2C
Organisations-bezogene Kriterien	Geografische und soziodemografische Kriterien
Organisationsmitglieder-bezogene Kriterien	Psychografische Kriterien
Organisationsverhaltens-bezogene Kriterien	Verhaltensorientierte Kriterien

Abbildung 18: Gegenüberstellung von B2B- und B2C-Segmentierungskriterien (*Kesting/Rennhak*, 2008)

eher formale Unterscheidungsmerkmale, z. B. den Organisationsstandort, die Organisationsgröße, die Branchenzugehörigkeit, das Marktvolumen oder den Organisationstyp (vgl. *Becker* 2013, S. 281).

Organisationsmitglieder-bezogene Variablen bilden psychische Charakteristika der Mitglieder bzw. Entscheidungsträger in Nachfragerorganisationen ab. Beispiele hierfür sind Wahrnehmung, Motivation, Innovationsfreudigkeit, Informationsgewinnung, Einstellungen oder Persönlichkeitsmerkmale. Auch ihre Trennschärfe ist bei Verwendung einzelner Merkmale dieser Kategorie begrenzt, lässt sich aber durch Kombinationen adäquater Variablen erhöhen (vgl. *Becker* 2013, S. 281).

Organisationsverhaltens-bezogene Kriterien basieren auf dem Kaufverhalten von Organisationen, vergleichbar mit den verhaltensorientierten B2C-Segmentierungskriterien. Das kollektive Einkaufsverhalten bildet den Hauptanknüpfungspunkt. Bedeutsame verhaltensorientierte Kriterien im B2B-Bereich sind u. a. Größe, Zusammensetzung oder interpersonalen Beziehungen von Buying Centers und weitere Verhaltensaspekte wie Auftragsgrößen, Auftragsvergabekriterien, Kaufzeitpunkte, Produktverwendungen, Verwendungsintensitäten oder Lieferantentreue. Prinzipiell sind diese Segmentierungen am ehesten dazu in der Lage, klar unterscheidbare Zielgruppen zu definieren (vgl. *Becker* 2013, S. 281).

1.3 Merksätze/Kontrollfragen/Zusammenfassung

Merksätze

- Das Marketing ist ein Konzept der ganzheitlichen, marktorientierten Unternehmensführung. Ihm kommt eine wesentliche Rolle bei der Ausrichtung aller Unternehmensaktivitäten auf den Markt zu.
- Die Marktmacht verschiebt sich hin zum Kunden. Das Produktangebot weitet sich im zunehmenden internationalen Wettbewerbsumfeld deutlich aus.

- Eine regelmäßige Strategieplanung hilft Unternehmen, im dynamischen Marktumfeld zu bestehen.
- Die Kernaufgaben des strategischen Marketings beinhalten die Formulierung der Unternehmensphilosophie, die strategische Zielsetzung und die Auswahl der strategischen Geschäftsfelder.
- Die Ziele einer Unternehmung bestehen aus den übergeordneten Zielen, welche die Leitlinien der Unternehmenstätigkeit abbilden, und den Handlungszielen, die die Oberziele der Unternehmung darstellen.
- Der Unternehmenszweck definiert, warum die Unternehmung besteht und welche Aufgabe sie im wirtschaftlichen Umfeld und in der Gesellschaft erfüllen will.
- Die Unternehmensphilosophie beschreibt das Selbstverständnis des Unternehmens und seine Grundprinzipien.
- Die Unternehmensidentität besteht aus dem einheitlichen Selbstverständnis aller Mitarbeiter in Bezug auf die Unternehmenspersönlichkeit.
- Der ressourcenorientierte Ansatz des strategischen Marketings besagt, dass einzigartige interne Ressourcen die entscheidende Ursache für den unterschiedlichen Markterfolg von Unternehmen sind.
- Der marktorientierte Ansatz postuliert, dass der Markterfolg eines Unternehmens auf seiner Fähigkeit beruht, sich an extern gegebene Faktoren anzupassen.
- Die Abgrenzung des relevanten Marktes bzw. der relevanten Geschäftsfelder ist eine wesentliche Aufgabe im strategischen Planungsprozess.
- Zur Marktabgrenzung im Sinne der strategischen Marketingplanung gibt es verschiedene grundlegende Ansätze: das Konzept der physisch-technischen Ähnlichkeit, der Konkurrenzsituation, der Kreuzpreiselastizitäten, der verwenderorientierten bzw. subjektiven Austauschbarkeit und das Konzept der funktionalen Ähnlichkeit.
- Beim Konzept der strategischen Gruppen werden Unternehmen in Gruppen zusammengefasst, die eine ähnliche Marktstrategie fahren oder/und ähnlich organisiert sind.
- Die Wettbewerbsintensität innerhalb einer Branche wird durch die Verhandlungsstärke der Abnehmer bzw. der Lieferanten, durch die Bedrohung durch Substitutionsprodukte und durch den brancheninternen Wettbewerb beeinflusst.
- Insgesamt ist die Markt- und Geschäftsfeldabgrenzung der wesentliche Ausgangspunkt sämtlicher Planungsprozesse im strategischen Marketing. Hier werden die Planungsobjekte definiert und voneinander abgegrenzt.
- Im B2C-Bereich sind vor allem Kundensegmentierungen nach geografischen, soziodemografischen, psychografischen und verhaltensorientierten Kriterien üblich, während man im B2B-Bereich dagegen häufig organisations-bezogene, organisationsmitglieder-bezogene und organisationsverhaltens-bezogene Kriterien verwendet.

Kontrollfragen

K1 Überlegen Sie drei Schlagworte, mit denen Sie die Veränderung des Marketingverständnisses im Zeitablauf charakterisieren können.

K2 Geben Sie drei Beispiele dafür, dass Kunden heute Value suchen und nicht nur ein Produkt erwerben wollen.

K3 Benennen Sie drei Unternehmen, die in letzter Zeit aufgrund von Datenschutzproblemen im Mittelpunkt des öffentlichen Interesses standen.

K4 Die spanische Hotelkette RIU betreibt seine Hotels mit der Ambition, Verantwortung sowohl gegenüber der Umwelt als auch gegenüber den lokalen Gemeinschaften an den Standorten der Hotels zu zeigen. Es wurde ein Aktionsplan entwickelt, der Umwelt, Gesellschaft und Human Resources im Fokus hat. Auf Basis dieses Action Plans fördert RIU diverse Projekte, die dem Umfeld ihrer Hotelstandorte zugutekommen (http://www.riu.com/en/sustainability/home.jsp). Halten Sie dies für eine Maßnahme im Sinne der Corporate Social Responsibility? Begründen Sie Ihre Aussage.

K5 Ein Unternehmen der Kommunikationstechnologie muss sich in einem Markt behaupten, der von rasanten Veränderungen geprägt ist. Es möchte aus der Vielzahl der Wettbewerber für seine Kunden als „erste Wahl" erscheinen. Auf welchen Maßnahmenfeldern aus dem Marketing sollte es tätig werden, um dieses Ziel zu erreichen?

K6 Welche Kernaufgaben des strategischen Marketings kennen Sie? Zählen Sie auf.

K7 Was ist im Zielsystem unter einer Mittel-Zweck-Beziehung zu verstehen?

K8 Welche Bausteine müssen aufeinander abgestimmt sein, um eine eindeutige, starke Unternehmensidentität (Corporate Identity) zu erhalten?

K9 In welchem Zusammenhang stehen Unternehmensmission, Unternehmensphilosophie und Unternehmensidentität? Bitte erläutern Sie auch kurz den jeweiligen Begriff.

K10 „Mit Phytoneering bringen wir die heilende und gesunderhaltende Kraft der Natur zum Menschen. Bionorica prägt mit diesem Begriff ein neues Zukunftsfeld der Pharmazie: Phytoneering steht für die Entschlüsselung des großen Wirkstoffpotenzials von Pflanzen (phytos) mit dem Einsatz von modernster Forschung und innovativen Technologien (engineering) zur Herstellung wirksamer und sicherer pflanzlicher Arzneimittel." (www.bionorica.de)

Würden Sie diese Beschreibung als Unternehmensmission oder als Unternehmensphilosophie bezeichnen? Bitte begründen Sie.

K11 Ordnen Sie die im Beispiel oben formulierten Unternehmensziele der BMW Group den Zielkategorien aus Abbildung 8 zu.

K12 Erläutern Sie den Unterschied zwischen einer strategischen Geschäftseinheit und einem Geschäftsfeld.

K13 Welchen Kriterien muss die Fähigkeit eines Unternehmens standhalten, um als Kernkompetenz zu gelten? Bitte zählen Sie auf.

K14 Nennen Sie die Basisstrategien, die Ihnen nach dem marktorientierten Ansatz für die Bearbeitung der Geschäftsfelder zur Verfügung stehen.

K15 Nennen Sie die wesentlichen Kritikpunkte des ressourcenorientierten bzw. marktorientierten Ansatzes.

K16 Überlegen Sie sich aus Sicht des Busunternehmens Flixbus, welche Anbieter als direkte Wettbewerber bzw. indirekte Wettbewerber gelten können.

K17 Welche Gefahren birgt es, Märkte nur nach einem Kriterium abzugrenzen? Wählen Sie mindestens zwei Kriterien aus, die Sie als alleiniges Abgrenzungskriterium einsetzen.

K18 Nennen Sie die grundlegenden Ansätze zur Marktabgrenzung, die für die strategische Marketingplanung am besten geeignet erscheinen, und erläutern Sie diese in einem Satz.

K19 Überlegen Sie für einen Schokoladenhersteller jeweils zwei Beispiele für die Wettbewerbskräfte nach Porter.

K20 Erläutern Sie, wie Sie im Rahmen des Konzepts der strategischen Gruppe eine strategische Gruppe identifizieren können.

K21 Welchen Anforderungen muss eine strategische Geschäftseinheit genügen, um als klar abgegrenzt zu gelten? Zählen Sie auf.

K22 Tragen Sie die fehlenden Begriffe in die Tabelle ein.

	Relevanter Markt	**Strategisches Geschäftsfeld**
Abgrenzung nach Wettbewerb	Relevanter Markt	
	Organisatorischer Bereich	

K23 Finden Sie zwei Produktbeispiele, für die auch heute noch undifferenziertes Massenmarketing betrieben wird.

K24 Warum ist es selten ausreichend, Marktsegmente nur nach einem der aufgeführten Kriterien abzugrenzen? Bitte begründen Sie.

K25 Wo sehen Sie Unterschiede zwischen den Segmentierungskriterien im B2C- und B2B- Bereich?

K26 Sie sollen für eine neu entwickelte Zahncreme mögliche Kundensegmente im B2C-Markt definieren. Welche Kriterien bieten sich an, die Kundensegmente voneinander abzugrenzen?

Zusammenfassung:

Das Marketing hat sich von einer Unternehmensfunktion unter vielen zu einer funktionsübergreifenden Aufgabe gewandelt. Darüber hinaus kommt dem Marketing als integriertem Konzept der ganzheitlichen Unternehmensführung eine besonders wichtige Rolle bei der Ausrichtung aller Unternehmensaktivitäten auf den Markt zu.

Damit ist die Entwicklung des modernen Marketings jedoch keineswegs beendet. Das moderne Marketing bewegt sich in einem dynamischen Umfeld und sieht sich ständig neuen Herausforderungen gegenüber. Dazu gehören insbesondere die signifikante Verschiebung der Marktmacht hin zu den Kunden, die deutliche Ausweitung des Produktangebots im zunehmend internationalen Wettbewerbsumfeld, die Notwendigkeit, beständig werthaltige Nutzenversprechen zu geben, die massiv gestiegene Sorge um den Schutz der Privatsphäre und der persönlichen Daten auf Kundenseite sowie die unterschiedlichen – bisweilen widersprüchlichen – Anforderungen multipler Rechtssysteme, in denen sich international tätige Unternehmen bewegen.

Um diesen Herausforderungen zu begegnen, hat sich eine systematische Herangehensweise bewährt: Das moderne Marketing verfügt über eine Reihe von Instrumenten, die im Strategieplanungsprozess zum Einsatz gelangen. Kernaufgaben sind zunächst die Definition von Unternehmenszweck bzw. -mission, die Abgrenzung und die Auswahl der strategischen Geschäftsfelder, die Entwicklung, Bewertung und Auswahl der Marktteilnehmer- und Marktbearbeitungsstrategien sowie die Implementierung dieser Strategien.

Letztendlich geht es darum, das eigene Unternehmen möglichst erfolgreich zu machen. Auf die Frage, wie dies prinzipiell geschehen kann, gibt es zwei grundsätzliche Antworten: Der ressourcenorientierte Ansatz des strategischen Marketings nimmt eine Inside-out-Perspektive auf das Unternehmen ein. Kernaussage dieses Ansatzes ist, dass einzigartige interne Ressourcen die entscheidende Ursache für den unterschiedlichen Markterfolg von Unternehmen sind. Die dominante Idee innerhalb des Ansatzes ist das Konzept der Kernkompetenzen. Der marktorientierte Ansatz

nimmt eine Outside-in-Perspektive ein und postuliert, dass der Markterfolg eines Unternehmens auf seiner Fähigkeit beruht, sich an extern gegebene Faktoren, z. B. Branchencharakteristika, anzupassen.
Grundlage sämtlicher Planungsprozesse im strategischen Marketing ist die Abgrenzung von Märkten und Geschäftsfeldern. Die Marktabgrenzung umfasst die unternehmerische Festlegung und Auswahl von Märkten (insbesondere von Absatzmärkten), auf die dann die absatzpolitischen Instrumente ausgerichtet werden.
Der Abgrenzung des relevanten Marktes kommt dabei besondere Bedeutung zu. Die Abgrenzung in geografischer Hinsicht, nach Produkt, Anbieter oder Kunden sollte möglichst integriert erfolgen.
Eng verbunden mit der Abgrenzung des relevanten Marktes ist die Festlegung der strategischen Geschäftsfelder. Es handelt sich dabei um eine Produkt-Markt-Kombination. Diese strategischen Geschäftseinheiten werden aus ähnlichen Problemlösungen, Kundengruppen und Technologien zusammengestellt und mit einem eigenständigen Marketingplan bearbeitet.
Um die Nachfrage passgenauer bedienen zu können, führen Unternehmen Kundensegmentierungen durch: Im B2C-Bereich sind vor allem Kundensegmentierungen nach geografischen, soziodemografischen, psychografischen und verhaltensorientierten Kriterien üblich. Im B2B-Bereich verwendet man dagegen häufig organisations-bezogene, organisationsmitglieder-bezogene und organisationsverhaltens-bezogene Kriterien.

1.4 Weiterführende Literatur/Glossar

Ferrell O.C./Hartline M.D., Marketing Strategy, 6. Auflage, South-Western Cengage Learning, 2014.

Benkenstein M./Uhrich S., Strategisches Marketing. Ein wettbewerbsorientierter Ansatz, aktualisierte und überarbeitete 3. Auflage, Stuttgart, 2009.

Kesting T./*Rennhak* C., Marktsegmentierung in der deutschen Unternehmenspraxis, Wiesbaden, 2008.

Exkurs: Glossar

Corporate Social Responsibility – die Verpflichtung eines Unternehmens, eine maximal positive Wirkung auf die Gesellschaft zu erreichen

Customer Relationship Management – die konsequente Ausrichtung einer Unternehmung auf die systematische Gestaltung der Kundenbeziehungsprozesse

Handlungsziele – die Oberziele der Unternehmung, also die Formal- und Sachziele

Kundensegmentierung – die Aufteilung des heterogenen Gesamtmarktes für ein Produkt in homogene Teilmärkte oder Segmente und die gezielte Bearbeitung eines Segmentes (bzw. mehrerer Segmente) mithilfe segmentspezifischer Marketingprogramme

Marketing – Konzept der ganzheitlichen, marktorientierten Unternehmensführung zur Befriedigung der Bedürfnisse und Erwartungen der Kunden und anderer Interessengruppen (der sogenannten Stakeholder)

Marktabgrenzung – die Abgrenzung des relevanten Marktes und die Festlegung der für das Unternehmen relevanten strategischen Geschäftsfelder innerhalb des abgegrenzten Marktes

Marketingstrategie – langfristig ausgerichtetes, planvolles Vorgehen zur Realisierung der Marketingziele

Marktorientierte Unternehmensführung – Abstimmung aller Ressourcen in sämtlichen Funktionsbereichen wie Produktion, Finanzen, Personal, Forschung und Entwicklung und Marketing auf den Markt

Marktorientierter Ansatz – eine konsequente Ausrichtung am Absatzmarkt schafft Wettbewerbsvorteile

Ressourcenorientierte Ansatz – Verfügbarkeit umfangreicher und qualitativ hochwertiger Ressourcen, welche die einzigartigen Fähigkeiten und Kompetenzen eines Unternehmens und damit seinen Erfolg determinieren

Strategische Gruppen – alle Unternehmen, die sich in derselben oder zumindest ähnlichen Umweltsituation hinsichtlich der wettbewerbsrelevanten Entscheidungsparameter homogen verhalten

Strategische Geschäftsfelder – die Unterteilung der Vielzahl an Marktsegmenten in verschiedenartige Aktivitäten unter Beachtung der wechselseitigen Abhängigkeiten im Rahmen ihrer strategischen Marketingplanung und die Implementierung unterschiedlicher Wettbewerbsstrategien für die jeweiligen Aktivitäten

Strategischer Planungsprozess – der Rahmen für die Entwicklung der Marketingstrategie

Strategisches Marketing – beinhaltet die Festlegung der Unternehmensphilosophie und der strategischen Ziele, die Abgrenzung und die Auswahl der strategischen Geschäftsfelder, die Entwicklung, Bewertung und Auswahl der Marktteilnehmer- und Marktbearbeitungsstrategien sowie die Implementierung dieser Strategien

Unternehmensidentität – Werte und Normen, die internen sowie externen Bezugsgruppen eine Identifizierung mit dem Unternehmen ermöglichen

Unternehmensmission – die Idee eines Zusatznutzens für Kunden, Markt oder Gesellschaft

Unternehmensphilosophie – das Selbstverständnis des Unternehmens und seine Grundprinzipien

Unternehmenszweck – warum die Unternehmung besteht und welche Aufgabe sie im wirtschaftlichen Umfeld und in der Gesellschaft zu erfüllen gedenkt

2 Informationen im Strategieentwicklungsprozess

Strategieplanung basiert in einem hohen Maße auf der Verfügbarkeit und Interpretation von Information. Das gilt auch für die strategische Marketingplanung. Das folgende Kapitel stellt die wichtigsten Analysen der strategischen Marketingplanung dar und zeigt auf, wie mit den gewonnenen Informationen Wettbewerbsvorteile identifiziert und Wettbewerbsstrategien formuliert werden.

Als Erstes steht die *Analyse der unternehmensinternen Situation* im Fokus. Hierbei gilt es, zunächst die aktuellen Ziele und Strategien zu analysieren und zu beurteilen, was das Unternehmen im Vergleich zu seinem Potenzial leistet. Darüber hinaus ist zu betrachten, über welche Ressourcen das Unternehmen verfügt und wie das Unternehmen in Bezug auf Unternehmenskultur und -struktur aufgestellt ist. Im nächsten Schritt wird dann gezeigt, was im Rahmen der Kundenanalyse zu leisten ist. Bei der *Umfeldanalyse* werden die von außen auf das Unternehmen wirkenden Faktoren analysiert. Anschließend werden verschiedene Verfahren zur Datengewinnung vorgestellt.

Dieses Vorgehen ist notwendig, um einen strategischen Wettbewerbsvorteil zu entwickeln. Ein Wettbewerbsvorteil ist, einfach gesagt, etwas, das das Unternehmen besser macht als seine Wettbewerber und das aus Kundensicht relevant ist. Dazu werden zunächst mit der *Lebenszyklusanalyse*, der *Portfolioanalyse* und der *Wertkettenanalyse* weitere spezielle Analyseverfahren vorgestellt, die darauf abzielen, die internen Stärken und Schwächen bzw. die externen Chancen und Risiken eines Unternehmens zu beleuchten. Das Ergebnis dieser Analysen sowie vor allem der Situationsanalyse wird häufig in Form eines Stärken-Schwächen-Profils des Unternehmens visualisiert, wobei die Resultate der Unternehmensanalyse mit denen der Konkurrenzanalyse abgeglichen werden. Das Stärken-Schwächen-Profil wird dann mit der Chancen-Risiken-Analyse, die wesentlich auf der Kunden- und der Umfeldanalyse basiert, verknüpft. Diese Verbindung wird als SWOT-Analyse bezeichnet.

Auf dieser Basis gilt es dann, Wettbewerbsvorteile zu identifizieren und Wettbewerbsstrategien zu entwickeln. Mit den Ansätzen der *operativen Exzellenz*, der *Produktführerschaft* und der *Kundennähe* kann es Unternehmen gelingen, gegenüber ihren Wettbewerbern Vorteile zu erreichen.

Lernziele

In diesem Kapitel lernen Sie die verschiedenen Analysen der aktuellen Situation kennen. Im Einzelnen können Sie

- die Elemente der Unternehmensanalyse benennen und anwenden,
- die Schritte, die im Rahmen einer Kundenanalyse durchzuführen sind, gezielt abarbeiten,
- die zahlreichen Teilanalysen einer Umfeldanalyse erklären,
- die wesentlichen Schritte und Methoden der Datengewinnung erläutern,
- Lebenszyklusanalyse, Portfolioanalyse und Wertkettenanalyse erklären,
- eine SWOT-Analyse für ein Unternehmen durchführen,
- die möglichen Quellen von Wettbewerbsvorteilen benennen und
- die grundlegenden Wettbewerbsstrategien der operativen Exzellenz, der Produktführerschaft und der Kundennähe erklären und mit Beispielen belegen.

Exkurs: Abstract

The following chapter introduces the most important analytic tools necessary for strategic marketing planning and the way how obtained these information are processed to identify competitive advantages and define competitive strategies.

After analyzing the internal situation of the company, customer analysis and environmental analysis generate a thorough understanding of the external situation. Furthermore, life cycle analysis, portfolio analysis and value chain analysis help to identify the internal strengths and weaknesses and the external opportunities and risks. The combination of external and internal conditions results in a SWOT analysis.

Operational excellence, product leadership and customer intimacy will enable the company to generate advantages compared to their competitors.

Exkurs: Schlüsselbegriffe

- Kundenanalyse
- Umfeldanalyse
- Lebenszyklusanalyse
- Portfolioanalyse
- Wertkettenanalyse
- SWOT-Analyse
- Operative Exzellenz
- Produktführerschaft
- Kundennähe

Exkurs: Englische Fachbegriffe

- Customer Analysis
- Environmental Analysis
- Life Cycle Analysis
- Portfolio Analysis
- Value Chain Analysis
- SWOT Analysis
- Operational Excellence
- Product Leadership
- Customer Intimacy

2.1 Situationsanalyse

Ein Unternehmen bewegt sich zwischen einer Vielzahl von Herausforderungen: Kunden, die erreicht werden wollen, äußeren Einflüssen wie gesetzliche Vorschriften und politische Entwicklungen, die auf das Unternehmensgeschehen einwirken, und nicht zuletzt die internen Strukturen und Ressourcen. Was kann ein Unternehmen tun, diese Herausforderungen zu meistern? Für eine erfolgreiche Strategieplanung müssen die verschiedenen Situationen genau analysiert werden und die so gewonnen Informationen gezielt genutzt werden.

2.1.1 Unternehmensanalyse

Ein Unternehmen muss über die notwendige Stringenz in Planung und Strukturen sowie über die notwendigen Fähigkeiten verfügen, Chancen erfolgreich zu nutzen und die Risiken abzuwehren. Die Identifikation von Stärken und Schwächen ist Aufgabe der Unternehmensanalyse. *Ferrell/Hartline* (2014, S. 55) schlagen zur Durchführung der Unternehmensanalyse drei Schritte vor:

- Analyse der aktuellen Marketingziele, -strategien und -performance
- Analyse der aktuellen und künftigen organisatorischen Ressourcen

- Analyse aktueller und künftiger kultureller und struktureller Fragestellungen

Der erste Schritt der Unternehmensanalyse umfasst eine kritische Evaluation der unternehmensinternen Situation in Bezug auf Marketingziele, -strategien und -performance. Die Marketingziele müssen regelmäßig analysiert und bewertet werden, um sicherzustellen, dass sie konsistent mit Unternehmensmission, Kundenanforderungen und Unternehmensumfeld sind und bleiben. Diese Planungsschritte sind wichtige Inputgrößen für die weiteren Schritte im Prozess der strategischen Marketingplanung (vgl. *Ferrell/Hartline* 2014, S. 58).

Zur Abschätzung der aktuellen *Marketingperformance* sollten die Marketingverantwortlichen Steuerungsgrößen wie Umsatz, Marktanteil, Gewinn heranziehen und diese auf die verschiedenen Leistungsträger wie Marken, Produktlinien, Märkte, Geschäftseinheiten etc. herunterbrechen. Zusätzlich sollten die Steuerungsgrößen in Relation zum Branchendurchschnitt betrachtet werden, um Rückschlüsse auf die relative Performance zu ziehen (vgl. *Ferrell/Hartline* 2014, S. 59). Schwache oder rückläufige Performance kann durch folgende Faktoren verursacht werden (vgl. *Ferrell/Hartline* 2014, S. 59):

- ein Festhalten an Marketingzielen, die nicht mehr den Anforderungen von Kunden oder Unternehmensumfeld entsprechen
- eine mangelhafte Marketingstrategie
- eine fehlerhafte Strategieimplementierung
- eine vom Unternehmen nicht kontrollierbare Veränderungsdynamik in den Kunden- bzw. Umfeldanforderungen

Im zweiten Schritt der Unternehmensanalyse ist festzustellen, über welche Ressourcen das Unternehmen verfügt. Diese werden den Anforderungen des Marktes und den Ressourcen der Wettbewerber gegenübergestellt. So können die eigenen *Stärken* und die eigenen *Schwächen* erkannt werden. Das können *finanzielle* Ressourcen sein (z. B. Kreditspielräume), aber auch *physische* (z. B. Gebäude), *organisatorische* (z. B. Informationssysteme) und *personelle* Ressourcen (z. B. Facharbeiter). Im Wettbewerbs- und/oder Branchenvergleich lassen sich zudem diejenigen Bereiche identifizieren, in denen das eigene Unternehmen besondere Kompetenzen und Wettbewerbsvorteile gegenüber den Konkurrenten besitzt.

Der dritte und letzte Schritt im Rahmen der Unternehmensanalyse betrifft die Analyse aktueller und künftiger *unternehmenskultureller* und *-struktureller Fragestellungen,* die Marketingaktivitäten betreffen können (vgl. *Ferrell/Hartline* 2014, S. 60). Für die erfolgreiche Durchsetzung von Marketingstrategien im Unternehmen (die oft genug mit der Sicherung einer ausreichenden Ressourcenausstattung verbunden ist) ist eine entsprechend starke (auch hierarchische) Position des Marketings unabdingbar. Alle Unternehmensaktivitäten sollten konsequent am Kunden ausgerichtet werden. Dies gelingt in der Regel jedoch nur, wenn das Marketing intern entsprechend stark ist. In den meisten Organisationen sind Unternehmenskultur und -struktur relativ stabil, sodass es ein langwieriges und schwieriges Unterfangen darstellt, kulturelle oder organisatorische Veränderungsprozesse anzustoßen.

Beispiel

War der Umsatz von Microsoft im Jahr 2006 mit 34 Milliarden US-Dollar noch mehr als doppelt so groß wie der von Apple mit 15 Milliarden US-Dollar, so hat sich das Verhältnis mittlerweile umgedreht. 2015 hat Microsoft einen Umsatz von 94 Milliarden US-Dollar verzeichnet, während Apple 234 Milliarden US-Dollar umgesetzt hat.

Auch für den Gewinn sieht es ähnlich aus. Im Finanzjahr 2006 betrug Apples Gewinn 2 Milliarden US-Dollar während Microsoft 13 Milliarden US-Dollar verzeichnete. Im Jahr 2015 wiederum hat Microsoft 12 Milliarden US-Dollar erwirtschaftet und Apple seinen Gewinn auf 53 Milliarden US-Dollar gesteigert.

Fazit: Apple hat die Investoren wesentlich mehr beeindruckt als Microsoft und ist zum „In-Unternehmen" des neuen Jahrtausends aufgestiegen. Obwohl Microsoft im Desktop-Computerbereich lange eine Vormachtstellung hielt, hat Apple immer wieder bewiesen, dass es marktverändernde neue Produkte entwickeln kann. Nicht nur iPod und iPhone dominieren heute die Kommunikationsbranche, auch das iPad und das MacBook erfreuen sich großer Beliebtheit (vgl. http://www.pcwelt.de und http://de.statista.com/).

2.1.2 Kundenanalyse

Eine wichtige Aufgabe des Marketings ist, Informationen über bestehende und potenzielle Kunden zusammenzutragen und dem Unternehmen zur Verfügung zu stellen um den Absatz seiner Produkte zu sichern. Der zweite Schritt bei der Analyse der Ausgangssituation für ein Unternehmen ist deshalb die Analyse der aktuellen und zukünftigen Kundensituation auf den Zielmärkten des Unternehmens (vgl. *Ferrell/Hartline* 2014, S. 60). Diese umfasst die Informationssammlung und -auswertung zu den folgenden vier Aspekten:

- die aktuellen und zukünftigen Kunden
- die Bedürfnisse der aktuellen und zukünftigen Kunden
- die Eignung der eigenen sowie der Wettbewerbsprodukte, diese Bedürfnisse zu befriedigen
- die antizipierbaren Veränderungen in den Kundenbedürfnissen

Diese Informationen können dabei helfen, die Produkte und Dienstleistungen zu verbessern sowie neue zu entwickeln und anzubieten. Der Kundenservice und die internen Prozesse können optimiert, neue Kunden und Zielgruppen sowie neue Märkte können entdeckt und erschlossen werden.

Eine Kundenanalyse hat zum Ziel, dass Unternehmen ihre Kunden genauer kennenlernen und herauszufinden, wie sie deren Anforderungen, Bedarfe, Bedürfnisse oder Wünsche besser als die Wettbewerber erfüllen. Dies führt dazu, dass die Kunden die Produkte des eigenen Unternehmens wählen, mit ihnen zufrieden sind, dem Unternehmen loyal verbunden bleiben und es eventuell sogar weiterempfehlen. Ziele einer detaillierten Kundenanalyse können sein:

- ein Signal der Wertschätzung an die Kunden auszusenden
- die Verbesserung der Kundenorientierung im eigenen Unternehmen
- das Erkennen eigener Stärken und Schwächen aus Kundensicht
- die Identifikation von Mängeln am eigenen Angebot, bevor sich daraus negative Konsequenzen ergeben
- die Identifikation von Maßnahmen, mit denen Kunden zum Kaufen angeregt werden können

Ferrell/Hartline (2014, S. 61) empfehlen das erweiterte 5W-Modell um die *Informationen* anhand konkreter Fragen zu erheben.

Wer sind unsere aktuellen und künftigen Kunden?
1. Welches sind die demografischen, geografischen und psychografischen Charakteristiken unserer Kunden? 2. Wer kauft tatsächlich unsere Produkte? 3. Wie unterscheiden sich die Käufer von den Verwendern der Produkte? 4. Wer beeinflusst die Kaufentscheidung maßgeblich? 5. Wer ist finanziell für den Kauf verantwortlich?
Was machen unsere Kunden mit unseren Produkten?
1. In welchen Stückzahlen und welchen Kombinationen werden unsere Produkte gekauft? 2. Wie unterscheiden sich Intensivnutzer von Wenignutzern? 3. Verwenden Käufer Komplementärprodukte zur Konsumtion unserer Produkte? Wenn ja, wie werden diese nachgefragt und wie beeinflussen sie den Abverkauf unserer Produkte? 4. Was machen unsere Kunden mit unseren Produkten nach dem Konsum? Recyceln unsere Kunden die Produkte oder deren Verpackung?

Wo kaufen unsere Kunden unsere Produkte?
1. Von welchen Händlern/Distributoren kaufen unsere Kunden unsere Produkte? 2. Welche Rolle spielen Online-Transaktionen beim Kauf unserer Produkte?
Zu welchem Zeitpunkt kaufen unsere Kunden unsere Produkte?
1. Sind Verkauf und/oder Konsum unserer Produkte saisonal beeinflusst? 2. In welchem Ausmaß beeinflussen Promotionsaktivitäten Verkauf und/oder Konsum unsere Produkte? 3. Sind Verkauf und/oder Konsum unserer Produkte durch die physische/soziale Umgebung oder das Zeitempfinden beeinflusst?
Warum (und wie) wählen unsere Kunden unser Produkt?
1. Welches sind die Grundfunktionalitäten, die unser Produkt und auch die Wettbewerbsprodukte bieten? 2. Wie schneiden unsere Produkte hier im Wettbewerbsvergleich ab? 3. Welche Kundenbedürfnisse werden durch unsere Produkte und auch die Wettbewerbsprodukte befriedigt? 4. Wie schneiden unsere Produkte hier im Wettbewerbsvergleich ab? 5. Wie werden sich die Kundenbedürfnisse in der Zukunft verändern? 6. Wie bezahlen die Kunden für unsere Produkte? Ist die Finanzierung ein Thema beim Kauf? 7. Gibt es eine Chance zur Etablierung langfristiger Kundenbeziehungen für uns oder unsere Wettbewerber oder handelt es sich um reines Transaktionsgeschäft (bei dem der Preis ggfs. eine Hauptrolle spielt)? 8. Wie können wir eine Kundenbeziehung aufbauen, bewahren und entwickeln?
Warum kaufen potenzielle Kunden unser Produkt nicht?
1. Welches sind Bedürfnisse von Nicht-Kunden, die unser Produkt nicht befriedigt? 2. Welche Eigenschaften der Wettbewerbsprodukte führen dazu, dass Nicht-Kunden diese gegenüber unseren Produkten präferieren? 3. Gibt es bezüglich der Marketinginstrumente Preis, Kommunikation und Distribution Aspekte, die Nicht-Kunden vom Kauf unserer Produkte abhalten? 4. Was bringt es uns, Nicht-Kunden zu Käufern unserer Produkte zu machen?

Abbildung 19: Das erweiterte 5W-Modell der Kundenanalyse (*Ferrell/Hartline* 2014, S. 61)

Wichtig ist, die Motive der Kunden zu erkennen. Typische Kernfragen der Kundenanalyse sind:

- Warum kauft ein Kunde unser Produkt?
- Was kennzeichnet die Kaufsituation?
- Welche Produkt- und Servicemerkmale schätzt er?

Um die Kundenmotive zu erkennen, wurden in der Marktforschung unterschiedliche Modelle und Methoden entwickelt. Sie sind zunächst auf den Privatkunden ausgerichtet.

Beispiel

Die Eder Möbel GmbH liefert Gartentische in den Modellen „Luxus" und „Standard". Diese werden über Einzelhändler wie Kaufhäuser, Discounter oder Möbelgeschäfte vertrieben. Der Kunde des Unternehmens ist demnach der Einzelhandel. Bei einer differenzierteren Betrachtung kann zwischen Einzelhandel und Endkunden unterschieden werden: Ohne die Aufnahme der Möbel in das Angebot des Einzelhandels kann ein Endkunde – also ein Privatkunde – die Gartentische der Eder Möbel GmbH nicht kaufen. Neben dieser Erstentscheidung des Einzelhandels liegt die endgültige Kaufentscheidung beim Endkunden. Nur wenn die Artikel verkauft werden, wird der Einzelhändler weiter bei der Eder Möbel GmbH bestellen. Das Unternehmen orientiert sich aus folgenden Gründen deshalb vorwiegend am Einzelhandel:

- Endkunden wiederholen ihre Kaufentscheidung für Gartentische nur in großen Zeitabständen. Eine hohe Endkundenbindung ist deshalb nicht maßgeblich für den Unternehmenserfolg.
- Dem Einzelhandel liegen Informationen über die Endkunden vor. Für die Eder Möbel GmbH ist es allerdings schwierig, selbst an solche Informationen zu gelangen. Die Informationen, die der Einzelhandel über die Kundenbedürfnisse an die Eder Möbel GmbH weitergibt, sind daher unvollständig, gefiltert und durch dessen Eigeninteresse geprägt.
- Die Einzelhändler gehören zum Teil größeren Ketten wie z. B. OBI oder Hornbach an und bestellen in großen Mengen. Durch ihre Produktpräsentation und Werbung beeinflussen sie maßgeblich die Kaufentscheidung der Endkunden.

Die Eder Möbel GmbH erzielte im letzten Jahr mit fünfundvierzig Kunden einen Umsatz von 60 Millionen Euro. In der Controlling-Abteilung wurde eine Kunden-Deckungsbeitragsrechnung erstellt. Damit konnten die profitabelsten Kunden identifiziert werden. Es gibt aber auch Kunden mit negativen Deckungsbeiträgen. Für diese ist zu überlegen, ob sie weiterhin zu den bisherigen Konditionen beliefert werden oder ob z. B. Preiserhöhungen vorzunehmen sind. Bei den Möbelhäusern Schmidt und moebelauktion.de handelt es sich um Kunden mit häufigen Reklamationen und hohen Transportkosten. Bei diesen überprüfte die Eder Möbel GmbH den Kundenlebenszyklus. Eine Analyse der beiden Möbelhäuser ergab, dass Möbelhaus Schmidt ein Neukunde ist, sodass zukünftig mit einer Verbesserung der Profitabilität gerechnet werden kann. Der Kunde moebelauktion.de vertreibt Möbel in Auktionen über das Internet. Daher überlegt die Unternehmensführung der Eder Möbel GmbH, wie dieses geänderte Geschäftsmodell die gesamte Kunden- bzw. Branchenstruktur beeinflusst und welche Antworten das Unternehmen darauf haben sollte. (Vgl. *Dillerup/Stoi* 2013, S. 245 ff.)

Da in der Praxis eine Einzelbefragung der Kunden in der Regel nicht möglich ist, werden typischerweise *Kundengruppen* gebildet. Im einfachsten Fall wird dabei in Privatkunden und Geschäftskunden unterschieden:

- Der Privatkunde (Konsument oder Endverbraucher; Stichwort: Business to Consumer, B2C) ist ein Individuum oder Teil eines Privathaushalts, der noch andere Haushaltsmitglieder umfasst. Typischerweise handelt es sich um anonyme Massenmärkte. Die moderne Informationstechnik ermöglicht es aber zunehmend, auch für Privatkunden immer mehr individuelle Daten zusammenzutragen und so ein spezifisches Bild des einzelnen Kunden zu entwickeln und dieses für Marketingmaßnahmen zu nutzen (Stichwort: segment of one, mass customization).
- Der Geschäftskunde (Stichwort: Business to Business, B2B) ist auch ein Unternehmen. Hier entscheiden typischerweise mehrere Personen über den Kauf (die Beschaffung) eines Produkts. Diese Personen bilden das sogenannte Buying Center. Oft sind diese Personen bekannt. Geschäftskunden sind so bedeutsam für das Unternehmen, dass sie namentlich bekannt sind und individuell angesprochen werden.

Begrifflich und methodisch lassen sich außerdem die bestehenden Kunden von den „Nicht-Kunden" unterscheiden. „Nicht-Kunden" können weiter in „Noch-nicht-Kunden", d.h. potenzielle Kunden, und „Nicht-mehr-Kunden", d.h. unzufriedene Ex-Kunden, die zum Wettbewerb abgewandert sind, unterschieden werden. Bestehende Kunden und Nicht-Kunden werden beide auch unter dem Begriff der *Zielgruppe* gefasst. Bestehende Kunden können außerdem unterschieden werden nach

- Erstkäufer,
- Einmalkäufer,
- Mehrfachkäufer/Wiederholungskäufer,
- loyale Käufer oder
- Empfehler.

Im Zuge der Kundenanalyse sollten auch noch weiter reichende Fragen gestellt werden:

- Wie können wir Kunden noch stärker an das Unternehmen binden? Wie können sie veranlasst werden, das eigene Unternehmen weiterzuempfehlen?
- Wie müssen wir die unterschiedlichen Kunden behandeln? Welche Unterschiede können wir dabei machen? Wie kann die Zielgruppenansprache optimiert werden?
- Wie können wir uns gegenüber unseren Kunden im Vergleich zum Wettbewerb besser positionieren?

- Welche anderen Kunden wären für uns interessant? Wo sind potenzielle Neukunden, die unseren bestehenden Kunden ähneln? Wie können wir diese potenziellen Kunden für uns gewinnen?

2.1.3 Umfeldanalyse

Die Situationsanalyse ist die breiteste Fragestellung in der Analyse der Unternehmensumwelt (*Ferrell/Hartline* 2014, S. 66).

„Umwelt" oder auch „Umfeld" im betriebswirtschaftlichen Sinn meint Sachverhalte, die die Entscheidungen von Unternehmen beeinflussen, von diesen aber (kurzfristig) nicht beeinflussbar sind, z. B. gesetzliche Auflagen, neue Konkurrenten usw. Die zahlreichen Faktoren aus der Umwelt werden in zwei große Gruppen eingeteilt: Makro- und Mikroumwelt.

Für die Marketingaktivitäten wird die *Makroumwelt* als gegebene Rahmenbedingung angesehen. Sie umfasst die Gestaltungskräfte, die das Unternehmen *nicht oder nur langfristig steuern* kann. Dies sind typischerweise das gesamtwirtschaftliche Umfeld, politische Trends und Entwicklungen, rechtliche und regulatorische Aspekte, technologische Entwicklungen sowie Veränderungen, die das soziokulturelle Umfeld betreffen. Die Makroumwelt ist für die Zielbildung im Unternehmen wichtig, denn sie enthält einerseits Restriktionen. Andererseits können hier die Entwicklungen neue Chancen eröffnen.

Die *Mikroumwelt* ist eher durch eigene Marketingaktivitäten beeinflussbar. Sie umfasst diejenigen Organisationen und Interessengruppen, die direkten Kontakt mit dem betreffenden Unternehmen haben und die damit seinen Absatz direkt beeinflussen, d. h. fördern oder hemmen können. Das sind

- die Konkurrenten, also andere Unternehmen, die auf dem gleichen Markt und mit ähnlichen Leistungen um die Gunst der Abnehmer kämpfen,
- die Absatzmittler und die Absatzhelfer, welche die Brücke zwischen dem Hersteller und seinen Märkten bilden,
- die Lieferanten, da die Kosten sowie die Qualität der zugekauften Leistungen und die Termintreue der Lieferanten die Marktleistungen des Unternehmens beeinflussen,
- und andere Interessengruppen, die ohne geschäftliche Verbindung zum Unternehmen sind, aber dennoch Einfluss auf dessen Absatzmarkt ausüben, z. B. Umweltschutzorganisationen, Bürgergruppen, Banken, Medien, Behörden, Gewerkschaften usw.

Unerlässlich für die Umweltanalyse ist das intensive Studieren der *Konkurrenz*:

- Wer sind meine Konkurrenten?
- Wo haben sie ihre Stärken?

- Wo liegen im Vergleich unsere Stärken und Erfolgschancen?

Wichtige Fragen zur Entwicklungsfähigkeit der Konkurrenz sind:

- Welche *Marktanteile* haben die wichtigsten Anbieter? Gibt es wenige dominante Anbieter mit großer Marktmacht oder eine Gruppe ähnlich starker? Wie dürfte sich ihre Stellung künftig entwickeln?
- Wie sehen die Konkurrenzverhältnisse in den einzelnen Segmenten aus? Gibt es große Unterschiede?

Um die Wirkung der eigenen Marketingentscheidungen zu gewährleisten, müssen die relevanten Wettbewerber mit ihren Stärken und Aktivitäten bekannt sein. Zudem können Absatzsteigerungen oft nur auf Kosten des Marktanteils der Konkurrenten erreicht werden. Wichtig ist deshalb, herauszufinden, wer überhaupt als Konkurrent betrachtet werden muss. Je nachdem, wie der relevante Markt eines Unternehmens bestimmt worden ist, ergeben sich auch die Konkurrenten. Es gibt also verschiedene Möglichkeiten (vgl. *Kotler/Bliemel* 2006, S. 658):

- Identifikation nach dem *Marktsegmentkonzept*: Konkurrenten sind dann alle anderen Unternehmen, die demselben Kundenkreis ein vergleichbares Produkt oder vergleichbare Dienstleistungen anbieten.
- Identifikation nach dem *Produktklassenkonzept*: Die Konkurrenten sind dann alle Unternehmen, die dieselbe Produktklasse anbieten.
- Identifikation nach dem *Funktionsträgerkonzept*: Als Konkurrenz werden dann alle Unternehmen angesehen, die Produkte herstellen, die dieselbe Grundfunktion erbringen.

Nun kann festgestellt werden, wer im jeweiligen Segment der Haupt konkurrent ist und welchen Marktanteil die wichtigsten Wettbewerber erreichen. Auch können nun wirtschaftliche Eckdaten der Konkurrenten, beispielsweise über eine Bilanzanalyse, erfasst werden. Interessant, aber schwierig festzustellen sind ferner die Ziele und Strategien der Wettbewerber, ihre Stärken und Schwächen, ihre Preispolitik und ihr Einsatz der Marketinginstrumente.

Für das herstellende Unternehmen ist im nächsten Schritt außerordentlich wichtig, die *Absatzmittler* und die Absatzhelfer zu kennen, die die Brücke zwischen dem Hersteller und seinen Märkten bilden. Eine *Lieferantenanalyse* ermöglicht präzisere Vorhersagen und Einschätzungen über die Leistungen potenzieller Lieferanten. Ziel ist, aus der (in der Regel) breiten Palette möglicher Lieferanten die Leistungen zukünftiger Lieferanten transparenter zu machen und für strategische Einkaufsentscheidungen relevante Daten zeitnah zur Verfügung zu haben.

Neben Kunden, Wettbewerbern, Absatzmittlern und Lieferanten gibt es andere *Interessengruppen*, die ohne direkte geschäftliche Verbindung zum Unternehmen sind, aber dennoch Einfluss auf dessen Absatzmarkt ausüben, z. B. Umweltschutzorganisationen, Bürgergruppen, Banken, Medien, Behörden, Gewerkschaften usw. Typischerweise werden die Interessengruppen zunächst priorisiert und dann entsprechend ihrer Bedeutung mehr oder weniger detailliert analysiert. Priorisierungskriterien können z. B. sein:

- der Einfluss einer Interessengruppe auf andere Interessengruppen
- das Entscheidungspotenzial einer Interessengruppe (finanziell, technisch, politisch etc.)
- die Einstellung einer Interessengruppe zum Unternehmen (Gegner, Befürworter, neutral, u. a.)

Die Analyse der Interessengruppen ist die Grundlage dafür, dass zum einen der Einfluss der verschiedenen Interessengruppen genau abgeschätzt werden kann und diese zum anderen gezielt adressiert werden können (z. B. mittels eines strategischen Kommunikationsplans) und so die Kommunikation mit den Interessengruppen gezielt verbessert wird. Dadurch wiederum kann das Verständnis in Bezug auf ihre Interessen erhöht und im Gegenzug öffentliches Vertrauen geschaffen werden.

2.1.4 Verfahren zur Datengewinnung

Für die Durchführung einer Situationsanalyse ist eine umfangreiche Datensammlung und -auswertung notwendig. Dies ist in der Regel zeitaufwendig und teuer (vgl. *Ferrell/Hartline* 2014, S. 76). Das Unternehmen benötigt präzise Informationen zu Kunden, Wettbewerbern, Absatzmittlern, Lieferanten und mannigfaltigen Interessengruppen, um eine fundierte strategische Marketingplanung durchführen zu können (vgl. *Opresnik/Rennhak* 2011, S. 129).

Zunächst ist zu klären, welche Informationen im Unternehmen gebraucht werden. Je genauer das Problem beschrieben wurde, desto zielgenauer kann man bei der Informationsbeschaffung vorgehen. *Ferrell/Hartline* (2014, S. 76) empfehlen zunächst Sekundärquellen. Unternehmensinterne Quellen können hier sein:

- Umsatz- und Verkaufsstatistiken
- Schriftwechsel mit Kunden, Kundenbeschwerden, Kundenanrufe im Callcenter
- Berichte von Außendienstmitarbeitern
- Reparaturlisten
- Lagerbestandsmeldungen
- Preislisten

Unternehmensexterne Quellen können sein:

- Angaben der statistischen Ämter, statistische Jahrbücher

- Online-Datenbanken
- Berichte der Industrie- und Handelskammern sowie Handwerkskammern
- Geschäftsberichte anderer Unternehmen
- Berichte von Unternehmensberatungen oder Investmentbanken
- Prospekte, Kataloge von Mitbewerbern
- Veröffentlichungen wissenschaftlicher Institute usw.

Gegebenenfalls kann man hier auch auf Marktforschungsunternehmen zurückgreifen, die Markt- oder Branchenstudien gegen Entgelt anbieten. Nur wenn die benötigten Daten in diesen Quellen nicht vorhanden sind oder die benötigten Quellen überhaupt nicht zugänglich sind, wird die aufwendigere Gewinnung von Primärdaten notwendig.

Die Primärforschung gewinnt ihre Erkenntnisse aus der erstmaligen und direkten Untersuchung von Marktteilnehmern im Feld, d.h., es wird originär neues Datenmaterial generiert. Sprechen sachliche Erwägungen wie Wirtschaftlichkeit oder Durchführbarkeit für eine Teilerhebung, so ist ein geeignetes Auswahlverfahren festzulegen und der Stichprobenumfang zu bestimmen.

Ein ganz entscheidender Schritt für die spätere Qualität der Ergebnisse ist die adäquate Gestaltung des Erhebungsrahmens. Werden neue Daten über eine Primärforschung erhoben, so kann die Datenerhebung als Befragung, Beobachtung oder Experiment durchgeführt werden:

- *Befragungen* sind das am häufigsten angewandte Erhebungsinstrument. Probanden geben hier unmittelbar selbst Auskunft über die interessierenden Sachverhalte. Die unterschiedlichen Arten der Befragung lassen sich differenzieren nach der Art der Kommunikation (schriftlich, mündlich, telefonisch, online), dem Grad der Standardisierung (freies Interview vs. standardisierter Fragenkatalog), der Zahl der gleichzeitig befragten Personen (Einzelinterview vs. Gruppeninterview), der Häufigkeit der Befragung (einmalig vs. mehrmalig) und dem Gegenstand der Befragung (Einthemenbefragung vs. Mehrthemenbefragung/Omnibusbefragung).
- *Beobachtung* ist die zielgerichtete Erfassung von sinnlich wahrnehmbaren Sachverhalten im Augenblick ihres Auftretens durch Personen und/oder technische Hilfsmittel. Gegenstände der Beobachtung in der Marktforschung sind Bestände (z.B. Absatzmengen), Verhaltensweisen (z.B. Kauf oder Nichtkauf) und Eigenschaften (z.B. äußerlich wahrnehmbare Eigenschaften von Konsumenten).
- Mittels *Experimenten* werden vermutete Ursache-Wirkungs-Zusammenhänge unter kontrollierten Bedingungen überprüft. Das Wesen eines Marktforschungsexperiments besteht darin, dass eine unabhängige Variable (z.B. der Preis) verändert und die Aus-

wirkung dieser Veränderung auf eine abhängige Variable (z.B. die Absatzmenge) gemessen wird. Tests sind Anwendungen von Experimenten im Rahmen der Marktforschung (z.B. Storetests, Werbewirkungstests).

Bei der Festlegung der Erhebungsmethode sind u.a. der Umfang der Datenerhebung, die erwartete Antwortquote, die geografische Repräsentation, die Gefahr von Missverständnissen, der Interviewereinfluss und nicht zuletzt die bei der jeweiligen Erhebungsmethode anfallenden Kosten zu berücksichtigen. Bei der Gestaltung des Erhebungsrahmens kommt der Entwicklung von Fragebogen, Beobachtungsplan bzw. experimentellem Design allergrößte Bedeutung zu. Ist die Datensammlung abgeschlossen, erfolgt die Auswertung der Daten einschließlich der Interpretation der Ergebnisse. Für die Datenanalyse steht eine Vielzahl von uni-, bi- und multivariaten Analysemethoden in Abhängigkeit vom Messniveau der erhobenen Daten zur Verfügung.

Aus den durch Sekundär- und/oder Primärforschung gewonnenen Einzelinformationen werden wesentliche Entwicklungen, Trends und Zusammenhänge identifiziert, die dann die Situationsanalyse entscheidend stützen.

2.2 Entwicklung von strategischen Wettbewerbsvorteilen

Um erfolgreich am Markt agieren zu können, muss ein Unternehmen über mindestens einen *Wettbewerbsvorteil* verfügen.

Definition

Ein Wettbewerbsvorteil ist, einfach gesagt, etwas, das das Unternehmen besser macht als seine Wettbewerber und das aus Kundensicht relevant ist.

Wettbewerbsvorteile sind kritisch, denn sie bestimmen den Rahmen für die nachgelagerten Marketingaktivitäten (vgl. *Ferrell/Hartline* 2014, S. 16).

Neben der Situationsanalyse müssen noch weitere Aspekte des Unternehmens betrachtet und vor allem alle erhobenen Aspekte dann zusammengeführt werden, um zu eruieren, wo Wettbewerbsvorteile zu finden sind.

2.2.1 Weitere strategische Analysen

Marketingentscheidungen sind von der Kenntnis der eigenen Lage und der Einschätzung der Konkurrenz beeinflusst (vgl. *Benkenstein/*

Uhrich 2009, S. 52). Besonders relevant ist dabei das Aufdecken strategischer Diskontinuitäten. Um die internen Stärken und Schwächen bzw. die externen Chancen und Risiken eines Unternehmens ausschnittsweise zu beleuchten, werden die Lebenszyklusanalyse (2.2.1.1), die Portfolioanalyse (2.2.1.2) und die Wertkettenanalyse (2.2.1.3) durchgeführt (vgl. *Benkenstein/Uhrich* 2009, S. 52).

2.2.1.1 Lebenszyklusanalyse

Im Zuge der Lebenszyklusanalyse sind die Konzepte des Produktlebenszyklus, des Marktlebenszyklus und des Technologielebenszyklus besonders relevant.

Das Konzept des *Produktlebenszyklus* beruht auf der Annahme, dass sich der Absatz eines Produkts über die gesamte Zeit seiner Existenz nach einer bestimmten Gesetzmäßigkeit entwickelt. Es durchläuft während seiner Lebensdauer klar abgrenzbare Phasen. Wie lange diese Phasen jeweils dauern, hängt von den spezifischen Gegebenheiten des untersuchten Produkts ab. Die Grundannahmen des Konzepts des Produktlebenszyklus sind (vgl. *Opresnik/Rennhak* 2015, S. 88 f.):

- Ein Produkt hat eine begrenzte Lebensdauer auf dem Markt.
- Das Produkt durchläuft während der Produktlebensdauer deutlich differierende Phasen.
- In den einzelnen Phasen sind unterschiedliche Marketingstrategien vorteilhaft.

Bei der idealtypischen Darstellung des Produktlebenszyklus durchläuft die Umsatzentwicklung eines Produkts eine S-förmige Kurve. Diese Kurve ist in vier Abschnitte unterteilt:

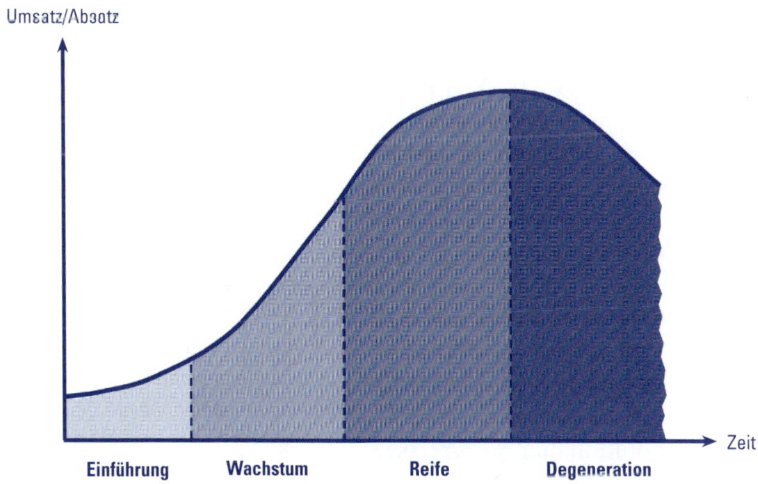

Abbildung 20: Umsatz-/Absatzverlauf im Produktlebenszyklus (*Opresnik/Rennhak* 2015, S. 89)

Die *Einführungsphase* ist der Zeitabschnitt des langsamen Wachstums bei der Einführung des Produkts auf dem Markt. Aufgrund der hohen Einführungskosten werden in dieser Phase noch keine Gewinne erwirtschaftet. Die *Wachstumsphase* ist der Abschnitt rasch zunehmender Marktakzeptanz und deutlicher Gewinnzuwächse. In der *Sättigungs- oder Reifephase* werden die Zuwachsraten des Umsatzes geringer bzw. negativ. Das Produkt ist nunmehr von den meisten potenziellen Käufern akzeptiert. Es kommen kaum noch neue Verwender hinzu. Die Gewinne beginnen zu sinken, da zur Verteidigung der Marktposition des Produkts gegen die Konkurrenz ein größerer Marketingaufwand erforderlich wird. Die *Degenerations- oder Rückgangphase* ist gekennzeichnet durch deutlich weniger Umsatz und nur noch bescheidene Gewinne. Je nach Phase im Produktlebenszyklus herrschen unterschiedliche Bedingungen auf den Märkten vor und erfordern unterschiedliche Marketingstrategien.

Führt ein Unternehmen ein neues Produkt ein, hat es als Marktpionier die besten Chancen, Marktführer zu bleiben, wenn es den langfristigen Erfolg nicht kurzfristigen Vorteilen opfert, z. B. indem ein hoher Preis für das neue Produkt verlangt wird. Es muss also grundsätzlich zwischen der sogenannten Skimming- oder der Penetrationsstrategie wählen.

Die *Skimmingstrategie* ist eine Abschöpfungsstrategie: In der Einführungsphase wird zunächst ein hoher Preis für das neue Produkt verlangt, der später gesenkt wird. Dies ermöglicht hohe Gewinne, die zu einer schnellen Amortisation des Forschungs- und Entwicklungsaufwands führen, lockt aber auch Konkurrenten an.

Die Alternative ist die *Penetrationsstrategie*. Dies ist eine Strategie der Marktdurchdringung. Das neue Produkt wird dabei zu einem vergleichsweise niedrigen Preis eingeführt mit dem Ziel der raschen Marktpenetration. Zur weiteren Preisentwicklung im Produktlebenszyklus macht die Penetrationsstrategie keine Aussagen. Durch schnelles Absatzwachstum ergeben sich hohe Gesamtdeckungsbeiträge. Es wird eine langfristig starke und überlegene Marktposition aufgebaut und potenzielle Konkurrenten können vom Markteintritt abgehalten werden.

Mit dem Eintritt in die Wachstumsphase steigen die Umsätze mit dem neuen Produkt stark an. Das Ziel ist, das Wachstum des Umsatzes so lange wie möglich aufrechtzuerhalten. Dafür können verschiedene Strategien eingesetzt werden (vgl. *Opresnik/Rennhak* 2011, S. 178 f.):

- Die Produktqualität wird verbessert, neue Ausstattungsmerkmale und ein verbessertes Design werden entwickelt.

- Zum Flankenschutz des Hauptprodukts gegen Angriffe der Konkurrenten wird das Angebot durch neue Modelle und Produktvarianten erweitert.
- Neue Marktsegmente und/oder neue Vertriebswege werden erschlossen.
- Die Preise werden rechtzeitig gesenkt, um so weitere Schichten preisbewusster Käufer anzusprechen.

Diese Aktivitäten verursachen jedoch zusätzliche Kosten. Wieder muss sich das Unternehmen entscheiden, ob die hohen Marktanteile gehalten, d. h. der Gewinn erst langfristig abgeschöpft, oder ob der Gewinn sofort realisiert werden soll.

Mit dem Überschreiten des Höhepunkts der Grenzumsatzkurve nehmen die Zuwachsraten des Umsatzes ab. Der Umsatz nimmt in absoluten Zahlen zwar noch zu, erreicht dann aber auch seinen Höhepunkt und fängt an zu sinken. Das Produkt ist nun in der sogenannten Reife- oder Sättigungsphase seines Lebenszyklus (man spricht von „satten“ oder „gesättigten Märkten“).

In dieser Phase müssen nicht zwangsläufig die Erfolgspotenziale erschöpft sein, allerdings sind neue Impulse notwendig. Generell möglich sind folgende Vorgehensweisen:

- Marktmodifikation durch eine Erhöhung der Zahl der Verwender oder durch eine Steigerung der Verwendungsrate. Die Zahl der Verwender kann erhöht werden, indem bisherige Nichtverwender gewonnen, neue Marktsegmente erschlossen oder Kunden von der Konkurrenz gewonnen werden. Die Verwendungsrate kann prinzipiell gesteigert werden, indem die Produkte häufiger verwendet oder in größeren Mengen pro Anlass abgenommen oder indem flexiblere Einsatzmöglichkeiten entwickelt werden.
- Produktmodifikation durch eine Verbesserung der Qualität, der Produktausstattung durch neue Ausstattungselemente oder des Stylings, d. h. der ästhetischen Anziehungskraft des Produkts.
- Modifikation des Marketing-Mix durch Veränderungen des Preises, der Distributionswege, der Werbung, der Verkaufsförderungsmaßnahmen oder des Service.

Die letzte Phase im Leben eines Produkts ist die Degenerations- oder Rückgangsphase. Der Umsatz fällt nun entweder bis auf null ab oder er stabilisiert sich auf einem niedrigen Niveau und bleibt dann über Jahre hinweg konstant. Die erste Aufgabe des Managements besteht darin, ein System zur Ermittlung leistungsschwacher Produkte aufzubauen. Dazu gehört, dass für jedes Produkt im Markt Daten über Marktgröße, Marktanteil, Preis, Kosten und Gewinn sowie die voraussichtlichen Entwicklungen erfasst werden.

Das Unternehmen muss sich in dieser Phase des Produktlebenszyklus für die Strategie des Rückzugs oder des Erntens entscheiden. Entscheidet man sich für die Strategie des Rückzugs bzw. der Trennung, dann muss sich das Unternehmen u. U. nach einem Käufer umsehen.

Zur Strategie des „Erntens" gehört, die Kosten für das Produkt schrittweise abzubauen und gleichzeitig zu versuchen, den Umsatz auf einem möglichst hohen Niveau zu halten. So können z. B. zuerst die Aufwendungen für Forschung und Entwicklung reduziert und Neuinvestitionen in Maschinen vermieden werden. Ebenso kann die Produktqualität bewusst gesenkt werden. Diese Maßnahmen sollten so vorgenommen werden, dass Kunden und Konkurrenten die Auswirkungen so spät wie möglich bemerken. Für das Unternehmen bringt diese Strategie einen hohen Cashflow.

Die besondere Aussagekraft des Produktlebenszykluskonzeptes sehen *Benkenstein/Uhrich* (2009, S. 54) in seinem entscheidungsorientierten Ansatz, der markt- und wettbewerbsbezogene Strategien und Gestaltungshinweise direkt einbezieht. Kritikpunkte sind allerdings:

- Der S-förmige Kurvenverlauf der Umsatzkurve ist nicht empirisch oder theoretisch allgemein erhärtet und deshalb nicht allgemeingültig. Er gilt nur für bestimmte Branchen. Für Grundnahrungsmittel z. B. gilt er nicht. Auf dem idealtypischen Kurvenverlauf basieren aber alle strategischen Empfehlungen.
- Variable Größen, z. B. der Umsatz oder der Cashflow, werden allein durch die unabhängige Größe „Zeit" erklärt.
- Unterschiedliche Faktoren beeinflussen die Länge des Zyklus, die Dauer der einzelnen Phasen und den Verlauf der Kurve. So zeigen empirische Studien eine Vielzahl unterschiedlicher Lebenszyklusverläufe, die offenbar vom Grad der Neuartigkeit des Produkts und von der Branche abhängig sind. Sie widerlegen die These des S-förmigen Verlaufs.
- Die mangelnde Operationalität und die Willkür bei der Abgrenzung der einzelnen Phasen werden angeführt. Denn das Modell macht strategische Empfehlungen für einzelne Produkte von der Einordnung zu einer bestimmten Phase abhängig. Aber woher weiß z. B. ein Unternehmen genau, ob seine Produkte tatsächlich schon in der Reifephase angekommen sind und nicht etwa noch in der Wachstumsphase stecken?
- Das Modell ist in sich geschlossen, d. h., es geht von konstanten Rahmenbedingungen aus. Es wird somit nur ein einziger möglicher Evolutionspfad eines Produkts, eine Kurve unter einer Vielzahl anderer in der Realität existierender Verläufe, abgebildet.
- Es fehlen eindeutige Abgrenzungskriterien zwischen Produktvariationen und Produktinnovationen. Diese sind aber erforderlich,

um zu entscheiden, wann ein neuer Produktlebenszyklus beginnt bzw. wann ein alter modifiziert werden muss.

Der tatsächliche Lebenszyklus eines Produkts ist erst nach dessen Ausscheiden aus dem Markt mit Sicherheit festzustellen.

Von großer Bedeutung ist darüber hinaus auch der Lebenszyklus des Marktes, auf dem das Produkt angeboten wird. Die strategische Marketingplanung sollte auch auf eventuelle Abweichungen zwischen Markt- und Produktlebenszyklus Rücksicht nehmen (vgl. *Benkenstein/Uhrich* 2009, S. 55). Der *Marktlebenszyklus* ergibt sich aus der Addition der spezifischen Produktlebenszyklen. Ebenso wie beim Produktlebenszyklus lässt sich der Lebenszyklus eines Marktes in vier Phasen gliedern, die mit entsprechenden Herausforderungen für die Gestaltung des Marketing-Mix verbunden sind (vgl. *Meffert* 1994, S. 148 ff.):

- Der Markt wird in der Entstehungsphase durch ein oder wenige Unternehmen aufgebaut. Hier steht für gewöhnlich die Durchsetzung einer Innovation im Vordergrund. Der Innovator bestimmt die (technologischen) Standards.
- In der Wachstumsphase setzt sich die Innovation durch und der Markt wächst schnell. Neueintreter werden von den Gewinnpotenzialen angezogen. Vertriebs- und Kommunikationsinstrumenten helfen das Potenzial des Marktes möglichst umfassend auszuschöpfen.
- Der Markt dehnt sich in der Reifephase aus, die Wachstumsraten gehen jedoch zurück. In dieser Phase muss ein Unternehmen das Produktangebot erweitern, denn die Konsumenten verfügen über ausreichend Produkterfahrungen und sind in der Lage, Unterschiede zwischen einzelnen Produkten zu erkennen und nach den eigenen Bedürfnissen und dem Grad ihrer Zufriedenheit auszuwählen (vgl. *Benkenstein/Uhrich* 2009, S. 55). Der Fokus der Aktivitäten liegt dabei auf absatzmittlergerichteten Strategien.
- In der Abschwungphase sinkt der Gesamtumsatz des Marktes. Die Massenmarktsituation trägt dabei zu einer starken Homogenisierung der angebotenen Leistungen bei. Daraus folgt, dass es kaum noch möglich ist, über Produktqualität Wettbewerbsvorteile zu erlangen (vgl. *Benkenstein/Uhrich* 2009, S. 55). Der Preis wird zum wichtigsten Wettbewerbsparameter. Die Wettbewerbsintensität steigt und es ist lediglich eine Frage der Zeit, bis die ersten Unternehmen aus dem Markt austreten und das ursprüngliche Produkt durch andere Innovationen substituiert wird.

Die Allgemeingültigkeit des Verlaufs von Marktlebenszyklen und die damit verbundene Charakterisierung der strategisch relevanten Entscheidungssituationen machen es Unternehmen einfacher, marktgerichtete Strategien festzulegen, die den situativen Anforderungen der jeweiligen Marktlebenszyklusphase gerecht werden (vgl. *Benkenstein/Uhrich* 2009, S. 57 f.). Zudem ermöglichen sie es den Unternehmen, die zukünftige Entwicklung des Marktes abzuschätzen und entsprechend frühzeitig in die Maßnahmenplanung einzutreten.

Der Marktlebenszyklus ermöglicht auch Aussagen zu den in den verschiedenen Marktphasen dominanten Technologien. Diese sind für die Ausgestaltung von Innovationsstrategien besonders relevant (vgl. *Benkenstein/Uhrich* 2009, S. 58).

Der *Technologielebenszyklus* kann ein Stück weit unabhängig vom Marktlebenszyklus verlaufen. Idealtypisch lassen sich drei verschiedene Technologietypen unterscheiden (vgl. *Benkenstein/Uhrich* 2009, S. 60):

- *Schrittmachertechnologien* sind neu entwickelte Technologien, deren Anwendbarkeit auf dem Markt noch relativ gering ist und für die es wesentliche Zukunftsgeschäftsfelder zu suchen gilt. Im Technologiemanagement steht die Bereitstellung ausreichender Budgets für Forschung und Entwicklung im Vordergrund, um ein für die zukünftigen Anforderungen ausreichendes Technologie-Know-how sicherstellen zu können.
- *Schlüsseltechnologien* führen typischerweise zu einem erheblichen technischen Fortschritt. Sie ermöglichen Differenzierungsstrategien, da Vorteile am Markt ausgenutzt werden können. Die Phase der Schlüsseltechnologie ist durch hohe Technologiedynamik und hohe Innovationsintensität gekennzeichnet. Die Investitionen in Forschung und Entwicklung sind weiterhin relativ hoch, damit mit der hohen Technologiedynamik Schritt gehalten und im Technologiewettbewerb bestanden werden kann.
- In der nächsten Phase werden *Basistechnologien* eingesetzt. Basistechnologien sind ehemalige Schlüsseltechnologien, die allerdings aufgrund ihres Alters im Wettbewerb bereits an Bedeutung verloren haben. Sie werden von allen Konkurrenten in dem jeweiligen Industriezweig beherrscht. Sie bringen keine bzw. kaum noch Wettbewerbsvorteile mit sich. Im Vordergrund des Technologiemanagements bzw. der Innovationsstrategie steht nun die Konsolidierung, d. h. die Sicherung der Marktstellung in den bearbeiteten Märkten und Marktnischen. Die Innovationstätigkeit wird vermindert und das Budget für Forschung und Entwicklung wird dementsprechend reduziert.

Hinter jedem Technologietyp verstecken sich unterschiedliche Wettbewerbspotenziale. Bisweilen durchlaufen Technologien nicht den gesamten Lebenszyklus, da sie vorher verdrängt oder aufgegeben werden. Ebenfalls möglich sind unterschiedliche Merkmalsausprägungen von Technologien in verschiedenen Branchen. Beispielsweise kann es geschehen, dass dieselbe Technologie in einer Branche bereits als Basistechnologie vorliegt, in einer anderen allerdings erst als Schlüsseltechnologie verwendet wird. Daraus resultiert ein Wettbewerbsvorteil von Unternehmen aus der erstgenannten Branche, da diese von einer besser entwickelten technologischen Position profitieren.

Eine weitere Folge dieses Zusammenhangs ist aber auch, dass die Weiterentwicklung von Technologien, die in verschiedenen Branchen Anwendung finden, mit einer höheren Wahrscheinlichkeit vollzogen wird. Es muss allerdings gewährleistet sein, dass diese Technologie auch Wettbewerbspotenziale in den anderen Branchen aufweist. Basis- bzw. Schlüsseltechnologien, die in unterschiedlichen Branchen und bei unterschiedlichen Anwendungen Rationalisierungs- oder Effizienzsteigerungseffekte hervorbringen können, werden Querschnittstechnologien genannt.

Beispiel

Als Querschnittstechnologie gilt beispielsweise die Nanotechnologie. Die Nanotechnologie beschreibt die Herstellung, Untersuchung und Anwendung von Strukturen, molekularen Materialien, inneren Grenz- und Oberflächen mit mindestens einer kritischen Dimension oder mit Fertigungstoleranzen unterhalb von 100 Nanometern. Die Nanotechnologie ist in den letzten beiden Jahrzehnten zu einem zentralen Forschungsbereich mit ersten Innovationsimpulsen herangereift. Sie wird in revolutionärer Weise die Möglichkeiten erweitern, Materialeigenschaften gezielt zu beeinflussen und zu nutzen. Vor diesem Hintergrund forciert die Nanotechnologie in zunehmendem Maße neue Trends und Fortschritte in der Elektronik, den optischen Technologien, der Biotechnologie, der Medizintechnik, der Pharmazie, der Chemie und den Materialwissenschaften sowie deren Integration in Produktionssysteme und -technologien. Dabei erschließen sich zunehmend Innovationspotenziale. Auf Wirtschaftssektoren bezogen bietet Nanotechnologie entscheidende neue Lösungen unter anderem in den Zukunftsfeldern Energietechnologien, Gesundheitsforschung und Medizintechnik, Umwelttechnologien, Pflanzen, optische Technologien, Werkstoffe (vgl. http://www.strategiekreis-nanowelten.de).

Was lässt sich aus dem Konzept des Technologielebenszyklus für die strategische Marketingplanung ableiten? Um eine Geschäftseinheit erfolgreich am Markt zu entwickeln, ist zunächst der Einsatz von Schrittmachertechnologien notwendig. Um sich als Markt- bzw. Technologieführer zu etablieren, sollten Unternehmen die vielversprechendsten der bereits definierten Schrittmachertechnologien selbst zu Schlüsseltechnologien entwickeln.

Für die erfolgreiche Etablierung von Geschäftseinheiten am Markt spielen Schlüsseltechnologien eine bedeutende Rolle. Hier sind insbesondere die Kontrolle der Wettbewerbsposition, die eigene Entwicklungstätigkeit sowie gegebenenfalls die Kooperation mit strategisch bedeutsamen Lieferanten und v. a. Innovatoren von erheblicher Bedeutung.

Bei einem Übergang von Schlüsseltechnologien zu Basistechnologien sollte die Investitionstätigkeit reduziert werden. Es empfiehlt sich hierbei eine Abschöpfungs- bzw. Desinvestitionsstrategie. Dies bezieht sich explizit nur auf die Investitionen in die entsprechende Technologie, nicht jedoch auf den damit zu erzielenden Output. In der Unternehmenspraxis hat sich gezeigt, dass Unternehmen ihre ehemaligen Schlüsseltechnologien als Grundlage des Erfolges am Markt sehen, und entsprechend wollen sie diese nicht leichtfertig aufgeben. Die Entwicklung einer Schlüsseltechnologie zu einer Basistechnologie führt jedoch fast zwangsläufig zum Verlust wichtiger Wettbewerbsvorteile. Jetzt ist es sinnvoll, die Investitionen in Forschung und Entwicklung signifikant zu reduzieren.

2.2.1.2 Portfolioanalyse

Die Portfolioanalyse ist ein komplexes Instrument der strategischen Marketingplanung auf hohem Aggregationsniveau. Die Grundidee, Unternehmen als Portfolio verschiedener Geschäftsfelder zu betrachten, stammt aus der Finanzwirtschaft.

Definition

Ein Portfolio ist eine Mischung aus unterschiedlichen Investitionsmöglichkeiten (Assets), die auf der Basis von Rendite- und Risikoüberlegungen optimiert wird.

Zielsetzung der Portfolioanalyse in der strategischen Marketingplanung ist die Identifikation eines nach Chancen und Risiken künftiger Ertragsentwicklungen ausgewogenen Produktprogramms. Dabei müssen auch die zu erwartenden Entwicklungen des Unternehmensumfelds sowie die Situation des eigenen Unternehmens berücksichtigt werden, um die knappen Ressourcen des Unternehmens auf die erfolgsträchtigsten Verwendungsalternativen zu richten.

Im Rahmen der Portfolioanalyse werden zunächst strategische Geschäftsfelder abgegrenzt. Dies erfolgt z. B. auf der Basis der unterschiedlichen Kundengruppen, an die ein Produkt verkauft werden soll (z. B. Geschäftsfelder Privatkunden, KMU und Key Accounts), oder eigenständiger Produkt- oder Technologiebereiche im Unternehmen.

Die bekanntesten Instrumente der Portfolioanalyse sind das Marktwachstums-Marktanteils-Portfolio (Vier-Felder-Boston-Consulting- oder kurz BCG-Matrix) und das Marktattraktivitäts-Wettbewerbsvorteils-Portfolio (Neun-Felder-McKinsey- oder auch General Electric-Matrix).

Im *Marktwachstums-Marktanteils-Portfolio* werden das zukünftige Marktwachstum und der relative Marktanteil der betrachteten strategischen Geschäftsfelder in den beiden Ausprägungen „hoch" und „niedrig" grafisch in einem Koordinatensystem abgetragen, sodass sich eine Vier-Felder-Matrix ergibt (vgl. *Kotler/Bliemel* 2006, S. 117 f.).

Der relative Marktanteil ist der Quotient aus dem eigenen Marktanteil des betrachteten Unternehmens und dem Marktanteil des stärksten Konkurrenten. Die unterschiedliche Bedeutung der Geschäftseinheiten (z. B. gemessen an Umsatz, Cashflow, Deckungsbeitrag oder Beschäftigtenzahl) wird durch verschieden große Kreise dargestellt. Je nachdem, in welchem Quadranten ein Geschäftsfeld zu liegen kommt, werden unterschiedliche Normstrategien empfohlen. In der Terminologie des Marktwachstums-Marktanteils-Portfolios werden die Quadranten recht anschaulich als „Questions Marks" (Fragezeichen, Nachwuchsprodukte), „Stars", „Cash Cows" (Melkkühe) und „Dogs" (arme Hunde, Problemprodukte) bezeichnet (*Kotler/Bliemel*, 2006, S. 118 f.).

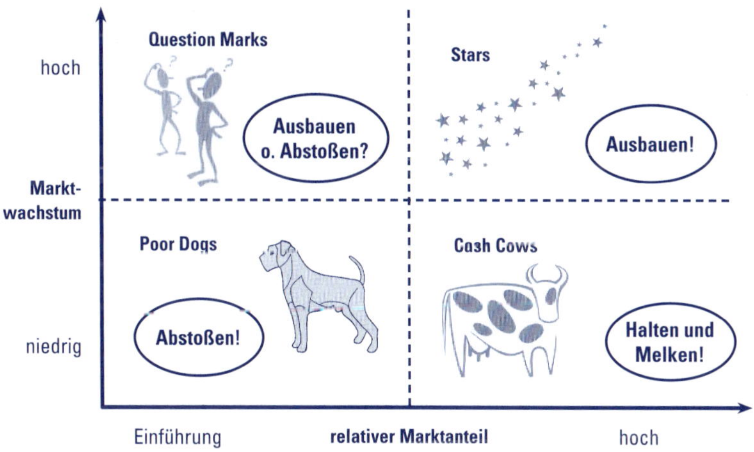

Abbildung 21: Marktanteils-Marktwachstums-Portfolio

Neben diesen Normstrategien für einzelne Bereiche des Portfolios ist die Zielsetzung des Marktwachstums-Marktanteils-Portfolios, das Portfolio des Unternehmens insgesamt auszubalancieren, d. h., eine gesamthafte Struktur zu schaffen, in der immer genügend Cash Cows vorhanden sind, um Cashflow für das Wachstum der Stars und ausgewählter Question Marks bereitzustellen und deren Offensivstrategie zu finanzieren.

Bemängelt wurde am Marktwachstums-Marktanteils-Portfolio vor allem seine Simplifizierung und die nur begrenzt aussagefähigen Dimensionen, sprich die Messung der externen Möglichkeiten und Risiken ausschließlich auf Basis des Marktwachstums und die Messung der internen Stärken und Schwächen ausschließlich auf der Basis des relativen Marktanteils. Die Kritikpunkte führten zu konzeptionellen Weiterentwicklungen, u.a. zum Marktattraktivitäts-Wettbewerbsvorteils-Portfolio.

Das *Marktattraktivitäts-Wettbewerbsvorteils-Portfolio* ist dem Marktwachstums-Marktanteils-Portfolio strukturell sehr ähnlich. Im Gegensatz zur Vier-Felder-Darstellung basiert das Marktattraktivitäts-Wettbewerbsvorteils-Portfolio auf den qualitativen Dimensionen Marktattraktivität und Wettbewerbsvorteil. Eine Quantifizierung erfolgt bei der Neun-Felder-Matrix über eine gewichtete Punktbewertung der Kriterien, die als Indikatoren zur Messung der Größen „Marktattraktivität" und „Wettbewerbsvorteil" verwendet werden.

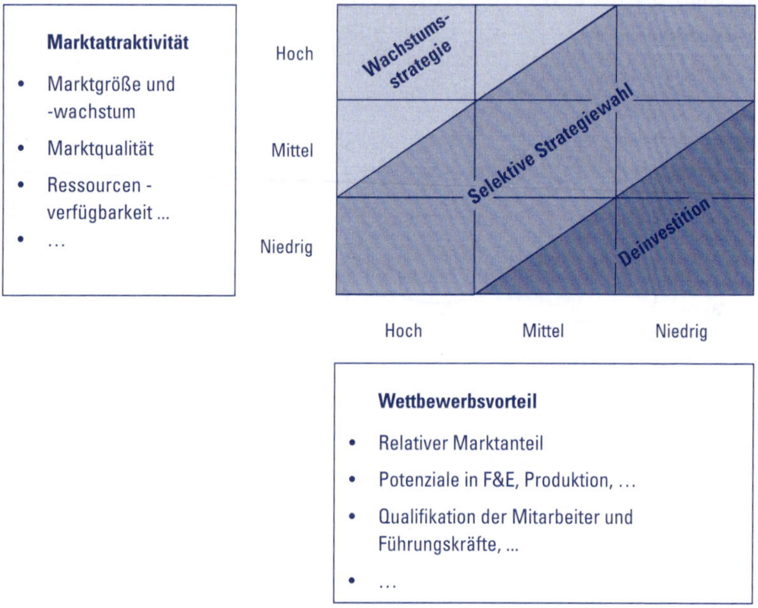

Abbildung 22: Marktattraktivitäts-Wettbewerbsvorteils-Portfolio

Die Marktattraktivität wird standardmäßig auf der Basis der Kriterien Marktgröße, Marktwachstum, Ressourcenverfügbarkeit, Gewinnspanne in der Branche, Wettbewerbsintensität, technologische Erfordernisse, gesellschaftliches/politisch-rechtliches Umfeld und anderer Umweltfaktoren beurteilt.

Der relative Wettbewerbsvorteil, der die Geschäftsfeldstärke angibt, wird durch den relativen Marktanteil, durch das relative Produktionspotenzial, durch das relative Forschungs- und Entwicklungspotenzial, die Produktqualität, das Markenimage, das Distributionsnetz, die Stückkosten sowie durch die relative Qualifikation von Mitarbeitern und Führungskräften gemessen (vgl. *Rennhak/Opresnik* 2015, und ausführlich *Benkenstein/Uhrich* 2009, S. 75 f.).

Beim Marktattraktivitäts-Wettbewerbs-Portfolio lassen sich wie beim Marktwachstums-Marktanteils-Portfolio *Normstrategien* für die in den neun Feldern der Matrix befindlichen Geschäftsfelder ableiten. Dabei lassen sich drei grundsätzliche Vorgehensweisen unterscheiden:

- Für die günstig positionierten Geschäftseinheiten (hohe Marktattraktivität, große Wettbewerbsvorteile) sind Investitions- und Wachstumsstrategien,
- für die ungünstig positionierten Geschäftseinheiten (geringe Marktattraktivität, geringe Wettbewerbsvorteile) sind Abschöpfungs- oder Desinvestitionsstrategien,
- für die dazwischen liegenden Felder der Diagonale sind selektive Strategien zu wählen.

2.2.1.3 Wertkettenanalyse

Die Analyse von Wertschöpfungsprozessen basiert auf der Überlegung, dass Wettbewerbsvorteile nicht nur aus Endprodukten, sondern auch bei deren Erstellung und Vermarktung aufgebaut werden können. Alle wertschöpfenden Aktivitäten eines Unternehmens wirken dabei sowohl auf die Erlös- als auch auf die Kostenseite (vgl. *Benkenstein/Uhrich* 2009, S. 82). Die Wertkette bzw. Wertschöpfungskette (engl. value chain) stellt die Stufen der Wertschöpfung als eine geordnete Reihung von Tätigkeiten dar. Die prozessorientierte Betrachtung und Optimierung der Erlös- und Kostenwirkungen der wertschöpfenden Unternehmensaktivitäten sind somit wichtige Bestandteile der Analyse und Planung (vgl. *Benkenstein/Uhrich* 2009, S. 83). Ziel der von *Porter* (1985) entwickelten Wertkettenanalyse ist, Wettbewerbsvorteile einerseits- und Schwachstellen der Wertkette des Unternehmens andererseits zu erkennen und durch deren Ausnutzung bzw. Beseitigung einen Mehrwert (z. B. überlegene Qualität, geringere Kosten) zu schaffen.

Um eine Wertkettenanalyse durchzuführen, werden zunächst alle Unternehmensaktivitäten (z. B. Forschung und Entwicklung, Produktgestaltung, Produkttests, Einkauf, Transport und Logistik, Montage, Instandhaltung, Werbung, Terminplanung, Außendienst etc.) identifiziert, die Kundennutzen bewirken. Diesen Aktivitäten werden dann Kosten und strategische Kostentreiber zugeordnet. So können Strategien im Hinblick auf ihre Auswirkungen auf Kosten und Nutzen der erforderlichen Aktivitäten bewertet werden. Eine strategische Kostenanalyse der einzelnen Aktivitäten kann durchgeführt werden. Effizient arbeitende Aktivitäten werden so als Kern-

Abbildung 23: Grundmodell der Wertkette nach *Porter* (1985)

kompetenzen identifiziert und zur Erarbeitung eines wesentlichen Wettbewerbsvorteils genutzt.

Primäraktivitäten sind die Tätigkeiten, die einen direkten wertschöpfenden Beitrag zur Erstellung eines Produktes oder einer Dienstleistung liefern: Einkauf, Logistik, Produktion, Marketing & Vertrieb und Service.

Unterstützungsaktivitäten sind Tätigkeiten, die für die Ausübung der primären Aktivitäten die notwendige Voraussetzung sind: Unternehmensinfrastruktur, Personalwirtschaft, IT und Forschung und Entwicklung (vgl. *Benkenstein/Uhrich* 2009, S. 83 f.).

Zur Bestimmung der Wertkette müssen alle Unternehmenstätigkeiten den entsprechenden Aktivitätstypen zugeordnet werden. Innerhalb der Aktivitätstypen sind die Aktivitäten nach folgenden Kriterien voneinander abzugrenzen:

- Aktivitäten mit einem hohen Differenzierungspotenzial
- Aktivitäten mit einem erheblichen oder steigenden Kostenanteil (vgl. *Benkenstein/Uhrich* 2009, S. 84)

Ist die Wertkette definiert, müssen folgende Fragen gestellt werden:

- Wie hoch sind die Kosten der einzelnen Aktivitäten?
- Sind die Aktivitäten branchenüblich? Führen sie zu einem Wettbewerbsvorteil oder zu einem Kostennachteil (z. B. weil Kunden diese Aktivität gar nicht wahrnehmen oder sie ihnen nicht wichtig erscheint)?

- Ist die Wertkette auf die Kaufkriterien der Kunden abgestimmt?
- Wie sind die Wertaktivitäten innerhalb der eigenen Wertkette miteinander verknüpft?
- Wie sind die Wettbewerbsaktivitäten mit jenen der Lieferanten und Abnehmer verknüpft?

Um Unterschiede z. B. zwischen geografischen Bereichen, zwischen Produkt- oder Abnehmersegmenten sowie die Verflechtung zwischen den Geschäftseinheiten sichtbar zu machen, müssen mehrere Wertketten (z. B. über mehrere Produktgruppen oder strategische Geschäftseinheiten hinweg) erstellt werden (vgl. *Benkenstein/Uhrich* 2009, S. 85 f.). Die Wertkette eines Unternehmens ist mit den Wertketten der Lieferanten und Abnehmer verknüpft. Zusammen bilden sie das Wertschöpfungskettensystem einer Branche.

Bestehende und potenzielle Wettbewerbsvorsteile ergeben sich aus der Kostenstruktur des Unternehmens und dem Differenzierungspotenzial. Die Wahl des angestrebten Wettbewerbsvorteils (Kostenführerschaft oder Differenzierung) bestimmt dabei – wie oben dargestellt – den Schwerpunkt der Wertkettenanalyse.

Zielt das Unternehmen auf Differenzierung, nutzt es die Wertkette, um herauszufinden, wie man sich von der Konkurrenz abheben könnte. Die Kostenseite ist allerdings auch bei Differenzierungsstrategien von entscheidender Bedeutung. Eine gegenüber der Konkurrenz bessere Leistung zu erbringen lohnt sich nur dann, wenn der damit erzielbare Preisaufschlag über den Differenzierungskosten liegt. Deshalb hat die Wertkettenanalyse im Rahmen *strategischer Kostenanalysen* besondere praktische Relevanz erlangt.

Die Kostenanalyse anhand der Wertkette ermöglicht eine strategische und ganzheitliche Analyse des Kostenverhaltens eines Unternehmens und kann einen dauerhaften Kostenvorsprung aufzeigen (vgl. *Benkenstein/Uhrich* 2009, S. 84). Dennoch ersetzt sie nicht die (detaillierte) Kostenrechnung und die Kennzahlenanalyse.

Das Vorgehen bei der strategischen Kostenanalyse ist wie folgt:

- Zunächst ordnet man die Kosten vollständig den jeweiligen Wertaktivitäten zu. Dabei werden Aktivitäten herausgestellt, die einen erheblichen oder stark steigenden Anteil der Kosten beanspruchen. Da es sich um eine strategische Analyse handelt, ist es ausreichend, die Gesamtkosten in grobe Kategorien (z. B. Materialkosten, Personalkosten und Anlagekosten) aufzuteilen. Diese Aufteilung allein kann schon wertvolle Hinweise auf Möglichkeiten zur Kostensenkung geben.
- Dann erfasst man die Kosten der Wertaktivitäten der wichtigsten Konkurrenten (Benchmarking). Hier ist man meist auf grobe Schätzungen angewiesen. Aber das Wissen, ob ein Konkurrent

eine Wertaktivität kostengünstiger oder kostenintensiver durchführt, ist sehr nützlich.

- Schließlich analysiert man die Differenzen der eigenen Wertkette und jener der wichtigsten Konkurrenten. Um Gründe für eine unterschiedliche Kostenstruktur zu finden, muss man die strukturellen und prozessualen Kostentreiber ermitteln. Kostentreiber können sein: Größeneffekte (z. B. größere Stückzahlen), Lernvorgänge (z. B. höhere Arbeitsproduktivität), Kapazitätsauslastung, Synergien zwischen Geschäftseinheiten und/oder Verknüpfungen innerhalb der Wertkette mit Lieferanten und Abnehmern, Standortwahl oder organisatorische Fähigkeiten (z. B. Zeitmanagement, Prozessorientierung, Produktdesign).

Die Durchführung von strategischen Kostenanalysen erweist sich in der Praxis oft als sehr schwierig, da die herkömmlichen Kostenrechnungssysteme lediglich Kostenarten (Löhne, Reisekosten, Abschreibungen usw.) erfassen und sich diese nicht ohne Weiteres auf Aktivitäten umlegen lassen. Gleichzeitig sind durch die zunehmende Automatisierung und Flexibilisierung im betrieblichen Leistungserstellungsprozess die indirekten Kosten (Gemeinkosten) im Vergleich zu den direkt auf einzelne Kostenträger zurechenbaren Kosten signifikant gestiegen. Entsprechend hat sich der Fokus des Kostenmanagements immer mehr auf die Gemeinkosten verlagert.

Mit der *Prozesskostenrechnung* (engl. activity based costing) wird versucht, die Kosten wieder einzelnen Aktivitäten zuzuordnen. Die Gemeinkosten werden transparent gemacht und alle (aus Kundensicht) nicht wertschöpfenden Gemeinkosten vermieden.

Für ein umfassendes und ganzheitliches Verständnis der Prozesskosten muss die gesamte Wertkette der Branche (Lieferanten, interne Aktivitäten, strategische Partnerschaften, Abnehmer) betrachtet werden. Ausgangspunkt einer Prozesskostenrechnung ist die so genannte Aktivitätsanalyse. Im Rahmen dieser Analyse sind folgende Fragen zu beantworten:

- Wer ist Kunde der Aktivität oder des Prozesses?
- Welches sind Input und Output der Aktivität/des Prozesses?
- Wie hoch sind die Gesamtkosten der Aktivität/des Prozesses?
- Wer ist der primäre Kostentreiber der Aktivität/des Prozesses?

Zusammenfassend lässt sich sagen, dass die Wertkette ermöglicht, die Unternehmensaktivitäten umfassend und konsistent zu analysieren. Sie verbindet die Unternehmensanalyse mit der Strategieentwicklung, indem sie die relativen Stärken und Schwächen in der Wertkette des Unternehmens identifiziert. Diese wiederum bilden die Grundlage für die Ermittlung von Kernkompetenzen und die Formulierung von Wettbewerbsstrategien. Gleichzeitig kann die strategische Kostenanalyse im Branchenvergleich strategische Einsparpotenziale und Hinweise für ein strategisches Redesign von Elementen der Wertschöpfungskette identifizieren.

In der tatsächlichen Handhabung in der Unternehmenspraxis ist die Wertkette jedoch mit einigen Problemen behaftet. Die Analyse erfordert zum einen erheblichen zeitlichen und methodischen Aufwand. Zum anderen sind die in Buchhaltung und/oder Controlling abgebildeten Datenbestände mit der Quantifizierung der Wertkette überfordert. Die Wertkettenanalyse macht eine aufwendige Überführung der Kostenträger- oder Kostenstellenrechnung in eine aktivitäts- oder prozessorientierte Kostenrechnung notwendig. Die Zuordnung der Kosten zu einzelnen Aktivitäten bleibt oft Ermessenssache.

Flexibel und situationsgerecht eingesetzt, ist die Wertkette jedoch ein überaus wertvolles Diagnose- und Analyseinstrument, das auch bei nur grober Quantifizierung wichtige Erkenntnisse zur systematischen Unterstützung der übrigen Analyseinstrumente liefern kann.

2.2.2 SWOT-Analyse

Die Situationsanalyse und die weiteren strategischen Analysen bieten ein umfangreiches Datenmaterial zur internen und externen Situation des Unternehmens. Diese Daten können nun in einem *Stärken-Schwächen-Profil* visualisiert und dann mit der Chancen-Risiken-Analyse verknüpft werden.

Stärken und Schwächen ergeben sich aus der Selbstbeobachtung des Unternehmens, sprich der internen Analyse. Die *Chancen und Risiken* kommen von außerhalb des Unternehmens und ergeben sich aus Veränderungen im Markt, in der technologischen, sozialen oder ökologischen Umwelt. So kann geprüft werden, ob z. B. Chancen aus der Umwelt auch eigene Stärken gegenüberstehen oder ob womöglich ein Risiko auf eine Schwäche des Unternehmens trifft. Die Verbindung der beiden Profile wird auch *SWOT-Analyse* genannt. S steht dabei für *strengths* (Stärken), W für *weaknesses* (Schwächen), O für *opportunities* (Chancen) und T für *threats* (Risiken).

Die *SWOT-Analyse* dient als Instrument der strategischen Marketingplanung für die Positionsbestimmung des Unternehmens und ist eine wichtige Grundlage für die Entwicklung von Marketingstrategien. Durch die simultane Betrachtung der internen und externen Situation eines Unternehmens können mögliche Wechselwirkungen identifiziert und berücksichtigt werden.

Als Hilfestellung für die Ermittlung der *Stärken/Schwächen* einer SWOT-Analyse können u. a. folgende Kriterien dienen:

- Entwicklung der Kundenzahlen und des Marktanteils

Abbildung 24: Grundmodell der SWOT-Analyse

- Dienstleistungsqualität
- Image, Öffentlichkeitsarbeit, Online-Kommunikation, Corporate Identity/Corporate Design
- Durchlaufzeiten, Wirtschaftlichkeit, Effizienz der Aufgabenerfüllung
- Entwicklung des Personalbestandes, Fluktuation, Motivation (Betriebsklima, Einsatzfreude), Altersstruktur der Beschäftigten, Qualifikation/Erfahrung der Beschäftigten
- Führungsstil
- Organisationsstruktur
- Instrumente der Planung, Kontroll- und Steuerungsinstrumente
- Entwicklungsstand Wissensmanagement

Als Hilfestellung für die Ermittlung der *Chancen/Risiken* können u. a. folgende Kriterien dienen:

- Wirtschaftslage
- Arbeitsmarkt
- Demografische Entwicklung
- Kundenstruktur/Zahl potenzieller Kunden
- Kundenanforderungen/Kundenwünsche
- Wettbewerberstruktur: Zahl der pozentiellen Wettbewerber, Stabilität der Wettbewerbsstruktur
- Strategien/Aktivitäten der Wettbewerber
- Änderung rechtlicher Rahmenbedingungen

Wie so oft im Marketing ist es dann entscheidend, die „richtigen“ Fragen zu stellen. Im Fall der SWOT-Analyse sind es die folgenden:

- *Zum Auffinden der Stärken*: Was machen wir besser als unsere Wettbewerber? Auf welche Ursachen sind vergangene Erfolge zurückzuführen? Welche Synergiepotenziale liegen vor, die mit neuen Strategien besser genutzt werden können?
- *Zum Auffinden der Schwächen*: Was machen unsere Wettbewerber besser als wir? Warum entscheiden sich Kunden für Wettbewerbsangebote? Welche Dienstleistung ist besonders schwach? Welche Schwachpunkte gilt es künftig zu vermeiden?

- *Zum Auffinden der Chancen*: Welche Trends gilt es zu verfolgen? Welche Möglichkeiten stehen offen?
- *Zum Auffinden der Risiken*: Welche Schwierigkeiten hinsichtlich der gesamtgesellschaftlichen Situation liegen vor? Was machen eventuell vorhandene Wettbewerber? Ändern sich die Vorschriften für Arbeit, Produkte oder Dienstleistungen? Bedroht ein Technologie- oder Politikwechsel unsere Stellung?

Unternehmen können mit der SWOT-Analyse das Umfeld auf Chancen und Risiken oder Gefahren untersuchen und sich die eigenen Stärken und Schwächen bewusst machen. Im Kern bestimmt eine auf der SWOT-Analyse basierende strategische Marketingplanung dann in der Entscheidung darüber, welche *Matching-Strategien* und welche *Conversion-Strategien* implementiert werden sollen. Eine Matching-Strategie zielt darauf ab, auszuwählen, welche der Stärken das Unternehmen nutzen will, um welche umfeldlichen Chancen zu realisieren. Es wird also versucht, den Nutzen aus Stärken und Chancen zu maximieren.

Beispiel

Die britische Kleiderkette Marks & Spencer, die eigentlich 1894 als „Penny Bazaar" gegründet wurde und den Kunden somit günstige Preise versprach, entwickelte sich mit der Zeit zu einem Warenhaus der gehobenen Klasse. In den 1980er-Jahren erweiterte Marks & Spencer sein Lebensmittelsortiment um qualitativ hochwertige Speisen. Dies war Ergebnis einer Matching-Strategie. Das Unternehmen nutzte seine Stärke, dass es bereits eine etablierte Institution in den Haupteinkaufstraßen in Großbritannien war, und die Chance, dass seine Kunden bereit waren, für hochwertigere Produkte auch höhere Preise zu zahlen.

Damit besetzte Marks & Spencer eine zuvor noch nicht bediente Marktlücke (Chance), die es dem Unternehmen ermöglichte, sich mit dem Angebot vor ihren Wettbewerbern auf dem Markt zu etablieren. Nach wie vor gilt Marks & Spencer als einer der führenden Anbieter hochwertiger Speisen in Großbritannien und erwirtschaftet einen Großteil seiner Umsätze auf diesem Marktsegment (vgl. http://swotanalyse.org).

Im Rahmen einer Conversion-Strategie wird ausgewählt, welche der Schwächen das Unternehmen versucht, in Stärken umzuwandeln. Statt einer direkten Umwandlungsstrategie ist häufig jedoch nur eine Neutralisierung möglich. Analog kann das Unternehmen versuchen, sich auf bestimmte Risiken einzustellen und hier ebenfalls eine Art Neutralisierungsstrategie zu implementieren. Im Rahmen der Conversion- bzw. Umwandlungsstrategie wird versucht, die potenziellen Verluste aus Schwächen und Risiken zu minimieren, das bedeutet, mehrere Stärken zur Realisierung einer Chance oder zur Vermeidung eines Risikos einzusetzen. Die größten Risiken sind dort zu vermuten, wo eine Kombination von mehreren Schwächen einem oder mehreren Risiken gegenübersteht. Darauf basierend müssen dann passende Strategien entwickelt und aufeinander abgestimmt werden. Hierbei handelt es sich inhaltlich und konzeptionell sicher um den anspruchsvollsten Teil des Vorgehens bei einer SWOT-Analyse. Entscheidend für die erfolgreiche Implementierung von Strategien, die auf der Basis einer SWOT-Analyse abgeleitet wurden, ist die Definition konkreter und am Ziel ausgerichteter Maßnahmen, die dann auch konsequent umgesetzt werden müssen.

Bei der Durchführung von SWOT-Analysen wird typischerweise eine Reihe von Fehlern gemacht:

- *Durchführung einer SWOT-Analyse ohne vorherige Zieldefinition.* SWOT-Analysen sollten immer bezogen auf ein Ziel erstellt und nicht abstrakt gehalten werden.
- *Externe Chancen werden mit internen Stärken verwechselt bzw. externe Risiken werden mit internen Schwächen verwechselt.* Die internen und externen Dimensionen der SWOT-Analyse sollten immer streng auseinandergehalten werden. Die Differenzierung erfolgt durch die Frage, ob das einzuordnende Element vom Unternehmen beeinflussbar ist oder nicht und ob es so auch die Wettbewerber betrifft (externe Faktoren gelten auch für die Wettbewerber!). Um diesen Fehler zu vermeiden, sollte man möglichst bei Chancen an „günstige Bedingungen“ denken und bei Risiken an „ungünstige Bedingungen“.
- *SWOT-Analysen werden mit möglichen Strategien verwechselt.* SWOT-Analysen beschreiben Zustände, Strategien hingegen sind auf Basis dieser Zustandsbeschreibungen definierte Handlungsanweisungen. Auch wird bei der SWOT-Analyse keine Priorisierung vorgenommen.

Der Hauptnutzen einer SWOT-Analyse besteht darin, das eigene Unternehmen und seine Umwelt in regelmäßigen Abständen immer wieder auf den Prüfstand zu stellen, um mögliche interne wie externe Entwicklungen frühzeitig erkennen und darauf reagieren zu können. Auf dieser Basis lassen sich dann tatsächlich an die Unternehmenssituation angepasste und damit erfolgversprechende Strategien entwickeln.

2.2.3 Wettbewerbsvorteile durch Marketingstrategien

Nachdem die verschiedenen Elemente der SWOT-Analyse analysiert und bewertet worden sind, müssen nun strategische Wettbewerbsvorteile identifiziert werden. Dabei geht es – ganz im Sinne der SWOT-Analyse – darum, die Kernstärken des Unternehmens mit den größten und bedeutsamsten umfeldlichen Chancen in Einklang zu bringen (vgl. *Ferrell/Hartline* 2014, S. 98). Die Kernzielsetzung des Marketings besteht darin, Kundenbedürfnisse zu erkennen, Kundenprobleme zu verstehen und diese besser zu lösen als der Wettbewerb (vgl. *Rennhak/Opresnik* 2016, S. 3).

Strategische Wettbewerbsvorteile können aus einer Vielzahl von Quellen stammen (vgl. *Ferrell/Hartline* 2014, S. 98):

Beziehungsvorteile – Loyale Kunden – Hohe Wechselkosten – Langfristige Beziehungen mit den Partnern in der Wertschöpfungskette – Strategische Allianzen – Co-Branding – Große Verhandlungsmacht	Produktvorteile – Markenwert und -image – Exklusivität – Produktqualität – Garantien und Gewährleistungen – Customer Service – Forschung und Entwicklung
Vorteile in Rechtspositionen – Patente, Markenrechte – Vertragliche Absicherung von Wettbewerbsvorteilen – Steuervorteile – Handelsbeschränkungen – Subventionen	Preisvorteile – Produktionskostenvorteile – Skalenvorteile – Distributionskostenvorteile – Große Verhandlungsmacht im Einkauf
Organisatorische Vorteile – Finanzielle Ressourcen – Infrastrukturausstattung – Competitive Intelligence Systeme – Kundendatenbanken – Unternehmensvision, -mission und -kultur	Kommunikationsvorteile – Unternehmensimage – Kommunikationsbudget – Kreativität – Erfahrung
Vorteile im Bereich Humankapital – Führungsfähigkeiten – Organisationskultur – Zugang zu qualifizierten Mitarbeitern – Motivation und Loyalität der Mitarbeiter	Vertriebsvorteile – Größe der Vertriebsmannschaft – Effizienz in der physischen Distribution – Exklusivität bei Handelspartnern oder eigenen Outlets – Fähigkeiten im Bereich eCommerce

Abbildung 25: Strategische Wettbewerbsvorteile (vgl. Ferrell/Hartline 2014, S. 99)

Grundsätzlich ist es wichtig, Fähigkeiten und Fertigkeiten zu entwickeln und zu bewahren, die einerseits den Kunden wichtig sind und ihre spezifischen Bedürfnisse erfüllen und die andererseits nur schwer von den Wettbewerbern nachgeahmt werden können. *Ferrell/Hartline* (2014, S. 98 f.) nennen drei basale Strategien, mittels derer strategische Wettbewerbsvorteile erreicht werden können:

- *Operative Exzellenz*
  Unternehmen, die auf operative Exzellenz abzielen, konzentrieren ihre Bemühungen darauf, in allen Prozessen und Aktivitäten maximale Effizienz zu erreichen. Ihr Ziel ist, gegenüber ihren Wettbewerbern auf dieser Basis eine überlegene Kostenposition zu erreichen, um in der Lage zu sein, den Kunden ein preisgünstigeres Produkt anzubieten (bzw. ein Produkt mit einem besseren Preis-Leistungs-Verhältnis). Beispiele dafür sind Aldi, Lidl oder Netto sowie die Billigfluglinien EasyJet und RyanAir.
  Weitere Erfolgsfaktoren sind eine gezielte Steuerung der Nachfrage (die genannten Fluglinien setzen hier z. B. auf Yield Management), die Integration des Kunden in die Geschäftsprozesse (IKEA, das die Montage seiner Produkte an die Kunden ausgelagert hat) oder deren „Erziehung" (z. B. bei Inanspruchnahmen von Serviceleistungen, die auch selbst im Internet durchführbar sind, Gebühren zu verlangen, z. B. Check-in am Schalter bei RyanAir). Unternehmen, die auf operative Exzellenz fokussieren, versuchen zudem, große Volumina umzusetzen, um entsprechende Skaleneffekte realisieren zu können. Dies bedingt, dass diese Unternehmen in der Regel auf Massenmärkten aktiv sind und breite (preissensitive) Käuferschichten ansprechen. Zudem bedienen sie sich modernster technischer Infrastruktur, um auch in diesem Bereich Effizienzreserven zu realisieren.

- *Produktführerschaft*
  Unternehmen, die auf Produktführerschaft abzielen, übertreffen ihre Wettbewerber im Bereich Forschung und Produkt- bzw. Technologieentwicklung. Dadurch gelingt es ihnen, den Kunden die modernsten, fortschrittlichsten und qualitativ hochwertigsten Produkte und Dienstleistungen der Branche anzubieten. Neben den notwendigen Kompetenzen im Bereich der Forschung und Entwicklung ist es für diese Unternehmen auch extrem wichtig, Trends (und marktliche Chancen) schneller als die Wettbewerber zu erkennen und zeitnah darauf zu reagieren. Dies geht bisweilen auch auf Kosten der eigenen Produkte: Die Neuheiten kannibalisieren die Bestandsprodukte. Apple beispielsweise hat sein iPhone von Anfang an mit MP3-Funktionalität ausgestattet und damit den Verkauf des iPod kannibalisiert. Produktführer haben zudem eine kurze „Time to Market", d. h., vom Erkennen des Trends bis zum Verkaufsstart des fertigen Produkts vergeht in aller Regel weniger Zeit als bei den Wettbewer-

bern. Zudem verfügen sie über überlegene Fähigkeiten in der Vermarktung ihrer Produkte. Die Kunden müssen auch subjektiv von deren Überlegenheit überzeugt sein. Die Zielgruppen der Produktführer sind tendenziell eher homogen und – gerade in der Einführungsphase eines Produkts – eher eng abgegrenzt.

- *Kundennähe*
  Das Gütezeichen wahrer Kundenorientierung ist, Kundenbedürfnisse zu erkennen, Kundenprobleme zu verstehen und diese besser zu lösen als der Wettbewerb (vgl. *Opresnik/Rennhak* 2015, S. 3). Die Strategie der Kundennähe versucht, eine Präferenz der Kunden für die eigenen Angebote zu erreichen und so Wettbewerbsvorteile zu erzielen. Die Kunden sollen auf allen Stufen der Wertschöpfung integriert werden. Die Drogeriemarktkette dm, Kraft Foods mit der Marke Milka, McDonald's, Ritter Sport – immer mehr Unternehmen finden offenbar Gefallen an der Idee, Kundenmeinungen aktiv in Produktentwicklungen zu integrieren und die Ideen der Zielgruppe zu berücksichtigen und umzusetzen (Crowdsourcing). Unternehmen, welche die Strategie der Kundennähe verfolgen, müssen im Unternehmen eine Art „Servicekultur" etablieren. Hier wird als Vorbild häufig die Hotelkette RitzCarlton genannt. Das größte Asset eines solchen Unternehmens ist sein Kundenbestand. Entsprechend wichtig ist das Thema Kundenbindung für diese Unternehmen. Den treuen Bestandskunden lassen sich dann von den kundennahen Unternehmen, die sich als „Customer Management Organisation" begreifen, eine Vielzahl unterschiedlichster Produkte und Dienstleistungen verkaufen, wofür die eigentliche Produktkompetenz zweitrangig ist (vgl. *Rennhak/Numberger* 2005, S. 30 ff.).

Auch wenn Unternehmen oft bestrebt sind, alle drei Strategien gleichzeitig zu verfolgen (*Ferrell/Hartline* 2014, S. 100), konzentrieren die erfolgreichsten Unternehmen sich auf eine einzige Strategie und ordnen dieser sehr konsequent alle Aktivitäten unter, um hier gegenüber den Wettbewerbern ganz deutlich Vorteile erzielen zu können. Auch in der Kundenwahrnehmung stechen diese Unternehmen aus dem Wettbewerbsumfeld heraus. Sie laufen zudem nicht Gefahr, sich im Bemühen, jeder der drei Strategien Rechnung zu tragen, zu „verzetteln".

2.3 Merksätze/Kontrollfragen/Zusammenfassung

Merksätze

- Die Aufgabe der Unternehmensanalyse ist, Stärken und Schwächen im Wettbewerbsvergleich zu identifizieren.
- Kundenanalysen sind das systematische Zusammentragen von Informationen über bestehende und potenzielle Kunden (Zielgruppen).

- „Umwelt" im betriebswirtschaftlichen Sinn meint alle Sachverhalte, die Entscheidungen von Unternehmen beeinflussen, von diesen aber (kurzfristig) nicht beeinflussbar sind.
- Der Produktlebenszyklus mit den Phasen Einführung, Wachstum, Reife bzw. Sättigung und Degeneration zeigt den systematischen Veränderungsdruck auf, dem ein Unternehmen aufgrund der sich ändernden wirtschaftlichen Rahmenbedingungen gegenübersteht.
- Der Marktlebenszyklus stellt den zeitlichen Ablauf der Entwicklung eines gesamten Marktes dar.
- Der Technologielebenszyklus unterscheidet Schrittmacher-, Schlüssel- und Basistechnologien.
- Die bekanntesten Instrumente der Portfolioanalyse sind das Marktwachstums-Marktanteils-Portfolio (Vier-Felder- Boston-Consulting- oder kurz BCG-Matrix) und das Marktattraktivitäts-Wettbewerbsvorteils-Portfolio (Neun-Felder-McKinsey- oder auch General Electric-Matrix).
- Die SWOT-Analyse konzentriert sich auf die Identifikation von strengths (Stärken), weaknesses (Schwächen), opportunities (Chancen) und threats (Risiken).
- Unternehmen können mit den Strategien der operativen Exzellenz, der Produktführerschaft und der Kundennähe aus dem Wettbewerberumfeld herausragen.

Kontrollfragen

K1 Stellen Sie sich vor, Sie möchten in der Werkstatt einen Radwechsel an Ihrem Auto durchführen lassen. Wie läuft der Prozess ab? Wie würde er kundenorientiert ablaufen? Bitte beschreiben Sie.

K2 Beschreiben Sie mithilfe eines Beispiels den Begriff „mass customization".

K3 Führen Sie eine Kundenanalyse für Ferrari Schaumwein, http://www.ferraritrento.it/ durch!

K4 Nennen Sie fünf Größen oder Kennzahlen, die bei einer Konkurrenzanalyse auf jeden Fall erhoben werden sollten.

K5 Marketingfachleute stehen üblicherweise ständig in Kontakt mit Märkten und mit Kunden. Ist es da nicht überflüssig, zusätzlich teure und zeitaufwendige Datensammlung im Rahmen der Situationsanalyse zu betreiben? Begründen Sie bitte Ihren Standpunkt.

K6 Welche der folgenden Aussagen sind richtig?

Sekundärdaten sind Daten, die ...

- ... bereits erhoben wurden und deshalb schon vorliegen.

- ... eigens für das aktuelle Erkenntnisproblem gesammelt werden.
- ... bereits erhoben wurden, aber gegebenenfalls neu zusammengestellt und interpretiert werden müssen.
- ... ausschließlich aus externen Datenquellen stammen, z. B. aus Berichten des Statistischen Bundesamts.

K7 Warum bilden Sekundärdaten in der Regel den Ausgangspunkt in der Datensammlung?

K8 Überlegen Sie sich drei Faktoren oder Größen, die die Länge der einzelnen Phasen des Produktlebenszyklus beeinflussen können.

K9 Welche Vorteile hat das Unternehmen, das als Erstes mit einem neuen Produkt auf dem Markt ist? Nennen Sie drei.

K10 Die Aussagefähigkeit des Produktlebenszykluskonzepts wird oft bezweifelt. Führen Sie drei der häufig genannten Kritikpunkte auf.

K11 Worauf ist in den verschiedenen Phasen des Marktlebenszyklus jeweils der Managementfokus zu richten? Formulieren Sie Stichpunkte zu jeder Phase.

K12 Worauf ist bei den verschiedenen Technologietypen jeweils der Managementfokus zu richten? Notieren Sie Stichpunkte zu jeder Phase.

K13 Suchen Sie ein Beispiel für eine ehemalige Schlüsseltechnologie, die heute als Basistechnologie bezeichnet wird.

K14 Welches sind mögliche methodische Kritikpunkte am Marktattraktivitäts-Wettbewerbsvorteils-Portfolio?

K15 Was verstehen Sie unter „selektiven Strategien?"

K16 Was verstehen Sie unter Prozesskosten?

K17 Diskutieren Sie, wie sich die verschiedenen Kostentreiber auf die Kostenstruktur eines Unternehmens auswirken können.

K18 Diskutieren Sie, inwieweit es sich beim Marktwachstums-Marktanteils- und beim Marktattraktivitäts-Wettbewerbsvorteils-Portfolio um Sonderfälle der SWOT-Analyse handelt.

K19 Überlegen Sie, was genau „Yield Management" bedeuten kann.

Zusammenfassung:

Strategieplanung basiert in einem hohen Maße auf der Verfügbarkeit und Interpretation von Information in verschiedenen Untersuchungsfeldern.

Die Aufgabe der *Unternehmensanalyse* ist, festzustellen, ob ein Unternehmen die Chancen der Umwelt nutzen und die Risiken abwehren kann. Dazu bedarf es einer regelmäßigen Überprüfung von Marketingzielen, -strategien und -performance sowie einer fortlaufenden Überprüfung, ob die benötigten Ressourcen vorhanden sind.

Die *Kundenanalyse* betrachtet, welche Kunden durch das Unternehmen aktuell erreicht werden, welchen Mehrwert diese Kunden in den Angeboten des Unternehmens sehen, wo und wann die Kunden die Angebote des Unternehmens kaufen oder warum sie dies unterlassen.

Anschließend muss das Unternehmen seinen Untersuchungsfokus erweitern und eine *Umfeldanalyse* durchführen. „Umfeld" im betriebswirtschaftlichen Sinn meint alle Sachverhalte, die die Entscheidungen von Unternehmen beeinflussen, von diesen aber kurzfristig nicht beeinflussbar sind. Die sogenannte *Makroumwelt* wird dabei als gegeben angenommen. Sie umfasst typischerweise das gesamtwirtschaftliche Umfeld, politische Trends und Entwicklungen, rechtliche und regulatorische Aspekte, technologische Entwicklungen sowie Veränderungen, die das soziokulturelle Umfeld betreffen. Die *Mikroumwelt* umfasst die Konkurrenten, die Absatzmittler und -helfer sowie die Lieferanten und andere Interessengruppen.

Mit den speziellen Analyseverfahren Lebenszyklusanalyse (die wiederum unterteilt ist in die Produkt- Markt- und Technologielebenszyklusanalyse), Portfolioanalyse und Wertkettenanalyse kann das Unternehmen die internen Stärken und Schwächen bzw. die externen Chancen und Risiken beleuchten.

Während der Zeit, in der ein Produkt auf dem Markt ist, ändern sich die wirtschaftlichen Rahmenbedingungen. Dementsprechend müssen die Marketingstrategien angepasst werden. Ein Hilfsmittel dafür ist das Konzept des *Produktlebenszyklus*. Dieses Konzept geht davon aus, dass ein Produkt im Verlauf seines Lebens verschiedene Phasen durchläuft. Das sind die Phasen Einführung, Wachstum, Reife bzw. Sättigung und Degeneration.

Der *Marktlebenszyklus* stellt den zeitlichen Ablauf der Entwicklung eines gesamten Marktes dar.

Der *Technologielebenszyklus* unterscheidet Schrittmacher-, Schlüssel- und Basistechnologien. Hinter jedem Technologietyp verstecken sich unterschiedliche Wettbewerbspotenziale.

Die *Portfolioanalyse* ist ein komplexes Instrument der strategischen Marketingplanung. Auf hohem Aggregationsniveau werden interne Stärken und Schwächen des betrachteten Unternehmens sowie externe Chancen und Risiken des Unternehmensumfeldes eruiert. Die bekanntesten Instrumente der Portfolioanalyse sind das Marktwachstums-Marktanteils-Portfolio (Vier-Felder-Boston-Consulting- oder kurz BCG-Matrix) und das Marktattraktivitäts-Wettbewerbsvorteils-Portfolio (Neun-Felder-McKinsey- oder auch General Electric-Matrix).

Die *Wertkettenanalyse* basiert auf der Überlegung, dass Wettbewerbsvorteile nicht nur aus Endprodukten, sondern auch bei deren Erstellung und Vermarktung aufgebaut werden können. Die Wertkette bzw. *Wertschöpfungskette* stellt die Stufen der Wertschöpfung als eine geordnete Reihung von Tätigkeiten dar. Ziel der Wertkettenanalyse ist, Wettbewerbsvorteile einerseits- und Schwachstellen der Wertkette des Unternehmens andererseits zu erkennen und durch deren Ausnutzung bzw. Beseitigung einen Mehrwert zu schaffen. Aus der Kostenstruktur des Unternehmens und aus dem Differenzierungspotenzial aller Wertaktivitäten lassen sich bestehende und potenzielle Wettbewerbsvorteile ermitteln.
Das Ergebnis dieser Analysen wird häufig in Form eines Stärken-Schwächen-Profils des Unternehmens visualisiert, wobei die Resultate der Unternehmensanalyse mit denen der Konkurrenzanalyse abgeglichen werden. Das Stärken-Schwächen-Profil wird dann mit der Chancen-Risiken-Analyse, die wesentlich auf der Kunden- und der Umfeldanalyse basiert, verknüpft. Diese Verbindung wird als *SWOT-Analyse* bezeichnet.
Mithilfe der SWOT-Analyse gilt es jetzt, Wettbewerbsvorteile zu identifizieren und Wettbewerbsstrategien zu entwickeln. Potenzielle Quellen von Wettbewerbsvorteilen können sein: Beziehungsvorteile, Vorteile in rechtlichen Positionen, organisatorische Vorteile, Vorteile im Bereich des Humankapitals sowie Vorteile in den Dimensionen des Marketing-Mix.
Die drei Ansätze *Operative Exzellenz, Produktführerschaft und Kundennähe* sind basale Strategien, mit denen es Unternehmen gelingen kann, gegenüber ihren Wettbewerbern Vorteile zu erreichen.

2.4 Weiterführende Literatur/Glossar

Kotler Ph./Bliemel F., Marketing-Management. Analyse, Planung, Umsetzung und Steuerung, 12. Auflage, München, 2007.

Rennhak, C./Opresnik M.-O., Grundlagen der allgemeinen Betriebswirtschaftslehre. Wiesbaden, 2015.

Exkurs: Glossar

Kundenanalyse – Analyse der aktuellen und zukünftigen Kundensituation auf den Zielmärkten des Unternehmens

Umfeldanalyse – Analyse der Sachverhalte, welche die Entscheidungen von Unternehmen beeinflussen, von diesen aber (kurzfristig) nicht beeinflussbar sind

Lebenszyklusanalyse – die Konzepte des Produktlebenszyklus, des Marktlebenszyklus und des Technologielebenszyklus

Portfolioanalyse – Visualisierung der (relativen) Ist-Position des Unternehmens (bzw. seiner strategischen Geschäftseinheit, Produktgruppe etc.) gegenüber dem Wettbewerb in Bezug auf relevante Analysekriterien (z. B. Marktanteil, Wettbewerbsposition oder Marktwachstum)

Wertkettenanalyse – Analyse der Stufen der Wertschöpfung

SWOT-Analyse – Verbindung aus der Analyse der Stärken/Schwächen und der Chancen/Risiken des Unternehmens

Operative Exzellenz – Fokussierung darauf, in allen Prozessen und Aktivitäten maximale Effizienz zu erreichen

Produktführerschaft – Fokussierung auf den Vorsprung gegenüber den Wettbewerbern im Bereich Forschung und Produkt- bzw. Technologieentwicklung

Kundennähe – Fokussierung darauf, Präferenz der Kunden für die eigenen Angebote zu erreichen und so Wettbewerbsvorteile zu erzielen

Matching-Strategie – Auswahl der Stärken des Unternehmens nutzen, um umfeldliche Chancen zu realisieren

Conversion-Strategie – Versuch, bestimmte Schwächen des Unternehmens in Stärken umzuwandeln

3 Grundlegende Strategieoptionen und Konzeptionsmodelle im Marketing

Wettbewerbsorientierte Strategien haben zum Ziel, einem Unternehmen dauerhaft Wettbewerbsvorteile zu verschaffen und zu sichern (*Benkenstein/Uhrich* 2009, S. 109). Die Wettbewerbsvorteile bestimmen sich dabei durch das Vermögen eines Anbieters, die Bedürfnisse der jeweiligen Zielgruppen besser zu befriedigen, als dies den relevanten Wettbewerbern gelingt (vgl. *Aaker* 1998; *Meffert* 1994).

Das folgende Kapitel beinhaltet eine Darstellung wettbewerbsorientierter Marketingstrategien. Zunächst wird behandelt, wie wettbewerbsorientierte Strategien einem Unternehmen dauerhaft Wettbewerbsvorteile verschaffen und sichern können. Im Kern geht es hier um Differenzierungs-, Kosten- und Zeitvorteile. Diese will das Unternehmen in Richtung der Konkurrenz, der Abnehmer, des Handel und der Zulieferer ausweiten. Kundenzentrierte Strategien fokussieren auf den Aufbau langfristiger Kundenbeziehungen und das Relationship Marketing. Ausgangspunkt dieser Strategie ist ein Verständnis des Kundenbeziehungszyklus und der Kundenwertanalyse. Zudem wird die strategische Marktwahl behandelt. Hier geht es schwerpunktmäßig um die Entscheidung, welche Ländermärkte ein Unternehmen bearbeiten will.

Wettbewerbsorientierte Strategien können nicht für die gesamte Lebensdauer eines Produkts oder einer Produktgruppe gelten. Die wirtschaftlichen Rahmenbedingungen ändern sich ebenso wie die Strategien der Konkurrenten oder vor allem die Wünsche der Kunden. Deshalb müssen Marketingstrategien fortlaufend an die sich verändernden Verhältnisse angepasst werden.

Lernziele

Ziel dieses Kapitels ist, grundsätzliche Marketingstrategien sowie die Vermittlung der situativen Adaption und Auswahl dieser darzulegen. Es vermittelt Strategieoptionen und Konzeptionsmodelle im Marketing. Im Einzelnen sind diese:

- die wichtigsten Strategiedimensionen in Hinsicht auf Konkurrenz, Abnehmer, Handel und Zulieferer
- die kundenzentrierten Strategien
- die wesentlichen Verfahren zur strategischen Marktwahl
- die Entwicklung von Strategieoptionen in jungen bzw. stagnierenden und schrumpfenden Märkten
- die Prüfung und Bewertung von Strategieoptionen aus Unternehmenssicht

Exkurs: Abstract

The following chapter deals with competitive marketing strategies. Competitive strategies should provide long-term competitive advantages for companies. Customer-centered strategies focus on the establishment of a long-term customer relationship. To achieve this, one needs an understanding of the customer relationship cycle and the customer value. Furthermore, the strategic market choice will be discussed. Competition-centered strategies are subject to the conditions of the economic environment, the competitors' strategies and customers' requirements and have to be up-dated regularly.

Exkurs: Schlüsselbegriffe

- Kernkompetenzen
- Kundenbeziehungszyklus
- Kundenwertanalyse
- Kostenführerschaft
- Differenzierung
- Fokussierung
- Marketingmanagementzyklus

Exkurs: Englische Fachbegriffe

- Core competences
- Customer relationship life cycle
- Customer value analysis
- Cost leadership
- Differentation
- Focus
- Marketing management cycle

3.1 Wettbewerbszentrierte Strategien

Der Begriff der Wettbewerbsstrategie, der bereits in den 40er- und 50er-Jahren des 20. Jahrhunderts verwendet wurde, rückte *Porter* (1980) in den Fokus der Marketingwissenschaft. Er unterscheidet drei *Normstrategien* auf Geschäftsfeldebene, die auch als generische Strategien bezeichnet werden:

- Kostenführerschaft
- Differenzierung
- Fokussierung

Dieser Betrachtungsweise von Wettbewerbsstrategie steht heute das Konzept der Kernkompetenzen zur Seite.

Definition
Die einem Unternehmen eigene Kombination aus Ressourcen und Fähigkeiten, die das Unternehmen in die Lage versetzen, eine Wettbewerbsstrategie zu realisieren, bezeichnet man als Kernkompetenz (vgl. *Hamel/ Prahalad* 1994).

Benkenstein/Uhrich (2009, S. 110) systematisieren Wettbewerbsstrategien nach Marktteilnehmerstrategien und Marktauswahlstrategien:

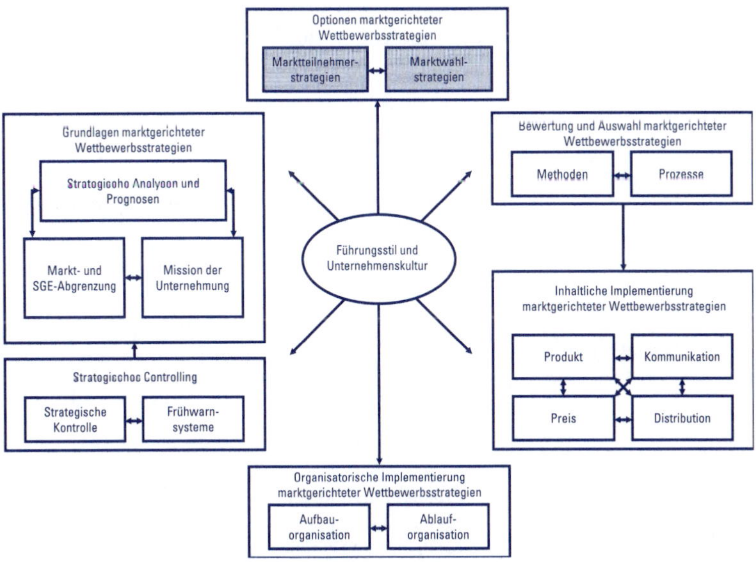

Abbildung 26: Optionen marktgerichteter Wettbewerbsstrategien im Prozess der strategischen Marketingplanung und -implementierung nach *Benkenstein/ Uhrich* (2009, S. 110)

3.1.1 Grundlegende Ausrichtungen marktgerichteter Strategien

Die Literatur bietet eine Fülle an Strategiekonzepten, die sich auf bestimmte Ausschnitte strategischer Entscheidungsprobleme konzentrieren (vgl. *Benkenstein/Uhrich* 2009, S. 110). Die erste marketingstrategische Aufgabe, die ein Unternehmen lösen muss, ist die Festlegung der künftigen Markttätigkeit:

- Welche Märkte wollen wir bearbeiten?
- Welche Produkte oder Leistungen wollen wir anbieten?

An diese Grundsatzentscheidungen schließen sich alle anderen strategischen Entscheidungen an.

Es müssen Wachstumsziele formuliert werden, deren Erreichung regelmäßig überprüft werden sollte. Dazu bietet sich das Konzept der Lückenplanung von *Ansoff* (1966) an. „Ausgangspunkt dieses Konzepts ist der Vergleich der Wachstumsziele der Unternehmung mit der zu erwartenden Umsatz- oder Absatzentwicklung unter Fortsetzung der aktuell verfolgten Vermarktungsstrategie. Sofern Lücken zwischen den Wachstumszielen und der zu erwartenden Entwicklung auftreten, müssen diese Lücken durch Anpassung oder Veränderung der marktgerichteten Strategien geschlossen werden" (*Benkenstein/Uhrich* 2009, S. 110). „Hierzu entwickelte Ansoff (in seiner in Abbildung 27 dargestellten) Produkt-Markt-Matrix Strategiekonzepte, die vor allem vom Gedanken der Nutzung von Synergiepotenzialen getragen sind" (*Benkenstein/Uhrich* 2009, S. 111).

Märkte / Produkte	Gegenwärtige Märkte	Neue Märkte
Gegenwärtige Produkte	***Marktdurchdringung*** Marktbesetzung Verdrängung	***Marktentwicklung*** Globalisierung Adressierung neuer Marktsegmente
Neue Produkte	***Produktentwicklung*** Produktinnovation Produktdifferenzierung	***Diversifikation*** vertikale horizontale laterale

Abbildung 27: Produkt-Markt-Matrix nach *Ansoff* (1966)

Die Kombination aus Produkt und Markt, auch *Marktfeld* genannt, beinhaltet verschiedene Alternativen, mit denen ein Unternehmen seine Wachstumslücken schließen kann. Ein Unternehmen kann auch in mehreren Marktfeldern aktiv sein. Allerdings erhöht sich das unternehmerische Risiko, je „neuer" Produkte oder Märkte gewählt werden.

Marktdurchdringung

Mit der Marktdurchdringungsstrategie geht das Unternehmen das geringste unternehmerische Risiko ein. Es wird auf seinen bekannten Märkten den Verkauf der vorhandenen Produkte erhöhen. Dazu hat das Unternehmen grundsätzlich folgende Möglichkeiten:

- die Produktverwendung bei den bestehenden Kunden intensivieren, zum Beispiel durch beschleunigten Ersatzbedarf (u.a. Mode bei der Kleidung, künstliche Obsoleszenz) oder durch eine Vergrößerung der Verkaufseinheiten (Familienpackungen)
- die Gewinnung neuer Kunden von der Konkurrenz
- die Überzeugung von bisherigen Nichtverwendern (u.a. Einstiegsmodell mit entsprechend niedrigen Preisen definieren, Produktproben verteilen).

Marktentwicklung

Bei der *Strategie der Marktentwicklung* kann das Unternehmen die bestehenden Produkte für das Unternehmen auf neuen Märkten verkaufen. Das unternehmerische Risiko bleibt überschaubar, doch bindet diese Strategie schon mehr Ressourcen als die erstgenannte Strategie der Marktdurchdringung.

Die Marktentwicklung kann dem Unternehmen gelingen durch

- die Ausweitung geografischer Markträume, die bisher noch nicht vom Unternehmen bedient werden (u.a. durch Exporte)
- die Entwicklung von Zusatzmärkten, indem neue Anwendungsbereiche geschaffen werden. Zum Beispiel bietet Hipp seine Babypflegeprodukte z.T. auch für die empfindliche Erwachsenenhaut an oder aus dem Schokoladen-Osterei von Ferrero wurde ein ganzjähriges Überraschungsei.
- die Erschließung neuer Teilmärkte. Zum Beispiel können neue abnehmerspezifische Absatzwege aufgebaut werden wie etwa Cash & Carry für Großverbraucher oder ein Online-Shop für die „Internetkäufer".

Produktentwicklung

In stagnierenden Märkten, wie wir sie heute oft erleben, hilft eine systematische Produktentwicklung, Wachstumslücken zu schließen bzw. grundsätzlich weiter zu wachsen. So erzielen schnell wachsende Unternehmen ca. 10 % ihres Umsatzes mit Produkten, die sie neu auf dem Markt eingeführt haben. Bei der Suche nach neuen Produkten werden im Durchschnitt etwa 4 bis 7 % des Umsatzes investiert.

Ein Unternehmen kann die Strategie der Produktentwicklung umsetzen durch

- den Aufkauf anderer Unternehmen,
- den Erwerb von Patenten anderer Unternehmen oder Privatpersonen,
- Lizenz- oder Franchisevereinbarungen mit anderen Unternehmen oder
- Produktentwicklung in eigenen Forschungslabors oder in Zusammenarbeit mit Produktentwicklungsfirmen.

Bei der Produktentwicklung stellt sich die Frage, was „neu" ist. *Becker* (2013) bietet dafür eine Typologie:

- *Echte Innovationen*, d.h. Produkte, die es bisher auf der Welt überhaupt nicht gab, z.B. die Sofortbildkamera, das mobile Telefon usw.
- *Quasi-neue Produkte*, d.h. „neuartige Produkte, die aber an bestehenden Leistungen anknüpfen" (*Becker* 2013, S. 157), z.B. Kugelschreiber, Klappfahrrad usw.
- *Me-too-Produkte*, d.h. nachempfundene oder nachgeahmte Produkte, die sich vom Original in Details unterscheiden, z.B. das x-te Vollwaschmittel, der x-te Haartrockner usw.

Diversifikation

Das größte unternehmerische Risiko geht ein Unternehmen ein, wenn es die *Strategie der Diversifikation* wählt. Gleichzeitig werden die meisten Ressourcen gebunden, neue Produkte zu finden, die für das Unternehmen auf völlig neuen Märkten verkauft werden sollen. Doch ist die Diversifikation auch eine Strategie, das Risiko zu streuen. Vor allem dann, wenn das Unternehmen aus seiner bisherigen Branche „ausbricht" und ganz neue Wege geht.

Das Unternehmen kann aus drei Varianten der Diversifikation wählen:

- *Horizontale Diversifikation*: Das bisherige Produktprogramm wird um verwandte Produkte erweitert.
- *Vertikale Diversifikation*: Das bisherige Produktprogramm wird um Produkte erweitert, die in der Wertschöpfungskette vor- oder nachgeschaltet sind.
- *Laterale Diversifikation*: Das Unternehmen steigt in völlig neue Bereiche ein, die in keinerlei sachlichem Zusammenhang mit dem bisherigen Produktprogramm stehen.

Beispiel

Ein Hersteller von Handyschalen bietet sein Produkt in saisonalen Varianten an, z. B. weihnachtliche Motive, und vertreibt diese auf Weihnachtsmärkten (Marktdurchdringung).

Der Handyschalenhersteller beschließt, seinen bisherigen asiatischen Markt zu erweitern, und bietet seine Produkte auf europäischen Märkten an (Marktentwicklung).

Der Handyschalenhersteller entwickelt Malfarben und weiße Leer-Rohlinge, die er dann gemeinsam zum Verkauf anbietet. Der Käufer kann sich so seine eigene Wunschhandyschale gestalten (Produktentwicklung).

Das Unternehmen geht einen Entwicklungsschritt weiter in seiner Produktpalette und bietet Panzerschutzfolien für die Handyoberfläche an (horizontale Diversifikation).

Der Handyschalenhersteller möchte seine Produktpalette erweitern und nimmt jetzt Handyanhänger (ähnlich Schlüsselanhänger) mit in sein Angebot (vertikale Diversifikation).

Der Handyschalenhersteller will seine Beliebtheit bei Jugendlichen nutzen und bietet MP3-Player an (laterale Diversifikation).

Weitere strategische Optionen

Ansoff (1966) betont ausschließlich Wachstumsstrategien und wird deshalb den heutigen Wettbewerbsbedingungen auf vielen Märkten nicht hinreichend gerecht (vgl. *Köhler* 1993). „Speziell die Portfolioplanung hat deutlich gemacht, dass Unternehmen vielmehr auch *Abschöpfungs- und Rückzugsstrategien* planen müssen, um ihre Wettbewerbsposition zu sichern“ (*Benkenstein/Uhrich* 2009, S. 112). Um dieser Erkenntnis Rechnung zu tragen, hat *Porter* (1980) eine strategische Grundkonzeption entwickelt, die sich auf die Sicherung und den Ausbau von Erfolgsfaktoren im Wettbewerb richtet. Anhand der Analyse der Wettbewerbsstruktur und der Identifikation von *Preis- und Leistungsvorteilsstrategien* kommt *Porter* (1980) zu den drei oben bereits kurz eingeführten generischen Strategietypen, für die er Marktstellung (gemessen am relativen Marktanteil) und Erfolg (gemessen am Return on Investment) analysiert.

Unternehmen sitzen „zwischen den Stühlen“ (sind „stuck in the middle“) und erzielen nur unterdurchschnittliche Renditen, wenn sie einerseits nicht hinreichend klein sind, um sich in Marktnischen auf ausgewählte Marktsegmente zu konzentrieren und darauf die dort bestehenden Kundenbedürfnisse überdurchschnittlich gut zu befriedigen, und andererseits nicht groß genug sind, um sämtliche Kostensenkungspotenziale zu nutzen (vgl. *Benkenstein/Uhrich* 2009, S. 113).

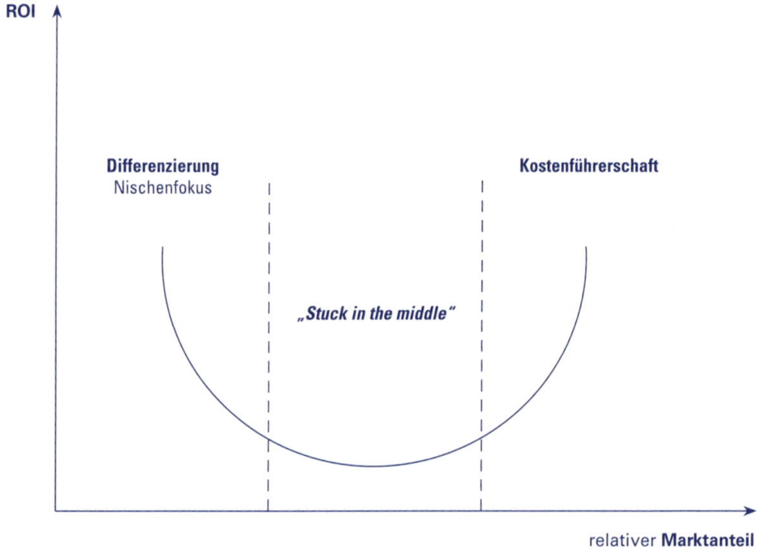

Abbildung 28: U-Kurve nach *Porter* (1999)

Schließlich wurde in der Literatur auch versucht, umfassende Strategiesystematiken zu entwickeln, die die jeweiligen partiellen Erklärungsansätze integrieren. *Becker* (2013) bietet den bekanntesten deutschen Ansatz und unterscheidet vier unterschiedliche Ebenen:

- *Marktfeldstrategien*: Sie fixieren die Produkt/Markt-Kombination.
- *Marktstimulierungsstrategien*: Sie bestimmen die Art und Weise der Marktbeeinflussung.
- *Marktparzellierungsstrategien*: Sie legen den Grad der Differenzierung bei der Marktbearbeitung fest.
- *Marktarealstrategien*: Sie bestimmen den geografischen Markt bzw. Absatzraum, auf dem das Unternehmen tätig werden will.

Strategieebenen	Strategiealternativen						
Marktfeldstrategien	Marktdurchdringungsstrategie ●	Marktentwicklungsstrategie ●	Produktentwicklungsstrategie ●	Diversifikationsstrategie ●			
Marktstimulierungsstrategien	Präferenzstrategie ●	Preis-Mengen-Strategie ●					
Marktparzellierungstrategien	Massenmarktstrategie (totale) ● (partiale) ●	Segmentierungsstrategie (totale) ● (partiale) ●					
Marktarealstrategien	Lokale Strategie ●	Regionale Strategie ●	Überregionale Strategie ●	Nationale Strategie ●	Multinationale Strategie ●	Internationale Strategie ●	Weltmarktstrategie ●

Abbildung 29: Strategieraster nach *Becker* (2013, S. 352)

Becker liefert einen Baukasten, aus dem durch Kombinationen ein gesamtstrategisches Gebäude entwickelt werden muss. Durch Verknüpfung einzelner Bausteine entsteht eine mehrdimensionale Marketingstrategie, mit der alle Aktivitäten im Marketingbereich eindeutig gesteuert werden können.

Benkenstein/Uhrich (2009) kritisieren allerdings: „Während die Konzeption von *Becker* (2013) insbesondere unter didaktischen Aspekten besticht", weist sie inhaltliche eine Reihe von Problemen auf: „Die von *Porter* (1980) betonte Wettbewerbsorientierung ist nur eingeschränkt erkennbar und beschaffungsmarkt- oder handelsbezogene Überlegungen fehlen völlig" (*Benkenstein/Uhrich* 2009, S. 114). Die Entscheidungen auf den einzelnen Ebenen sind zudem hochgradig interdependent (vgl. *Benkenstein/Uhrich* 2009, S. 114).

Vor diesem Hintergrund werden im Folgenden die marktgerichteten Strategieoptionen unter dem spezifischen Aspekt der Wettbewerbsorientierung diskutiert.

3.1.1.1 Alternativen wettbewerbsgerichteter Marketingstrategien

Unternehmen müssen sich im Wettbewerbsumfeld klar abgrenzen und eine eindeutige Position einnehmen, um so ihre Erfolgspotenziale langfristig zu sichern (vgl. *Benkenstein/Uhrich* 2009, S. 115). Neben den oben bereits vorgestellten Normstrategien nach *Porter* (1980) Differenzierung, Kostenführerschaft und Fokussierung nennen *Simon* (1989) und *Slater* (1996) noch Zeitvorteile.

Differenzierung

Strategien, die auf *Differenzierungsvorteile* ausgerichtet sind, zielen auf die Schaffung kundenseitiger Präferenzen und damit auf eine überlegene Erlösposition ab. Differenzierungsvorteile können objektive Leistungsvorteile, subjektiv wahrgenommene Vorteile (z. B. Vertrauen, Image, Reputation) oder auch Beziehungsvorteile sein.

Differenzierungsvorteile können auf unterschiedlichen Grundlagen aufbauen und durch verschiedene Aktivitäten des Unternehmens implementiert werden. Von der Beschaffung bzw. dem Einkauf über die eigene Fertigung bzw. Montage bis hin zu Logistik, Marketing und physischer Distribution bilden sämtliche Unternehmensprozesse in der Wertschöpfungskette Ansatzpunkte, sich im Wettbewerbsumfeld kundenseitig wahrnehmbare Vorteile zu schaffen. „Neben technologischen Leistungsmerkmalen des Produkts können solche Ansatzpunkte beispielsweise der Kundendienst, ein leistungsstarkes Händlernetz, der qualifizierte Mitarbeiterstamm, der Markenname, die schnelle und verlässliche Lieferzeit" oder auch ökologieorientierte Gesichtspunkte der Produktherstellung bzw. verwendung bieten (*Benkenstein/Uhrich* 2009, S. 116).

Ein erster Ansatzpunkt für den Aufbau von Differenzierungsvorteilen kann die Innovationsorientierung sein (*Albach* 1989). Diese zielt darauf ab, den Kunden Produkte und Dienstleitungen anzubieten, die von diesen als „State of the Art" wahrgenommen werden. Auf diese Weise lassen sich Erfahrungs- und damit Kostendegressionseffekte erzielen, die letztlich als Markteintrittsbarrieren für potenzielle Nachahmer wirken (vgl. *Benkenstein/Uhrich* 2009, S. 116).

Ein weiterer Ansatz ist die Produktprogrammbreite. Diese Dimension trägt zur Profilierung im Wettbewerbsumfeld bei, indem durch ein differenziertes Produktprogramm jedem einzelnen Kunden eine auf seine Bedürfnisse zugeschnittene Problemlösung offeriert wird (vgl. *Benkenstein/Uhrich* 2009, S. 116). Im Idealfall gelingt sogar ein Angebot individualisierter Produkte und/oder Dienste (mass customization).

Beispiel

Unter dem Motto „Sag's mit Nutella" kann man seit 2015 auf der Homepage des Produktes Nutella-Gläser mit individuellen Etiketten bestellen. Das Etikett bleibt vom Design her unverändert, allerdings prangt anstatt des Produktnamens der Name oder eine beliebige andere Aufschrift auf dem Glas. Des Weiteren bietet Nutella Vorlagen diverser Kategorien an, wie „Anfeuern", „Liebe", „Dialekt", „Weihnachten", und „Besondere Anlässe". So wird das Produkt zu einem personalisierten Geschenk mit Glückwunschkartenfunktion. Die individualisierten Gläser werden zum gleichen Preis verkauft wie die mit herkömmlichem Label.

(vgl. http://www.nutella.de)

Eine weitere Dimension zur Realisierung von Differenzierungsvorteilen kann die *Qualitätsorientierung* sein. Sie richtet sich nicht allein auf technisch-objektive Kriterien, sondern umfasst auch vom Kunden wahrgenommene subjektive Leistungsmerkmale („Quality is what the customer says she wants") (vgl. *Benkenstein/Uhrich* 2009, S. 117). Um die Qualitätsvorteile am Markt durchsetzen zu können, muss sich das gesamte Unternehmen mit allen Funktionsbereichen auf die Qualitätswahrnehmung der Zielgruppe ausrichten (vgl. *Mollenhauer* 1991; *Oakland* 1993).

Als weitere Dimension zur Differenzierung des Produktangebots wird in der Literatur die *Markenorientierung* genannt. Diese ist vor allem auf Konsumgütermärkten wichtig (vgl. *Miller* 1986). Speziell in gesättigten Märkten werden die angebotenen Leistungen tendenziell homogener. Das Branding der Leistungsangebote und das damit verbundene Image kann in einem solchen Wettbewerbsumfeld eine differenzierende Wirkung erzeugen (vgl. *Benkenstein/Uhrich* 2009, S. 118 f.). Deshalb ist es das zentrale Ziel der Markenorientierung, insbesondere durch kommunikationspolitische Maßnahmen (eventuell auch durch ein einzigartiges Verpackungsdesign) unverwechselbare Imagepositionen aufzubauen (vgl. *Winkelgrund* 1984).

Entscheidend bleibt, ob die aktuellen und potenziellen zukünftigen Kunden mit ihren jeweiligen Bedürfnissen und Nutzenerwartungen möglichst detailliert identifiziert werden (vgl. *Benkenstein/Uhrich* 2009, S. 119). So weisen Endverbraucher, öffentliche Institutionen und private Unternehmen grundlegend verschiedenes Kaufverhalten auf, das Ausgangspunkt zum Aufbau von Differenzierungsvorteilen sein kann (*Meffert* 1992; *Kroeber-Riel et al.* 2008).

Gleichzeitig ist jedoch zu beachten, dass die Preisspielräume, die mit den Differenzierungsvorteilen angestrebt werden, nicht durch die entstehenden Differenzierungskosten überkompensiert werden. Dies leitet zu den *Kostenvorteilen*, der zweiten wesentlichen Dimension wettbewerbsgerichteter Strategien, über (*Benkenstein/Uhrich* 2009, S. 119).

Kostenführerschaft

Kostenvorteilsgerichtete Wettbewerbsstrategien sollen dem betrachteten Unternehmen im Vergleich zu den Wettbewerbern eine auf Dauer günstigere Kostenposition sichern (vgl. *Porter* 1999; *Aaker* 1998). Dies wird durch die konsequente Ausschöpfung aller Kostensenkungspotenziale entlang der Wertkette erreicht (vgl. *Simon/Fassnacht* 2008). Die Weitergabe der Kostenvorteile an die Kunden führt dann zu entsprechenden Preisvorteilen im Wettbewerb (vgl. *Benkenstein/Uhrich* 2009, S. 119).

Die Preisführerschaft muss unternehmensseitig permanent sichergestellt werden, um Markteintrittsbarrieren für potenziell kostenorientierte Wettbewerber aufzubauen (vgl. *Benkenstein/Uhrich* 2009, S. 119). Kostenvorteile entstehen entsprechend wettbewerbsorientiert, also in Relation zu den relevanten Wettbewerbern. Wichtige Treiber von Kostenvorteilen sind Erfahrungskurven- und Größendegressionseffekte (vgl. *Backhaus/Voeth* 2007) sowie die Nutzung von Prozessinnovationen und der damit verbundenen Rationalisierungspotenziale (vgl. *Henderson* 1984; *Kreilkamp* 1987).

Um Kostenvorteile zu erzielen, müssen Unternehmen ihre Prozesse und Anlagen bestmöglich auslasten und hohe Stückzahlen herstellen. Dies erfordert häufig eine globale Marktbearbeitung (vgl. *Backhaus/Voeth* 2007). Kostenvorteile lassen sich auch durch eine kostenorientierte Produktentwicklung und -gestaltung realisieren. Mit möglichst eingeschränkten Produktprogrammen und standardisierten Produkten sind Kostenvorteile eher zu realisieren als mit ausdifferenzierten Angeboten (vgl. *Coenenberg/Prillmann* 1995).

Bereits die Produktentwicklungsphase bietet Chancen, Kostenvorteile zu erzielen. Konzepte wie das „Target Costing“ liefern hierfür Ansatzpunkte (vgl. *Benkenstein/Uhrich* 2009, S. 120).

Der Fokus traditioneller Kostenrechnungssysteme ist Kostenfeststellung statt Kostenmanagement. (Frage: „Was kostet mich die Herstellung des Produkts xy?“) Target Costing kehrt dieses Vorgehen um: Nicht die individuellen Kosten bestimmen das eigene Preisniveau, sondern der Markt (Frage: „Was darf die Herstellung des Produktes xy kosten?“). Das Kostenmanagement und die Produkte sollen an die Wünsche und Preisbereitschaft der Kunden angepasst werden. Ziel ist die entsprechende Gestaltung der Kosten.

Entwicklungsarbeit im Rahmen des Target Costing ist also ein Zusammenspiel von Marktforschung, Technik und Controlling. Methodisch unterteilt sich das Target Costing in drei Phasen:

- Zielkostenplanung (Zielpreisbestimmung und Entwicklung eines Produktkonzepts auf Basis der Markterfordernisse),
- Zielkostenspaltung (Verteilung der Zielkosten auf einzelne Produktkomponenten, Komponentenkosten werden proportional zum Nutzenbeitrag geplant) und
- Zielkostenmanagement (Anpassung der Ist-Kosten an die Zielkosten).

Spezialfälle von Differenzierungs- bzw. Kostenführerschaftsstrategie sind Fokussierungsstrategien. Die Differenzierung bzw. Kostenführerschaft wird hier fokussiert, d. h. konzentriert auf eine Nische angestrebt. Das Unternehmen schneidet sein Angebot speziell auf eine eng abgegrenzte Zielgruppe zu und versucht, sich dabei noch vom Wettbewerb abzugrenzen, indem es besondere Qualität oder einen besonders niedrigen Preis anbietet.

Zeitvorteile

Nicht nur Kosten- und Qualitätsvorteile führen zu einem Wettbewerbsvorsprung, sondern auch die *Zeit* wird zu einem bedeutenden Erfolgsfaktor. Unternehmen in technologieintensiven Branchen, z. B. in der Informations- und Kommunikationstechnologie oder der Automobilindustrie, müssen Produktinnovationen hervorbringen, um erfolgreich zu bleiben. Allerdings werden die Entwicklungszyklen immer länger – und die Produktlebenszyklen immer kürzer. Viele Unternehmen versuchen daher, sich auf ihre Kernkompetenzen zu konzentrieren, um so die Entwicklungszyklen ihrer Innovationen wesentlich zu verkürzen (vgl. *Benkenstein/Uhrich* 2009, S. 122).

Der Faktor Zeit ist ausschlaggebend bei der Wettbewerbsstrategie der Differenzierung (z. B. durch Innovationen, Produktvielfalt etc.). Schließlich nehmen wir die erste Produktinnovation, die auf den Markt kommt, als „das Original“ wahr und messen daran alle anderen Produkte (z. B. iPad). Auch bei der Kostenführerschaft stellt die Zeit einen entscheidenden Erfolgsfaktor dar, wenn die Kostensenkungspotenziale schneller ausgeschöpft werden als durch den Wettbewerb. So lassen sich dann Markteintrittsbarrieren gegenüber potenziellen Neueintretern schaffen (vgl. *Benkenstein/Uhrich* 2009, S. 122). Das Unternehmen, das als Erstes in einen Markt eintritt, hat den längsten Schutz vor seinen Konkurrenten und kann entsprechende Pioniergewinne erzielen (vgl. *Abell* 1978; *Slater* 1993).

Zeitvorteile können in den Geschäftsprozessen auch selbst zu Qualitätsvorteilen werden (vgl. *Kern* 1992). Bearbeitet ein Unternehmen zum Beispiel die eingehenden Aufträge unverzüglich und liefert schnell, so erhöht sich die Zufriedenheit der Kunden, die Kunden bleiben dem Unternehmen treu und die Gewinnung neuer Kunden wird erleichtert. Oft sind die Kunden bereit, für eine schnelle Leistung einen Preiszuschlag zu bezahlen (vgl. *Kotler* 1988).

Ob ein Unternehmen sich nun für die Durchsetzung von Differenzierungs-, Kosten- und/oder Zeitvorteilen entscheidet, um „seine" Wettbewerbsposition zu finden, hängt von den eigenen Stärken und Schwächen und der Branchenstruktur ab (vgl. *Benkenstein/Uhrich* 2009, S. 123). Bisweilen lässt sich auch eine Integration der verschiedenen wettbewerbsstrategischen Dimensionen beobachten (vgl. *Reitsperger et al.* 1993). Durch flexible Fertigungstechnologien können Differenzierungs- und Kostenvorteile derartig kombiniert werden, dass der Gegensatz zwischen diesen Ansätzen relativiert wird (vgl. *Corsten* 2007; *Eversheim/Steinfatt* 1990; *Wildemann* 1988).

Abbildung 30 verdeutlicht das Konzept des *„Outpacing"* von *Gilbert/Strebel* (1985). Kostenvorteils- und Differenzierungsstrategie werden in einem *dynamischen Strategiekonzept* zusammengeführt (vgl. *Kleinaltenkamp* 1987). Die Wettbewerbsstrategien der Differenzierung und der Kostenführerschaft stehen nicht mehr diametral gegenüber, sondern müssen im Rahmen der zeitlichen Marktentwicklung miteinander kombiniert werden (vgl. *Benkenstein/Uhrich* 2009, S. 124).

3.1.1.2 Aspekte der wettbewerbsorientierten Marktteilnehmerstrategien

Wettbewerbsorientierte Marketingstrategien sind nicht nur in Abgrenzung von den Wettbewerbern zu bestimmen, sondern auch gegenüber allen anderen Marktteilnehmern. Zu den Marktteilnehmern zählen neben den direkten Wettbewerbern auch Zulieferer, Händler und Endabnehmer (vgl. *Benkenstein/Uhrich* 2009, S. 127). Wettbewerbsorientierte Marketingstrategien sollten den Aspekt der Hauptwettbewerber, der Abnehmer, der Händler und der Zulieferer integrieren.

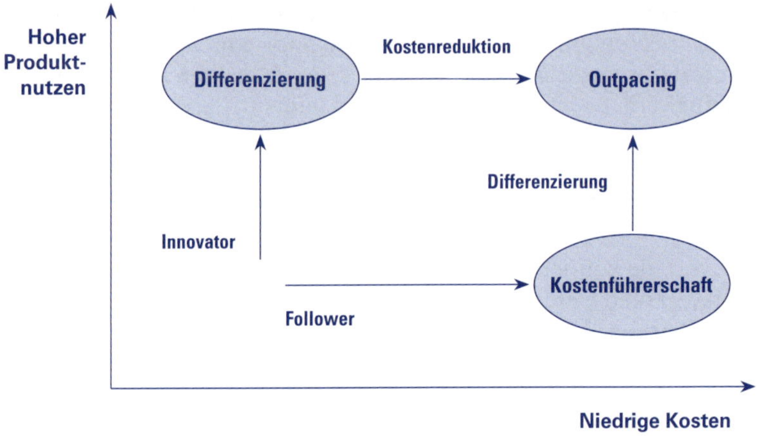

Abbildung 30: Outpacing-Konzept nach *Gilbert/Strebel* (1985).

Aspekt der Hauptwettbewerber

Ein Unternehmen legt seine langfristigen Verhaltensweisen gegenüber den Hauptwettbewerbern fest. Die Strategieoptionen richten sich nach der Wettbewerbsintensität der Branche und dabei insbesondere nach den Zielen und Verhaltensweisen der Hauptwettbewerber (vgl. *Benkenstein/Uhrich* 2010, S. 127).

Bei einer passiven Wettbewerbsorientierung bleiben die Aktivitäten der Hauptwettbewerber im Wesentlichen unberücksichtigt. Die passive Wettbewerbsorientierung ist bei dominanten Marktführern und solchen Unternehmen zu beobachten, die die marktgerichteten Verhaltensweisen ihrer Hauptwettbewerber für ihre eigene Marktposition als wenig bedeutend einstufen (vgl. *Benkenstein/Uhrich* 2009, S. 127).

Eine aktive Wettbewerbsorientierung hingegen bezieht die Verhaltensweisen der Wettbewerber in die Gestaltung marktgerichteter Strategieoptionen ein. Die aktiv wettbewerbsgerichteten Strategieoptionen können weiter nach innovativem und imitativem Verhalten sowie nach proaktivem und reaktivem Verhalten differenziert werden (vgl. *Meffert* 1994, S. 156). Abbildung 31 zeigt die beiden Verhaltens-

Verhaltensdimensionen	Innovativ	Imitativ
Reaktiv	Ausweichen	Anpassung
Proaktiv	Konflikt	Kooperation

Abbildung 31: Typologie konkurrenzorientierter Verhaltensstrategien nach *Meffert* (1994, S. 157)

dimensionen und die daraus abzuleitenden wettbewerbsgerichteten Strategieoptionen.

Innovatives Verhalten basiert auf entsprechenden Potenzialen im Bereich der Forschung und Entwicklung und bedingt eine konsequente Ausrichtung an den Chancen des Marktes, gepaart mit einer hohen Risikobereitschaft. Imitatives Verhalten ist dagegen stärker bewahrend und durch eine entsprechend geringere Risikobereitschaft geprägt (vgl. *Benkenstein/Uhrich* 2009, S. 127).

Proaktives Wettbewerbsverhalten ist gekennzeichnet durch eine frühzeitige und eigenständige Reaktion der Unternehmen auf Marktentwicklungen und Strukturbrüche. Derartig geprägte Unternehmen stellen signifikante Ressourcen für die Erkennung von Marktveränderungen bereit (vgl. *Benkenstein/Uhrich* 2009, S. 128).

Beispiel

Viele Unternehmen beschäftigen eigene Trendscouts oder engagieren Trendscouting-Agenturen, um mögliche Tendenzen der Märkte frühzeitig zu erkennen. Das ist für eine breite Palette von Produkten relevant, z. B. Mode, Schmuck, Software, Lifestyle, Möbel und Spielwaren. Trendscouts müssen ein Gespür dafür haben, was der Konsument in einigen Monaten begehren könnte, und dies den Unternehmen nahe bringen, damit entsprechende Angebote entwickelt werden können.

Beispielsweise beschäftigt H&M weltweit mehr als 100 hauseigene Designer, die bei ihren Reisen um die Welt selbst Trends aufspüren und eng mit dem Einkauf und Controlling zusammenarbeiten (vgl. www.abendblatt.de).

Reaktives Verhalten zeichnet sich dadurch aus, dass Unternehmen den Strategien der Hauptwettbewerber folgen. Sie vermeiden so das Risiko von Fehlprognosen und Flops. Dieses Vorgehen entspricht allerdings nicht einem wettbewerbsgerichteten Marketingansatz, da sich die Unternehmen weder bewusst mit Marktentwicklungen befassen noch diese Entwicklungen gezielt und systematisch nutzen, um Wettbewerbsvorteile zu generieren (vgl. *Benkenstein/Uhrich* 2009, S. 128).

In der Kombination der beiden Verhaltensdimensionen lassen sich die Basisstrategien in vier Optionen einteilen:

- *Ausweichstrategien* wählen Unternehmen, wenn sie sich dem Wettbewerbsdruck durch innovative Verhaltensweisen entziehen und sich in Marktnischen und Technologiefeldern engagieren, in welche die Wettbewerber kurzfristig nicht folgen können (vgl. *Mattson* 1985).

- *Anpassungsstrategien* haben den Erhalt und die Absicherung bereits erreichter Marktpositionen zum Ziel. Potenzielle Reaktionen der Hauptwettbewerber werden antizipiert und branchentypische Verhaltensweisen werden umgesetzt, um für die Wettbewerber berechenbar zu bleiben. Dies soll einer Verschärfung der Wettbewerbsintensität entgegenwirken (vgl. *Benkenstein/Uhrich* 2009, S. 128).
- Verfolgt das Unternehmen eine *Konfliktstrategie*, wird gezielt die direkte Konfrontation mit den Hauptwettbewerbern gesucht (vgl. Reese/Trout 1985). Der Angriff auf den ausgewählten Gegner wird durch eine Konzentration der Kräfte zum kritischen Zeitpunkt am kritischen Ort gestartet. Ziel ist, durch neuartiges Verhalten die eigene Marktposition zu verbessern. Der Herausforderer kann zwischen fünf möglichen Angriffsstrategien wählen:
  - Beim *Frontalangriff* werden alle unternehmerischen Kräfte direkt auf die Stärken des Gegners konzentriert. Dabei kann es sich z. B. um Produktqualität, Preis und Werbeunterstützung handeln.
  - Ein *Flankenangriff* zielt dagegen auf die Schwächen des Gegners ab. Im Markt können solche Überraschungsangriffe geografisch und segmentspezifisch erfolgen. Der geografische Angriff richtet sich auf in- oder ausländische Märkte, in denen der Gegner keine überzeugenden Leistungen erbringt. Segmentspezifische Angriffe zielen darauf ab, vom Marktführer vernachlässigte Marktbedürfnisse abzudecken.
  - Bei einem *Umzingelungsangriff* wird der Gegner frontal, an den Flanken und im Rücken attackiert. Diese Form des Angriffs ist nur dann sinnvoll, wenn der Angreifer über mehr Ressourcen verfügt als der Gegner und wenn diese Attacke weniger kostet als ein direkter Frontalangriff.
  - Bei einem *Guerillaangriff* startet der Angreifer ständig kleinere Offensiven in verschiedenen Geschäftsbereichen des Gegners. Diese Angriffsform ist besonders für kleine und unterkapitalisierte Unternehmen geeignet.
  - Der *Vorbeiangriff* ist ein indirekter Angriff auf den Gegner, bei dem Märkte angegriffen werden, die relativ leicht zu erobern sind. Denkbar ist hier die Diversifizierung in nicht verwandte Produktbereiche oder in geografisch neue Märkte oder der Vorstoß in neue Technologiefelder.
- *Kooperationsstrategien* werden vor allem dann gewählt, wenn Unternehmen über keine bedeutenden Wettbewerbsvorteile verfügen oder die Ressourcen zum Aufbau derselben fehlen. Gemeinsam mit Konkurrenten versucht das Unternehmen daher, Wettbewerbsvorteile zu generieren (vgl. *Backhaus/Meyer* 1993; *Gugler* 1992). Typischerweise kommen kooperative Strategien immer dann zum Einsatz, wenn neue Geschäftsfelder oder Märkte aufgebaut werden, strategische Grundausrichtungen im Sinne des Outpacing

gewechselt oder gemeinsam Erfahrungs- oder Größendegressionseffekte realisiert werden sollen (vgl. *Benkenstein/Uhrich* 2009, S. 130).

Beispiel

Im Rahmen einer langfristigen Partnerschaft entwickeln Apple und Nike Produkte unter dem Label Nike+ iPod und vermarkten diese gemeinsam.

Das „Nike+ iPod Sport Kit" schafft eine Verbindung zwischen der Nike+Kollektion und Apples MP3-Player iPod nano, über die Zeit, Strecke, Kalorienverbrauch und Geschwindigkeit, auf den Player übertragen werden können.

Zusätzlich bietet Nike+ eine Community an, in der man seine Lauf- oder alltägliche Aktivität über einen bestimmten Zeitraum vergleichen und auswerten kann. Darüber hinaus bietet die Nike+ Motivation, professionelle Trainingstipps, Laufroutenplanung und Austausch mit anderen Produktnutzern an (vgl. www.secure-nikeplus.com).

Aspekt der Abnehmer

Der *abnehmergerichtete Aspekt* einer marktorientierten Wettbewerbsstrategie befasst sich mit der Frage, wie die Bedürfnisse aktueller und zukünftiger Kunden identifiziert und besser gelöst werden können, als dies der Wettbewerb vermag.

Bei der *undifferenzierten Marktbearbeitungsstrategie* werden die Gemeinsamkeiten der Kundenbedürfnisse angesprochen, d. h., das Unternehmen will mit einem standardisierten Angebot den „kleinsten gemeinsamen Nenner" einer möglichst großen Abnehmergruppe treffen. „Die Leistungen werden so universell wie möglich konzipiert und beworben" (*Rosenberg* 1977).

Bei den *differenzierten Marktbearbeitungsstrategien* wird hingegen der an sich heterogene Gesamtmarkt in möglichst homogene Segmente aufgeteilt, die dann mit einem speziell auf das jeweilige Segment zugeschnittenen Marketing-Mix bearbeitet werden (vgl. *Freter et al.* 2008). Die Differenzierung des Leistungsangebots wird – rein theoretisch – so lange verfeinert, bis der zusätzliche Erlös aus der Differenzierung von den zusätzlich entstehenden Kosten aufgewogen wird (vgl. *Frank et al.* 1972).

Aspekt des Handels

Handelsgerichtete Marketingstrategien sind im Grunde eine Sonderform der abnehmergerichteten Strategien. Sie werden in der Literatur allerdings als eigenständige Dimension marktteilnehmergerichteter Strategien gesehen (vgl. *Irrgang* 1989), da vor allem in Konsumgütermärkten der Händler der direkte Abnehmer ist. Die Hersteller verkaufen ihr Leistungsangebot zunächst an den Handel. Entsprechend müssen in solchen mehrstufigen Vertriebssystemen abnehmergerichtete Strategien auch die Bedürfnisse des Handels befriedigen (vgl. *Müller-Hagedorn* 2005).

Dies ist in vielen Branchen sogar zunehmend erfolgskritisch, da der Handel aufgrund von Konzentrationsprozessen erheblich an Nachfragemacht gewonnen hat. Mit der zunehmenden Marktmacht baut der Handel verstärkt eigene Marken auf, wodurch sich der Wettbewerb um den ohnehin knappen Regalplatz weiter verschärft (vgl. *Ahlert* 1996).

Wie der Hersteller einerseits seine Absatzwege gestaltet und wie er andererseits auf die Marketingaktivitäten seiner Absatzmittler reagiert, führt zu verschiedenen Optionen handelsgerichteter Strategien. Man unterscheidet Anpassungs-, Konflikt-, Kooperations- und Umgehungsstrategien.

- Wenn der Hersteller die branchenüblichen Vertriebswege nutzt und sich darüber hinaus den absatzmarktgerichteten Aktivitäten des Handels anpasst, spricht man von *Anpassungsstrategien.* Hier übernimmt der Hersteller in der Regel auch Funktionen, die ursprünglich dem Händler obliegen (z. B. Regalpflege, Beteiligung an Kommunikationsaktivitäten des Handels über sogenannte Werbekostenzuschüsse).
- Greift der Hersteller aktiv in die Gestaltung der Absatzwege ein und missachtet dabei die Handelsinteressen bewusst oder unbewusst, handelt es sich um *Konfliktstrategien.* Das Ergebnis der sich daraus entwickelnden Auseinandersetzungen ist abhängig vom Machtgefälle im Absatzkanal.
- Um Wettbewerbsvorteile für Hersteller und Händler aufzubauen und abzusichern, eignen sich am besten die *Kooperationsstrategien.* Schließlich existiert ein enges Beziehungsgeflecht zwischen Herstellern und Handel mit sehr unterschiedlichen Abhängigkeitsver-

Marketing des Herstellers	Passiv in der Absatzwegegestaltung	Aktiv in der Absatzwegegestaltung
Passiv in der Reaktion auf das Handelsverhalten	Anpassung *(Machtduldung)*	Konflikt *(Machtkampf)*
Aktiv in der Reaktion auf das Handelsverhalten	Kooperation *(Machterwerb)*	Umgehung/Ausweichen *(Machtumgebung)*

Abbildung 32: Alternativen handelsgerichteter Verhaltensstrategien nach *Meffert* (1994, S. 167)

hältnissen (vgl. *Buzzell/Ortmeyer* 1995). Besonders prominente Kooperationsformen sind Franchising- und Shop-in-Shop-Konzepte.
- Bei *Ausweichstrategien* umgeht der Hersteller bewusst diejenigen Handelsunternehmen, deren Interessen seinen eigenen besonders eklatant widersprechen. Angesichts der zunehmenden Konzentration im Handel ist ein solches Vorgehen zusehends weniger möglich.

Aspekt der Zulieferer

In letzter Zeit ist zunehmend die *Zulieferindustrie* in den Fokus strategischer Überlegungen gerückt (vgl. *Benkenstein/Uhrich* 2009, S. 134). Durch die stärkere Ausrichtung auf Wertschöpfungsprozesse und deren Ausgestaltung versuchen Hersteller nicht nur unternehmensintern, sondern auch durch Einbeziehung der vorgelagerten Wertschöpfungsstufen Wettbewerbsvorteile zu erzielen (vgl. *Benkenstein* 1994). Die Durchsetzung *zuliefergerichteter Marketingstrategien* kann zu Kosten- und Differenzierungsvorteilen führen (vgl. *Benkenstein/Uhrich* 2009, S. 135):

- Dem Hersteller entstehen *Kostenvorteile,* wenn durch die Entscheidung zum Fremdbezug der Zulieferer z. B. aufgrund von Erfahrungs- oder Größendegressionseffekten sowie Prozessinnovationen eine günstigere Kostenposition erreicht als der Hersteller. Zudem hat der Zulieferer gegebenenfalls Zugriff auf günstigere Produktionsfaktoren (z. B. im Rahmen von Offshoring). Ein weiterer Vorteil für den Hersteller ist die höhere Flexibilität, die durch den Fremdbezug besteht. Aber auch durch die Integration bisher zugekaufter Leistungen in die Wertschöpfung des Herstellers entstehen möglicherweise Synergieeffekte und damit Kostenvorteile. Um genaue Aussagen treffen zu können, ist jedoch eine Einzelfallanalyse erforderlich (vgl. *Harrigan* 1983).
- Differenzierungsvorteile können sich durch Markennamen, Produktqualität, Lieferzuverlässigkeit und -flexibilität oder durch die Nutzung von Know-how ergeben (vgl. *Benkenstein* 1995).

Vergleicht man die Unterschiede in den Kosten- und Differenzierungspositionen von Herstellern und Zulieferern, so ergeben sich verschiedene strategische Grundausrichtungen für die Hersteller-Zulieferer-Beziehung (vgl. *Stuckey/White* 1993).

Liegen die Kosten- und Differenzierungsvorteile beim Hersteller, so wird auch die Eigenerstellung zu Wettbewerbsvorteilen beim Hersteller führen (vgl. *Benkenstein/Uhrich* 2009, S. 137). Ergeben Kostenposition und Differenzierungsmöglichkeiten des Zulieferers Wettbewerbsvorteile, so ist der Fremdbezug für den Hersteller vorteilhafter.

Weisen allerdings Kosten- und Differenzierungsvorteile in unterschiedliche Richtungen, dann sind vom Hersteller die *kooperativen*

		Differenzierungsvorteile	
		beim Zulieferer	beim Hersteller
Kostenvorteile	beim Zulieferer	Fremdbezug	Kooperative Strategien
	beim Hersteller	Kooperative Strategien	Eigenerstellung

Abbildung 33: Zulieferergerichtete Verhaltensstrategien nach *Miztkat* (1996)

Strategien zu wählen (vgl. *Benkenstein/Uhrich* 2009, S. 137). Dabei sollte der Hersteller versuchen, die Kostenvorteile des Zulieferers mit den eigenen Differenzierungsvorteilen zu kombinieren – und umgekehrt (vgl. *Backhaus* 1979; *Gemünden* 1981).

Alternativ kann der Hersteller, sollten beim Zulieferer Kostenvorteile bestehen, die Fertigung bei diesem vornehmen lassen und Produkte dennoch mit seinem Markennamen versehen (vgl. *Benkenstein/Uhrich* 2009, S. 137).

3.1.2 Kundenzentrierte Strategien

Unternehmen versuchen, eine hervorragende Marktposition zu erlangen, indem sie marktgerichtete Strategien und speziell wettbewerbsorientierte Marketingstrategien verfolgen. Ein wesentliches Augenmerk muss dabei auch auf die Kunden gerichtet werden. Kundenzentrierte Strategien haben den Aufbau langfristiger Kundenbeziehungen und das Relationship Marketing zum Ziel. Ausgangspunkt dieser Strategien ist ein Verständnis des Kundenbeziehungszyklus und der Kundenwertanalyse.

3.1.2.1 Kundenzufriedenheit

Ob ein Käufer nach dem Kauf zufrieden ist, hängt davon ab, inwieweit das gekaufte Produkt die Erwartungen des Käufers erfüllt. Kundenzufriedenheit lässt sich nach *Kotler/Bliemel* (2006, S. 61) deshalb folgendermaßen definieren:

Definition
Kundenzufriedenheit ist ein Resultat der nach dem Kauf wahrgenommenen Produktleistung, verglichen mit den Erwartungen vor dem Kauf.

Die Zufriedenheit eines Kunden mit dem gekauften Produkt entsteht also aus einem *Vergleichsprozess*. Bei einem Kunden bildet sich vor dem Kauf eines Produkts eine bestimmte Erwartungshaltung. Die tatsächlich wahrgenommene Leistung des Unternehmens wird dann mit dieser Erwartung verglichen.

Die Erwartungen des Kunden werden vor allem von seinen *persönlichen Bedürfnissen* geprägt. Aber auch frühere *Erfahrungen* mit demselben oder einem ähnlichen Produkt fließen in die Erwartungshaltung ein. Nicht zu unterschätzen ist schließlich der Einfluss der *Meinungen von Dritten* sowie der *Botschaften* des jeweiligen Anbieters, z. B. in Form von Werbung.

Das Ausmaß der Zufriedenheit ergibt sich aus der Abweichung von wahrgenommener Leistung und Erwartung an das Produkt. Ein Kunde kann drei verschiedene *Zufriedenheitszustände* empfinden:

- *Unzufriedenheit* empfindet er, wenn seine Erwartungen nicht erfüllt werden.
- *Zufriedenheit* ist erreicht, wenn Wahrgenommenes und Erwartetes übereinstimmen.
- *Sehr zufrieden* oder sogar *begeistert* ist der Kunde, wenn die wahrgenommene Leistung die Erwartungen übertrifft.

Zufriedene und begeisterte Kunden bleiben dem Unternehmen länger treu und empfehlen es weiter. Kunden, die nur knapp zufriedengestellt sind, wechseln leicht den Anbieter, wenn sie ein besseres Angebot sehen. Die Folgen bei Unzufriedenheit sind Abwanderung, Beschwerden und negative Mund-zu-Mund-Propaganda.

3.1.2.2 Kundenzufriedenheit und Kundenbindung

Kundenzufriedenheit und der Aufbau langfristiger Kunden- und Geschäftsbeziehungen ist in letzter Zeit in den Vordergrund gerückt. Der Kontakt zum Kunden wird deshalb mehr und mehr nicht nur als eine Verkaufsepisode gesehen, sondern als Baustein einer Partnerschaft. Dies lohnt sich für ein Unternehmen aufgrund der reduzierten Kosten, der Ersatz- und Folgekäufe, der Mund-zu-Mund-Werbung und der verminderten Preissensibilität. Damit die Beziehung zur Zufriedenheit gestaltet werden kann, muss ein Unternehmen eine klare Vorstellung von Kundenzufriedenheit haben. Kundenzufriedenheit entsteht durch den Vergleich der wahrgenommenen Leistung eines Unternehmens mit den Erwartungen vor dem Kauf. Allerdings verändern sich die Kundenerwartungen im Zeitablauf.

Abbildung 34 zeigt, dass die langfristige Bindung eines Kunden einem Unternehmen verschiedene Vorteile bringt:

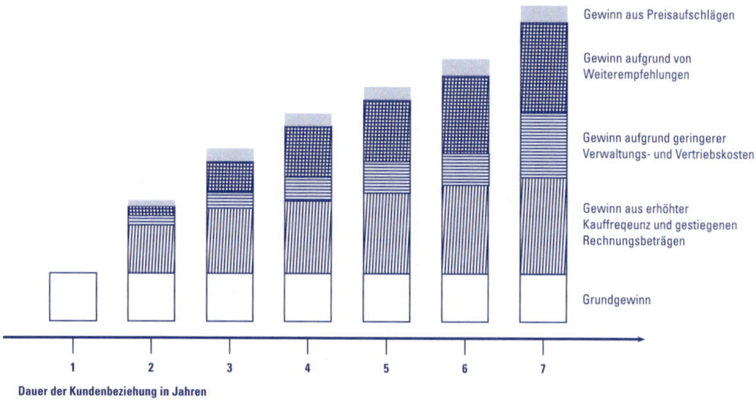

Abbildung 34: Kundenbindung und Profitabilität

Zunächst erzielt das Unternehmen, nachdem der Kunde gewonnen werden konnte, mit jedem Verkauf einen gewissen Grundgewinn. Ist der Kunde zufrieden, wird er auch Ersatz- und Folgekäufe beim selben Unternehmen tätigen. Dazu können sogenannte Cross-Selling-Käufe kommen, d.h., der Kunde kauft auch noch weitere Produkte des Unternehmens. Hand in Hand damit reduzieren sich für das Unternehmen die Kosten im Umgang mit dem Kunden, z.B. hat es geringere Informations- und Betreuungskosten. Nicht zu unterschätzen ist zudem der Umstand, dass ein zufriedener Stammkunde als positiver Multiplikator für das Unternehmen und seine Produkte wirbt. Hier zeigen empirische Untersuchungen deutlich, dass bei Konsumprodukten die Empfehlungen von Freunden, Verwandten oder guten Bekannten eine maßgebliche Rolle spielen. Schließlich profitiert das Unternehmen noch von der verminderten Preissensibilität seiner Stammkunden, d.h., wenn die Kunden zufrieden sind, dann spielen Preisänderungen eine sekundäre Rolle. Zudem fungieren Stammkunden oft als wertvolle Informationsressource, z.B. im Rahmen von Neuproduktentwicklungen (*Rennhak* 2006).

3.1.2.3 Kundenbeziehungszyklus und Kundenwertanalyse

Die Beziehungen zwischen Unternehmen und Kunden weisen einen dynamischen Charakter auf, der sich in unterschiedlichen Phasen zeigt. Für eine Analyse dieser Phasen stellt *Bruhn* (2001, S.43ff.) das Lebenszykluskonzept vor, dem ein Kundenbedarfslebenszyklus und ein Kundenbeziehungslebenszyklus zugrunde liegen.

Das Relationship Marketing befasst sich mit der Gestaltung dieses Kundenlebenszyklus. Der Zweck des Relationship Marketings ist, Kundenbeziehungen zu erhalten und zu entwickeln. Es werden Maßnahmen der Analyse, Planung, Durchführung und Kontrolle ergrif-

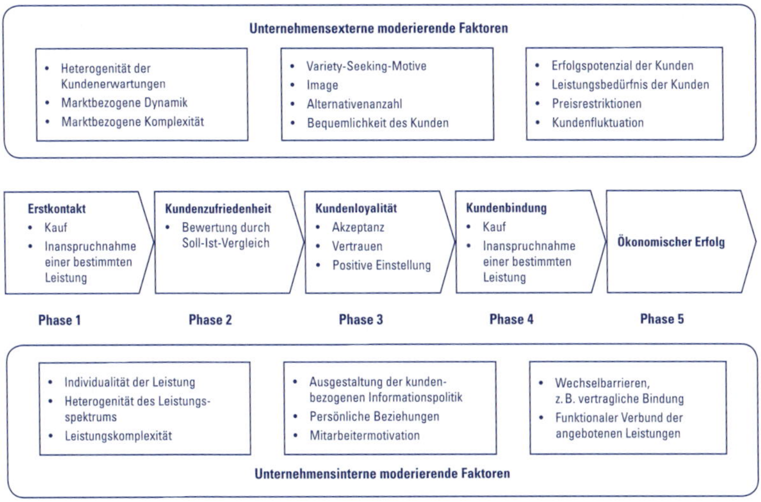

Abbildung 35: Wirkungskette der Kundenbindung (*Rennhak* 2006)

fen, welche die Geschäftsbeziehungen zu den Anspruchsgruppen, insbesondere zu den Kunden, initiieren, stabilisieren, intensivieren und möglichst wiederaufnehmen sollen (vgl. *Rennhak* 2006).

Zum Aufbau eines Relationship-Marketing-Konzepts ist es wichtig, den Kundenlebenszyklus zu kennen und profitable Kunden zu identifizieren.

Kundenbeziehungslebenszyklus

Der Kundenbeziehungslebenszyklus zeigt die verschiedenen Phasen einer Kundenbeziehung auf, indem die Beziehungsdauer in Relation zu der Beziehungsintensität gesetzt wird. Nach *Bruhn* (2001, S. 46) beschreibt der Kundenbeziehungslebenszyklus „[...] idealtypische Gesetzmäßigkeiten im zeitlichen Verlauf einer Kundenbeziehung, die in verschiedenen Phasen einer Kundenbeziehung resultieren und aufgrund der Intensität der Kundenbeziehung Schlussfolgerungen für das Relationship Marketing zulassen". Zur Erklärung des Begriffes Beziehungsintensität unterscheidet er zwischen drei Arten von Indikatoren.

Der Beziehungslebenszyklus lässt sich in drei Kernphasen unterteilen (*Bruhn* 2001):

- Die *Kundenakquisitionsphase* bezeichnet die Aufnahme der Beziehung zwischen Anbieter und Nachfrager. In der Anbahnungsphase informiert sich der Kunde über den Anbieter und der Anbieter ergreift Maßnahmen zur Kundenakquisition, allerdings erfolgt noch keine güteraustauschbezogene Transaktion. In der anschließenden Sozialisationsphase kommt es zu ersten Erfahrungen des

Kunden mit der Leistung des Anbieters und der Anbieter gewinnt Informationen über den Kunden.

- Die *Kundenbindungsphase* ist gekennzeichnet durch eine Intensivierung der Beziehung zwischen Anbieter und Nachfrager (vgl. *Bruhn* 2001, S. 48). In der Wachstumsphase steigt die Inanspruchnahme der Leistung des Anbieters durch den Kunden. In der anschließenden Reifephase kann der Anbieter das Potenzial des Kunden ausschöpfen.
- Schließlich tritt die *Kundenrückgewinnungsphase* ein, welche die Beendigung der Kundenbeziehung durch den Kunden verhindern soll. Man unterscheidet dabei die Gefährdungsphase, die Auflösungsphase sowie die Abstinenzphase. In der Gefährdungsphase spielt der Kunde mit dem Gedanken, die Leistung des Anbieters zukünftig nicht mehr in Anspruch zu nehmen. In der Auflösungsphase trifft der Kunde die Entscheidung, den Anbieter nicht mehr zu nutzen, und beendet die Beziehung. In der Abstinenzphase nutzt der Kunde keine Leistungen des Anbieters mehr (vgl. *Bruhn* 2001, S. 48 ff.).

Wurde der Kunde für das Unternehmen gewonnen, so gilt es, die Phase der Bindung so lange aufrecht zu erhalten, wie es sich um eine profitable Kundenbeziehung handelt. Die Kundenbindung wird in der Literatur kaufverhaltens- oder managementbezogen definiert. Aus Sicht des Kaufverhaltens ist Kundenbindung die Bereitschaft des Kunden zu Folgekäufen. Die Beziehung zu diesem Kunden soll stabilisiert und intensiviert werden. Dementsprechend wird Kundenbindungsmanagement als die systematische Analyse, Planung, Durchführung und Kontrolle sämtlicher auf den aktuellen Kundenstamm gerichteter Maßnahmen definiert. Die managementbezogene Definition sieht Kundenbindung dagegen als Aktivität. Fak-

Indikator	Beschreibung
Psychologische Indikatoren	Psychologische Indikatoren können die Beziehungsqualität aus Kundensicht und das Vertrauen des Kunden in den Anbieter sein.
Verhaltensorientierte Indikatoren	Verhaltensorientierte Indikatoren umfassen das Kaufverhalten (z. B. Kauffrequenz), das Informationsverhalten (z. B. Grad der Suche nach Informationen über Konkurrenzleistungen) und das Kommunikationsverhalten des Kunden (z. B. Mund-zu-Mund-Kommunikation über den Anbieter).
Ökonomische Indikatoren	Ökonomische Indikatoren umfassen den Kundendeckungsbeitrag und den Kundenwert (Customer Lifetime Value).

Abbildung 36: Indikatoren der Beziehungsintensität nach *Bruhn* (2001, S. 47)

tische Beziehungen sind hier vertraglicher, technisch-funktionaler oder ökonomischer Art. Zentrales Element der emotionalen Bindung ist die Zufriedenheit der Kunden mit den Leistungen des Anbieters.

Kundenbindung kann noch auf andere Weise eingeteilt werden: Als verbundenheitsgetriebene und gebundenheitsgetriebene Kundenbindung. Im Sinne der Verbundenheit geht der Kunde eine freiwillige Kundenbindung ein. Er betrachtet die Vorteile, die ihm die Verbindung zum Unternehmen bringt, und vergleicht diese Beziehung mit deren Nichtvorhandensein bzw. mit der Beziehung zu anderen Unternehmen.

Auch die Gebundenheit ist eine freiwillige Bindung des Kunden zum Unternehmen. Jedoch ist die Bindung für einen bestimmten Zeitraum fixiert und der Kunde ist während dieses Zeitraums in seiner Entscheidungsfreiheit hinsichtlich der Nutzung von Leistungen des Anbieters eingeschränkt (z.B. Vertrag). Der Anbieter versucht, in der Zeit der Gebundenheit Wechselbarrieren aufzubauen, um den Kunden an einem leichten Wechsel bzw. einem frühzeitigem Ende der Geschäftsbeziehung zu hindern. Wir können bei der gebundenheitsbezogenen Kundenbindung drei Formen unterscheiden:

- Der Anbieter baut ökonomische Wechselbarrieren auf, die bei einem Ende der Geschäftsbeziehung zu einem finanziellen Verlust beim Kunden führen (*ökonomische Gebundenheit*). Dies geschieht zum Beispiel durch Kundenkarten, Abonnements oder Rabatte.
- Technisch-funktionale Wechselbarrieren bezeichnen die *technisch-funktionale Gebundenheit.* Ein Kunde kann Leistungen des Anbieters nur sinnvoll nutzen, wenn er zusätzlich eine andere Leistung desselben Anbieters in Anspruch nimmt, zum Beispiel bei Spielkonsolen.
- Errichtet der Anbieter juristische Wechselbarrieren, spricht man von der *vertraglichen Gebundenheit.* Der Kunde verpflichtet sich, die Leistungen des Anbieters über einen bestimmten Zeitraum zu nutzen.

Um ein Kundenbindungsprogramm erfolgreich einzuführen, ist neben einer kundenorientierten Unternehmenskultur und adäquaten Strukturen auch der Aufbau eines Systems zum *Database-Management* entscheidend. Ein Database-Managementsystem dient dazu, Kundeninformationen zu gewinnen, zu verarbeiten und zu verwalten. Aus der Vielzahl der Kundendaten sollen die erfolgversprechenden Kunden herausgefiltert werden und die Profitabilität in diesen Kundenbeziehungen mit einem geeigneten Marketing-Mix optimiert werden.

Kundenwertanalyse

Die Begriffe *Kundenwert, Customer Equity* oder auch *Customer Lifetime Value* bezeichnen ein Kundenverständnis, dass den Kunden als immateriellen Vermögensteil eines Unternehmens auffasst – ähnlich dem Wert von Patenten oder Marken. Die Kundenbeziehung wird als Investitionsprojekt betrachtet, dessen Bewertung sich auf die gesamte voraussichtliche Dauer der Geschäftsbeziehung mit dem Kunden beziehen muss.

Kundenwert ist der individuelle direkte und indirekte Beitrag eines Kunden zur Zielerreichung eines Unternehmens. Der Begriff Kunde umfasst dabei im engeren Sinn alle tatsächlichen, im weiteren Sinn auch alle potenziellen Kunden von Unternehmensleistungen (*Rennhak* 2006).

Ausgangspunkt für die Ermittlung des Kundenwerts ist die Identifikation und Analyse der tatsächlichen Quellen der Wertschöpfung. Die ökonomische Bedeutung eines Kunden für das Unternehmen beschränkt sich nicht auf den Ertrag, der aus der Kundenbeziehung generiert werden kann. Der Beitrag des Kunden zum Unternehmenserfolg gestaltet sich in der Regel deutlich komplexer: Beispielsweise kann er durch sein Weiterempfehlungsverhalten die Neukundengewinnung positiv beeinflussen oder als Informationslieferant den Innovationsprozess unterstützen.

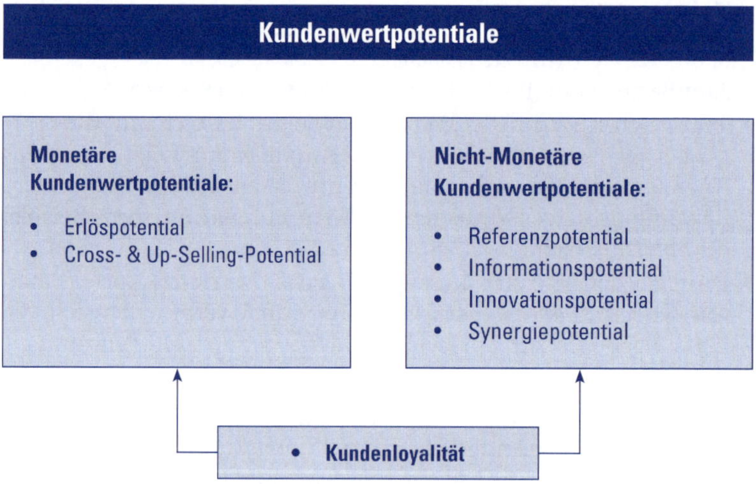

Abbildung 37: Kundenwertpotenziale nach *Tewes* (2003)

Zunächst sind die monetären Potenziale zu berücksichtigen, die aus der Geschäftsbeziehung mit dem Kunden resultieren. Dann muss eine umfassende Bewertung auch die Faktoren mit einschließen, die nicht unmittelbar monetär messbar sind z. B. die Möglichkeit, durch Mitwirkung bestimmter Kundengruppen die Produktentwicklung zu verbessern, oder die Option, durch Weiterempfehlungen zusätzliche Kundschaft anzuziehen.

Zusätzlich ist die Kundenloyalität ein nicht zu vernachlässigender Aspekt, der sowohl auf die monetäre als auch auf die nicht monetäre Seite Einfluss nimmt. Der Grad der Kundenloyalität bestimmt die Dauer der Kundenbeziehung und damit die Länge der Zeitspanne, in der monetäre und nicht monetäre Beiträge überhaupt entstehen können (*Rennhak* 2006).

In der Unternehmenspraxis gestaltet sich die Ermittlung der Kenngröße des Kundendeckungsbeitrags des Öfteren als problematisch. Eine verursachergerechte Zurechnung der z. B. durch unterschiedliche Bestellrhythmen und -volumina, variierende Kontaktfrequenz etc. anfallenden Kosten ist schon auf Kundengruppenebene schwierig und auf Einzelkundenebene für viele Unternehmen eine kaum zu lösende Herausforderung. Variierende Erlöse lassen sich beispielsweise auf unterschiedliche Stückpreise, Absatzvolumina und den Produkt-Mix des Kunden zurückführen (*Rennhak* 2006).

Die Maßgröße Kundendeckungsbeitrag reicht nicht aus, den Wert eines Kunden für das Unternehmen zu erfassen; trotzdem bildet sie in der Unternehmenspraxis häufig die alleinige Basis für Investitionsentscheidungen auf Kundenebene.

Das Entwicklungspotenzial eines Kunden hängt eng mit seinem Cross- und Up-Selling-Potenzial zusammen. Dieses erfasst alle Mehr- bzw. Zusatzkäufe, d. h. zusätzliche und unabhängige Geschäfte, die der Kunde innerhalb des Zeitraums der aktiven Kundenbeziehung in anderen als den bisherigen Geschäftsbereichen tätigt. Der Faktor des Cross- und Up-Selling-Potenzials wird in vielen Branchen bereits in seiner Bedeutung erkannt, jedoch häufig noch nicht adäquat bewertet und umgesetzt.

Neben den Kundenbedürfnissen ist die Cross-Buying-Bereitschaft der ausschlaggebende Punkt für die Höhe der sich ergebenden Möglichkeiten: Ein Kunde, der eine größere Unabhängigkeit von einem bestimmten Anbieter wünscht, weist entsprechend eine niedrigere Cross-Buying-Bereitschaft auf (*Rennhak* 2006).

Neben monetären Kundenwertpotenzialen sind als nicht monetär messbare Größen vor allem Referenz- und Informationspotenzial von Kundengruppen oder Einzelkunden einzubeziehen. Das *Referenzpotenzial* eines Kunden (oder einer Kundengruppe) wird durch die Anzahl potenzieller weiterer Kunden bestimmt, die aufgrund seines Weiterempfehlungsverhaltens beeinflusst werden können. Ein Kunde kann dabei potenzielle weitere Kunden sowohl mit positiven, neutralen als auch negativen Informationen über einen Anbieter oder ein Produkt entsprechend beeinflussen. Die Bedeutung von Referenzen hängt in hohem Maße von der Vertrauensbildung beim Kauf ab. Weiterempfehlungen spielen beispielsweise beim Konsum von persönlichen Dienstleistungen oder Finanzdienstleistungen eine überragende Rolle (*Rennhak* 2006).

Das *Informationspotenzial* des Kunden umfasst sämtliche Informationen, die der Kunde dem Anbieter liefert und die dieser für seine Zwecke nutzen kann. Die Abgrenzung zum Referenzpotenzial ergibt sich über die Richtung des Informationsstroms: Das Informationspotenzial bezieht sich immer auf Informationsströme vom Kunden zum Unternehmen. Im Gegensatz dazu ist beim Referenzpotenzial die Kommunikation des Kunden auf sein Umfeld ausgerichtet.

Die Quellen des Informationspotenzials sind vielfältig: Die in der Unternehmenspraxis wohl am häufigsten eingesetzte Methode ist die der Kundenbefragung. Viele Unternehmen haben in den letzten Jahren Befragungen zum Thema Kundenzufriedenheit etabliert. Kunden-Workshops sind geeignet, um themenbezogene Kundeninformationen zu generieren. In der Unternehmenspraxis hilft zudem ein aktives Beschwerdemanagement, derartige Informationspotenziale kontinuierlich zu nutzen (*Rennhak* 2006).

Abgeleitete Größen des Informationspotenzials sind das Innovations- und Synergiepotenzial. Unternehmen schöpfen Informationen von Kunden ab, um Innovationen voranzutreiben. Die üblichen Marktforschungsmethoden sind bei der Suche nach Produktinnovationen, Kundenbedürfnissen und Anforderungen oft nur eine sehr begrenzte Hilfe, deshalb konzentrieren sich Unternehmen bei der Ausschöpfung von *Innovationspotenzialen* auf Lead User, d. h. Kunden, deren heutige Bedürfnisse repräsentativ für die allgemeinen Bedürfnisse von morgen sind (*Rennhak* 2006).

Synergiepotenziale ergeben sich durch die Integration von Kunden in die Wertschöpfungskette des Anbieters. Die Anwendungsfelder sind zahlreich und finden sich entlang der gesamten Wertschöpfungskette, beispielsweise in Forschung und Entwicklung (der Kunde als Träger von Innovationen), Produktion (z. B. Do-it-Yourself-Produkte), Logistik, Organisation und Marketing.

Für die aktive Ausschöpfung von Synergiepotenzialen muss der Anbieter im Rahmen des Kundenwertmanagements dem Kunden aufzeigen, wie er sich in die Wertschöpfung einbringen kann (vgl. *Rennhak* 2006).

Das Phänomen der Kundenwertermittlung ist vielschichtig, da eine Mehrzahl von Kundenwertpotenzialen zu betrachten ist, die durch verschiedene Verfahren in unterschiedlicher Weise in den Vordergrund gerückt werden. Unabhängig von der Methode der Wertermittlung stellt sich als typische Aufgabe des Marketings die Ableitung strategischer Handlungsimplikationen aus der Kundenbewertung. Prinzipiell bieten sich fünf strategische Stoßrichtungen an, mit denen sich der Kundenwert steigern lässt (*Rennhak* 2006):

- *Erobern neuer Kunden*: Durch die Akquisition neuer, margenträchtiger Kunden lässt sich das Gesamtbild des Kundenwertes innerhalb einer Kundengruppe positiv beeinflussen.
- *Stärkere Nutzung der bisherigen Kundenbasis*: Ziel ist hier die Erhöhung des Umsatzes pro Kunde (beispielsweise durch Verkauf zusätzlicher Dienste).
- *Verstärkte Kundenbindung*: Durch eine stärkere Kundenbindung erhöhen sich die Dauer der Kundenbeziehung und damit die Zeitspanne, in der positive Einzahlungsüberschüsse durch den Kunden erwirtschaftet werden können.
- *Senkung der Bedienungskosten*: Höhere Einnahmenüberschüsse pro Kunde und Periode lassen sich auch erzielen, indem die Bedienungskosten pro Kunde gesenkt werden, z.B. durch Realisation von Selbstbedienungselementen oder die Forcierung von Online-Transaktionen.
- *Senkung der Akquisitionskosten*: Eine Senkung der Akquisitionskosten trägt ebenfalls zu einem gesteigerten Kundenwert bei, da dadurch die Anfangsauszahlungen weniger hoch ausfallen. In der Praxis kann dieser Effekt erreicht werden durch die Zusammenarbeit mit neuen, kostengünstigeren Vertriebspartnern oder die Vereinfachung der Vertragsschließung.

Festzuhalten bleibt, dass das Verständnis des Kundenwertpotenzials, die Analyse des Kundenwertes sowie die Ableitung der strategischen Implikationen anhand der dargestellten fünf Stoßrichtungen eine wesentliche Grundlage zur Gestaltung erfolgreicher Kundenbeziehungen darstellen (*Rennhak* 2006).

3.1.3 Strategische Marktwahl

Die Entscheidungsbereiche zur Auswahl des zu bearbeitenden Marktes und zur Festlegung der relevanten Geschäftsfelder zeigen starke Interdependenzen (vgl. *Becker* 2013), sodass wir sie nachfolgend gemeinsam betrachten.

Die *Geschäftsfeldabdeckung* ist als konstitutive Führungsentscheidung über die „Wahl des Unternehmensgegenstandes" einzuordnen (*Sandig* 1966). Aus strategischer Sicht ist die ausschließliche Betrachtung der Leistungsangebote zur Beschreibung der Unternehmensaufgabe oder -tätigkeit bisweilen nicht ausreichend.

Angesichts der wachsenden Dynamik und der zunehmenden Diskontinuitäten in vielen Branchen gewinnt die Entscheidung darüber, in welchen Geschäftsfeldern eine Unternehmung tätig sein will, große Bedeutung für den Unternehmenserfolg (vgl. *Benkenstein/Uhrich* 2009, S. 137).

Abell (1980) unterscheidet fünf Basisstrategien zur Geschäftsfeldabgrenzung:

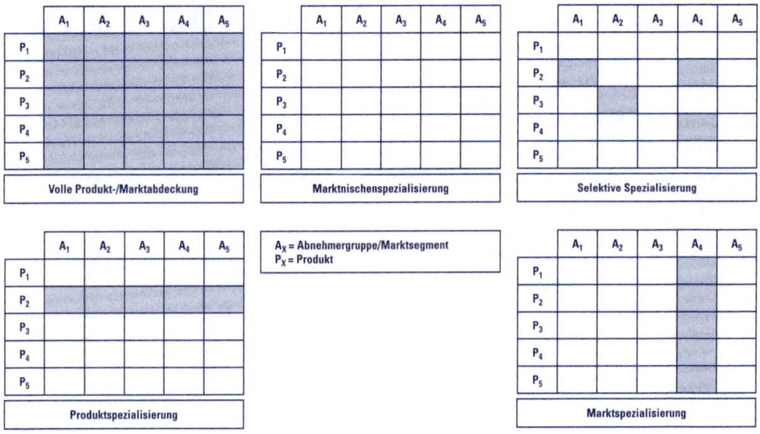

Abbildung 38: Basisstrategien der Geschäftsfeldabgrenzung nach *Abell* (1980)

- Die *vollständige Marktabdeckung* sieht eine Marktbearbeitung mit einem vollständigen Produktportfolio vor, das in allen Bedürfnissegmenten angeboten wird.
- *Marktnischenstrategien* konzentrieren sich dagegen auf ein ausgewähltes Produkt-/Marktfeld. Durch diese starke Fokussierung soll ein spezifischer Wettbewerbsvorteil erreicht werden.
- Bei der *Produktspezialisierung* wird nur ein Produkt allen Abnehmergruppen angeboten. Durch diese Form der Spezialisierung sollen Synergien in Forschung und Entwicklung, Produktion und Vertrieb genutzt werden, um daraus Wettbewerbsvorteile (insbesondere in der Form von Kostenvorteilen) zu generieren.
- Die *Marktspezialisierung* hat dagegen das Ziel, mit einem umfassenden Produktportfolio lediglich ein Marktsegment zu bedienen. Durch die genaue Kenntnis dieses Segments kann das Unternehmen wiederum Vorteile im Wettbewerb (insbesondere in der Form von Differenzierungsvorteilen) erzielen.
- Eine *selektive Spezialisierung* richtet sich schließlich auf die Bearbeitung ausgewählter Kundengruppen mit einem begrenzten Produktangebot. Dazu werden in der Regel besonders profitable Teilsegmente ausgewählt (vgl. *Benkenstein/Uhrich* 2009, S. 138).

Eng verbunden mit der Geschäftsfeldwahl ist die Auswahl der Zielgruppe. Durch die Auswahl des Geschäftsfeldes ist die Zielgruppe schon grob abgegrenzt. Die Kundensegmentierung betrachtet nun die Zielgruppe im Detail und fasst sie zu homogenen Segmenten zusammen.

Bis zum Zeitpunkt der einsetzenden Wandlung von Verkäufer- zu Käufermärkten dominierte undifferenziertes Massenmarketing, das auf die Erschließung und Abdeckung von Massenmärkten abzielte. Zum Konzept der Kundensegmentierung siehe Kapitel 1.2.2.

Nun sind die Zielgruppen in homogene Segmente eingeteilt und das Geschäftsfeld inhaltlich abgegrenzt. Im Rahmen der Marktwahlentscheidung gilt es jetzt, die räumliche Marktabdeckung festzulegen (vgl. *Benkenstein/Uhrich* 2009, S. 140). Grundsätzlich hat ein Unternehmen im Bereich der Marktarealstrategien zwei Möglichkeiten:

- Domestic Marketing, d. h. Begrenzung auf das Heimatland,
- International Marketing, d. h. Ausdehnung auf Märkte außerhalb des Heimatmarkts

Becker (2013) systematisiert die potenziellen Absatzgebiete von Unternehmen nach lokalem, regionalem, überregionalem, nationalem und internationalem Markt. Im Zuge der Internationalisierung nahezu sämtlicher Branchen hat auch die Wettbewerbsintensität auf den betreffenden Märkten zugenommen und einen tief greifenden Strukturwandel hervorgerufen (vgl. *Benkenstein/Uhrich* 2009, S. 140). In der Literatur werden vor allem Informations-, Gestaltungs- sowie Implementierungsprozesse und -systeme von international agierenden Unternehmen diskutiert (z. B. *Berekoven* 1985; *Czinkota/Ronkainen* 2007).

Das Spektrum der Möglichkeiten für eine internationale Strategie reicht von einer weltweit einheitlichen *globalen* Bearbeitung der verschiedenen Ländermärkte bis hin zu einer den jeweiligen nationalen Besonderheiten Rechnung tragenden *multinationalen* Marketingstrategie (vgl. *Benkenstein/Uhrich* 2009, S. 141).

Dabei liegt unter wettbewerbsstrategischen Aspekten der Schwerpunkt auf Integrations- oder Differenzierungsvorteilen, je nachdem, wie die jeweilige Strategie umgesetzt wird. Unter *Integrationsvorteilen* sind hauptsächlich Kostenvorteile zu verstehen, die durch Standardisierung bei Produkten und Prozessen entstehen (vgl. *Benkenstein/Uhrich* 2009, S. 142). *Differenzierungsvorteile* stehen im Vordergrund, wenn Lokalisierungsvorteile ausgenutzt werden sollen, z. B. durch die Anpassung an spezifische Marktbedingungen in den einzelnen Ländern zu erzielende Wettbewerbsvorteile (vgl. *Meffert/Bolz* 1998). Somit richtet sich die Integration insbesondere auf gleiche Kundenbedürfnisse und Marktbedingungen, wohingegen die Differenzierung versucht, aus den nationalen Unterschieden Erfolgspotenziale zu ziehen (vgl. *Benkenstein/Uhrich* 2009, S. 142).

Aufbauend auf dieser prinzipiellen Abgrenzung können vier Grundtypen internationaler Marketingstrategien abgeleitet werden, die sich in Hinblick auf die Auswahl und Bearbeitung internationaler Märkte, die zugrunde liegende Wettbewerbsorientierung, die Form der Internationalisierung und deren organisatorische Ausgestaltung unterscheiden (vgl. *Benkenstein/Uhrich* 2009, S. 142).

		Lokalisierungsvorteil (Differenzierung)	
		niedrig	**hoch**
Globalisierungsvorteil (Integration)	**hoch**	**Globale Strategie** *geozentrisch*	**Mischstrategien** *opportunistisch* / **Blockierte Märkte**
	niedrig	**Internationale Strategien** *ethnozentrisch*	**Multinationale Strategien** *polyzentrisch*

Abbildung 39: Grundtypen internationaler Marketingstrategien in Anlehnung an *Meffert/Bolz* 1998

Zu Beginn der Internationalisierung konzentrieren sich die Marketingaktivitäten eines Unternehmens auf den Heimatmarkt. Das internationale Marketing ist in dieser Situation meist auf die Wahrnehmung besonders lukrativer Auslandsgeschäfte beschränkt (vgl. *Benkenstein/Uhrich* 2009, S. 142).

Die *internationalen Marketingstrategien* sind ethnozentrisch vom Heimatmarkt geprägt. Dies ist typisch für kleinere und mittgroße Unternehmen. Der Eintritt in die internationalen Märkte wird in der Regel über Exporte bewerkstelligt (*Benkenstein/Uhrich* 2009, S. 142).

Mit verstärkter internationaler Tätigkeit tritt die Bearbeitung fremder Ländermärkte verstärkt als eigenständige Marketingaufgabe in den Vordergrund (vgl. *Buzzell/Quelch* 1988). Die Ländermärkte genießen im Rahmen *multinationaler Strategien* einen hohen Grad an Autonomie. Unternehmen differenzieren ihren Marketing-Mix im Rahmen dieser polyzentrischen Ausrichtung gemäß den jeweiligen spezifischen Markterfordernissen (vgl. *Benkenstein/Uhrich* 2009, S. 143).

Im Gegensatz dazu wird im Rahmen globaler Marketingstrategien der Marketing-Mix unabhängig von einzelnen Ländermärkten mit Fokus auf den Weltmarkt standardisiert. Der Vorteil eines solchen Vorgehens liegt vor allem auf der Kostenseite (vgl. *Benkenstein/Uhrich* 2009, S. 143).

Schließlich versuchen Unternehmen mit sogenannten Mischstrategien einen an den jeweiligen Opportunitäten ausgerichteten Mix von Differenzierungs- und Standardisierungsstrategien. Dieses Verhalten erfordert ein hohes Maß an Flexibilität und ist häufig von den Notwendigkeiten des jeweiligen politisch-rechtlichen Umfeldes im Ländermarkt getrieben.

Neben der Form des Auslandsengagements muss auch der Zeitpunkt des Markteintritts sorgfältig geplant werden. Die Planung des Markteintrittszeitpunkts nennt man *Timing*. Im Prinzip gibt es dafür zwei Möglichkeiten (vgl. *Meffert et al.* 2010):

- Bei der *Sprinkler- oder Diversifikationsstrategie* werden in kurzer Zeit möglichst viele Auslandsmärkte erschlossen. Davon können einige aber wieder aufgegeben werden, denn aufgrund des begrenzten Budgets müssen die Informationsbeschaffung eingeschränkt und die Intensität der Marktbearbeitung auf einem niedrigen Niveau gehalten werden. Sinnvoll ist diese Strategie zudem nur bei einer weitgehend standardisierten Marktbearbeitung.
- Bei der *Wasserfall- oder konzentrierten Marktbearbeitungsstrategie* werden die ausländischen Märkte langsamer erschlossen. Zuerst wird eine gründliche Marketingforschung betrieben und die Informationen werden ausgewertet. Da der Markt und die Kundenbedürfnisse intensiver erforscht werden können, ist eine kundenorientierte Strategie möglich. Die Gefahr dieser Strategie ist die Vernachlässigung weiterer möglicher Märkte. Deren Erschließung kann dann erschwert werden, wenn sich dort zwischenzeitlich Konkurrenzunternehmen angesiedelt haben.

Welche Form und welches Timing des Markteintritts letztlich gewählt werden, hängt von einer Fülle verschiedener Faktoren ab. Zu unternehmensexternen Größen zählen z. B. Subventionen, Import- und Exportvorschriften, Zölle, Steuern, Verfügbarkeit von Kooperationspartnern und natürlich das Marktpotenzial, die Wettbewerbsintensität und die Eigenarten der verschiedenen Länder. Als interne Einflussfaktoren lassen sich nennen: Kosten, Kontrollierbarkeit, Art der Produkte und Aspekte der Unternehmensphilosophie, z. B. dass Joint Ventures nur mit einer Mehrheitsbeteiligung abgeschlossen werden.

3.2 Situationsabhängige Strategiealternativen im Marketing

Wettbewerbsorientierte Strategien können nicht für die gesamte Lebensdauer eines Produkts oder einer Produktgruppe gelten. Die wirtschaftlichen Rahmenbedingungen ändern sich, ebenso die Strategien der Konkurrenten. Zudem durchläuft ein Produkt während seiner Lebensdauer verschiedene Phasen, in denen es eine unterschiedliche Bedeutung für ein Unternehmen hat. Deshalb müssen Marketingstrategien angepasst und entsprechend den Phasen im Produktlebenszyklus verändert werden. Im Folgenden wird erläutert, wie sich Strategien situativ danach unterscheiden, ob man in jungen oder in reifen Märkten agiert.

3.2.1 Marketingstrategien für neue Märkte

Meffert (1994) versteht unter neuen bzw. jungen Märkten solche, die sich bei der Betrachtung des Produktlebenszyklus in der Einführungs- oder Wachstumsphase befinden. Diese Märkte zeichnen sich in der Regel dadurch aus, dass die Unternehmen in Bezug auf Wettbewerb und Technologie noch relativ unerfahren sind (vgl. *Benkenstein/Uhrich* 2009, S. 147). Häufig führt dies auch zu Unsicherheiten bezüglich der Strategie (vgl. *Porter* 1999): Es bestehen zum Teil mehrere Technologien nebeneinander – die Unternehmen kämpfen dann entsprechend miteinander um die Durchsetzung ihrer Technologie als Industriestandard.

Beispiel

Handykäufer haben es nicht leicht. Während PC-Käufer meist nur entscheiden müssen, ob es ein Computer mit Windows, Linux oder dem Betriebssystem Mac OS von Apple sein soll, sehen sich Smartphone-Interessierte gleich mit einer Vielzahl unterschiedlicher Betriebssysteme konfrontiert.

Googles Android ist zurzeit Marktführer bei den Smartphone-Systemen – und das mit wachsendem Abstand. Dahinter folgt Apples iOS. Windows Phone ist mit Abstand auf Platz drei.

Doch es gibt weit mehr: Blackberry, Symbian oder Bada, Firefox, Ubuntu oder Tizen …

Das Marketing steht zudem vor der Herausforderung, die oft noch vagen und wenig bekannten Kundenbedürfnisse zu erkennen und zielgenau anzusprechen, um eine Diffusion des Produkts zu ermöglichen (vgl. *Porter* 1999).

Diese Charakteristika sind insbesondere in sogenannten Hightech-Märkten zu finden, die laut *Meffert* (1994) durch folgende Auswirkungen der Technologie gekennzeichnet sind:

- kurze Produktlebenszyklen
- hohe Innovationsraten (damit einhergehend relativ hohe technologische Kaufbarrieren)

- schneller Rückgang der Produktionskosten – dies wird zeitnah an die Kunden weitergegeben, wodurch die Preise rasch verfallen
- steigender Internationalisierungszwang, um eine schnelle Amortisation der Investitionen zu erreichen
- laufende Erweiterung der Produktfunktionen

Aufgrund der großen Unsicherheiten auf jungen Märkten kommt der Planung des Markteintritts eine besondere Bedeutung zu (vgl. *Benkenstein/Uhrich* 2009, S. 148). Ein *eigenständiger Markteintritt* basiert – je nach Innovationsstrategie – auf Innovation oder Imitation. Ein *nicht eigenständiger Markteintritt* basiert hingegen auf einer Akquisitionsstrategie (Produkt- oder Unternehmensakquisition) oder einer Kooperationsstrategie (vgl. *Remmerbach* 1988).

Die besondere Bedeutung des *Timings* resultiert aus der Relevanz des Zeitfaktors als Wettbewerbsinstrument. Im Rahmen des Timings unterscheidet *Remmerbach* (1988) Pionierstrategie, frühe und späte Folgerstrategie. Der Pionier tritt als Erster auf einen Markt und lässt den Markt so erst überhaupt entstehen.

Jede der Strategien hat verschiedene Vor- und Nachteile. Der Pionier kann durch den frühen Markteintritt und der zeitweiligen Alleinstellung Marktsegmente und Marktposition wählen. Er kann zudem die Einstellungen und Kaufkriterien der Kunden frühzeitig beeinflussen (vgl. *Carpenter/Nakamoto* 1989) und die Spielregeln des Wettbewerbs festlegen (vgl. *Benkenstein/Uhrich* 2009, S. 150). Zudem haben Pioniere in der Regel Vorteile beim Aufbau von Distributionskanälen, bei der Ressourcenbeschaffung und der Auswahl von Partnern in der Wertschöpfungskette. Darüber hinaus können Pioniere eher Erfahrungen sammeln, Größendegressionseffekte erzielen und von Netzwerkeffekten profitieren (vgl. *Benkenstein/Uhrich* 2009, S. 151). Schließlich können auf Kunden Wechselkosten zukommen (*Walker/Mullins* 2008). Alle diese Aspekte schaffen Markteintrittsbarrieren für die frühen und späten Folger.

Die Risiken einer Pionierstrategie resultieren vor allem aus der Unsicherheit bezüglich des neuen Marktes, der Technologie und der Nachfrageentwicklung bzw. der Akzeptanz der Innovation bei den Nachfragern sowie aufgrund der hohen Kosten der Markterschließung (vgl. *Benkenstein/Uhrich* 2009, S. 151). Aufgrund immer kürzer werdender Produktlebenszyklen besteht ein immer höherer Druck, Investitionen schnell zu amortisieren (vgl. *Meffert* 1994). Die frühen und noch mehr die späten Folger sind in der Lage, Fehler des Pioniers zu vermeiden bzw. gar für sich zu nutzen (vgl. *Walker/Mullins* 2008).

Markteintrittsbarrieren	Ausnutzung durch Pioniere	Wirkung auf frühe und späte Folger
Größendegressionseffekte	• Ausbau von Preissenkungspotenzialen • Mengenmäßige Abdeckung des Gesamtmarkts möglich	• Kostennachteile • Ausgleich durch andere Wettbewerbsinstrumente oder Investitionen in Economies of Scale erforderlich
Produktdifferenzierung	• Profilierung der angebotenen Produkte aus Abnehmersicht dadurch Aufbau von Bekanntheit, Image und Loyalität möglich • Bei Wirksamkeit höhere Freiheitsgrade bei übrigen Wettbewerbsinstrumenten (z. B. Preis)	• Marketingstrategische Nachteile • Hohe Marktinvestitionen und Anlaufverluste
Kapitalbedarf	• Reduzierung (z. B. durch Kooperation) bzw. Absicherung der Investition (z. B. durch Patentrechte) • Künstliche Kapitalbedarfserhöhung (z. B. Vermietung statt Verkauf von Kopiergeräten)	• Häufig verzögerter Wirkungseffekt • Hohe Verlustrisiken
Umstellungskosten	• Aufbau von Kosten auf Abnehmerseite bei Lieferantenwechsel (z. B. Inkompatibilität von Werkzeugen) • Produktbezogene Personalausbildungs- und Serviceleistungen	• Notwendigkeit der Gewährung von Rabatten bei Lieferantenwechsel
Zugang zu Distributionskanälen	• Sicherung des Absatzsystems (z. B. durch langfristige Lieferbeziehungen, Kundendienst, vertragliche Bindungen)	• Notwendigkeit des Aufbaus eigener Distributionskanäle bzw. Zugang nur durch Preis- oder ähnliche Zugeständnisse
Staatliche Eingriffe	• Bevorteilung durch F&E-Zuschüsse, günstige Kredite, etc. • Rechtliche Regeln (Kontingente, Kontrollbestimmungen, etc.) • Langwierige Test- und Genehmigungsverfahren	

Abbildung 40: Markteintrittsbarrieren nach *Meffert* (1994)

3.2.2 Marketingstrategien für reife Märkte

Ein Eintritt in einen jungen Markt kann unter Umständen mit einem Austritt aus einem stagnierenden, schrumpfenden oder erfolglos bearbeiteten Markt zusammenhängen. In einer solchen Marktsituation kommt es typischerweise zu Überkapazitäten bei den am Markt tätigen Unternehmen, die wiederum den Wettbewerbsdruck erhöhen und oft einen Preiskrieg zur Folge haben.

Die Ursachen für Stagnation oder Schrumpfung können u. a. auf den Produktlebenszyklus zurückgeführt werden, der einen Nachfragerückgang ab einem fortgeschrittenen Stadium erklärt. Konkrete Gründe für eine Stagnation oder einen Nachfragerückgang können sein:

- Technische Veraltung oder Substitution des Produkts
- Aggressive Aktivitäten im Rahmen des Marketing-Mix durch die Wettbewerber
- Modetrends und/oder Wertewandel bei den Kunden
- Veränderungen in Komplementärprodukten

Der Rückzug aus einem Markt wird aber analog zum Markteintritt durch Marktaustrittsbarrieren erschwert. Verharren erfolglose Unternehmen aufgrund von zu hohen Marktaustrittsbarrieren im Markt, verschlechtert sich durch Wettbewerbsintensivierung und verzögerte Strukturanpassung die Position der im Markt verbleibenden gesünderen Unternehmen (vgl. *Harrigan* 1980).

Definition

Marktaustrittsbarrieren sind nach *Porter* (1999) Faktoren, die den vollständigen Rückzug aus Märkten selbst bei niedrigen oder gar negativen Erträgen unmöglich machen bzw. wesentlich erschweren.

Marktaustrittsstrategien sind Konzepte zur Überwindung, Umgehung oder Senkung von Marktaustrittsbarrieren (vgl. *Meffert* 1984). Marktaustrittsbarrieren existieren generell dann, wenn der Abbau von Überschusskapazitäten unterbleibt und trotz dauerhafter Nachfrageschwäche nicht mehr wettbewerbsfähige Unternehmungen im Markt verharren.

Porter (1999, S. 332 ff.) systematisiert Marktaustrittsbarrieren wie folgt:

- *Strukturelle Marktaustrittsbarrieren* sind u. a. niedrige Liquidationswerte oder hohe Transfer- und Umwandlungskosten spezialisierter Aktiva oder Fixkosten des Austritts (z. B. Sozialpläne oder zu beachtende Kündigungsfristen, fehlende Liquidationsmöglichkeiten für hoch spezialisierte Vermögensgüter, Umsiedlungskosten etc.).
- *Strategische Marktaustrittsbarrieren* sind strategische Interdependenzen zwischen Geschäftseinheiten. Diese Verflechtungen können sich z. B. in gemeinsam genutzten Ressourcen, auftretenden Synergieeffekten, einem Markenimage liegen oder sich dadurch ergeben, dass ein Geschäftsfeld Lieferant oder Abnehmer für ein anderes ist.
- *Informationsbarrieren* sorgen dafür, dass aufgrund starker Verknüpfungen von Geschäftseinheiten oder geringer Transparenz Erfolgsbeiträge einzelner Geschäftseinheiten schlecht isoliert werden können.
- *Emotionale Barrieren* beruhen darauf, dass das Management aus persönlichen Gründen (z. B. Karriereorientierung oder Verbundenheit) den Marktaustritt verweigert. Emotionale Austrittsbarrieren entziehen sich rationalen und ökonomischen Kalkülen. Das Unternehmen verlässt das schrumpfende Geschäft nicht so schnell, wie es andere Indikatoren nahelegen, oder geben dem schrumpfenden Geschäft mehrere Chancen, sich zu rehabilitieren, bevor es endgültig aufgegeben wird.
- *Regulatorische Marktaustrittsbarrieren* verhindern einen Marktaustritt z. B. aufgrund staatlicher Arbeitsplatzgarantien.

In einem stagnierenden, schrumpfenden oder erfolglos bearbeiteten Markt kann ein Unternehmen den Tätigkeitsbereichs der betreffenden strategischen Geschäftseinheit grundlegend neu definieren (*Kampf*) oder durch Liquidation des Geschäftsfeldes austreten (*Flucht*) (vgl. *Meffert* 1984).

Entschließt sich das Unternehmen zum „Kampf“, bestehen prinzipiell die Optionen, diesen über Kostenführerschaft oder über eine Differenzierungsstrategie anzugehen:

- Die Strategie der Kostenführerschaft ist aufgrund des in schrumpfenden Branchen stattfindenden Preiswettbewerbs von Bedeutung. In dieser Situation sind Unternehmen eher bereit, Preisnachlässe zu gewähren, um ihre eigenen Kapazitäten auf Kosten der anderen Wettbewerber auszulasten. Die Reduktion des Preises ist allerdings nur dann erfolgversprechend, wenn die Preiselastizität der Nachfrage hoch und somit eine Gewinnung von Kunden wahrscheinlich ist und die Wettbewerber ausreichend lange für eine Preisanpassung brauchen.
- Unternehmen können im Rahmen einer Differenzierungsstrategie versuchen, das vorhandene Nachfragevolumen in einzelnen Marktnischen zu erhalten oder neue Nachfrager in diesen Segmenten hinzuzugewinnen. Das Ziel ist es, eine Nische zu finden, deren Nachfrage stabil bleibt oder langsam schwindet und noch dazu auskömmliche Erträge ermöglicht. Da Differenzierung in der Regel mit höheren Kosten einhergeht, ist zu erwarten, dass die meisten Wettbewerber eine andere Strategie präferieren.

Für die Entwicklung geeigneter Strategien ist das frühzeitige Erkennen der Sättigung notwendig. So stellt beispielsweise ein weitgehend gedeckter Erstbedarf und somit ein steigender Anteil des Ersatzbedarfs am Gesamtabsatz einen wichtigen Indikator für eine Marktsättigung dar. Da das strategische Marketing den Anspruch hat, auch in wirtschaftlichen Krisenzeiten die Unternehmensentwicklung sinnvoll zu gestalten, darf vor Desinvestitionen nicht zurückgeschreckt werden. Das ist für viele Unternehmer nicht einfach, da Desinvestitionen vielfach als Ausdruck einer gescheiterten Strategie gewertet werden – und oftmals mit dem Verlust von Arbeitsplätzen einhergeht.

Die verschiedenen Marktaustrittsstrategien unterscheiden sich in der Dauer der Austrittsphase und in der Wirkung auf die Austrittskosten (vgl. *Meffert* 1984).

Die Marktaustrittsstrategie „Verkauf“ kommt vor allem bei von anderen Geschäftseinheiten unabhängigen Tätigkeitsbereichen in Betracht. Je stärker die zu verkaufende Geschäftseinheit mit anderen Geschäftseinheiten verflochten ist, desto geringer werden die Verkaufserlöse sein und desto größer werden die negativen Auswirkungen auf die weiter betriebenen Geschäftseinheiten sein (vgl. *Meffert* 1984). Entfällt die Möglichkeit eines Verkaufs und sind die durch die Weiterführung des Geschäfts anfallenden Verluste höher als die Kosten eines Marktaustritts, erscheint die „Stilllegung“ sinnvoll (vgl. *Meffert* 1984). Die „Abschöpfung“ zielt darauf ab, durch

Kosten des Austritts \ Dauer des Austritts	lang	kurz
relativ gering	Senkung von Marktaustrittsbarrieren	Verkauf
hoch	Abschöpfung	Stilllegung

Abbildung 41: Systematisierung der Marktaustrittsstrategien nach *Meffert* (1984)

drastische Kosteneinsparungen die Cashflows in den stagnierenden oder schrumpfenden Geschäftseinheiten zu maximieren und jene in andere Geschäftseinheiten zu investieren (vgl. *Meffert* 1984). Ist nicht die Erhöhung des Cashflows, sondern eine Ausweitung des strategischen Spielraums (vgl. *Fassnacht* 1993) das Ziel, dann sind durch eine Strategie zur „Senkung von Marktaustrittsbarrieren" die besonders durch Imageschäden und Stilllegungskosten bedingten Schwierigkeiten und Kosten eines Marktaustritts so weit zu verringern, dass eine Auflösung unrentabler Geschäftseinheiten zu einem späteren Zeitpunkt einfacher möglich wird (vgl. *Meffert* 1984).

3.3 Bewertung und Auswahl

Der Planungsprozess des strategischen Marketings endet mit der Bewertung und Auswahl der Strategieoption, die dem Unternehmen die strategisch günstigste Wettbewerbsposition bietet. Im Folgenden werden der Planungs- und Implementierungsprozess dargestellt (vgl. *Benkenstein/Uhrich* 2009, S. 160).

3.3.1 Prozessuale Schritte der Strategiebewertung

Die Bewertung von Marketingstrategien und in der Folge die Auswahl der erfolgversprechendsten Strategie ist eng mit den vorgelagerten Phasen der Marketingplanung verknüpft. So wird sichergestellt, dass sich die letztendlich gewählte Strategieoption möglichst stark am Zielsystem der Unternehmung orientiert (vgl. *Benkenstein/Uhrich* 2009, S. 163).

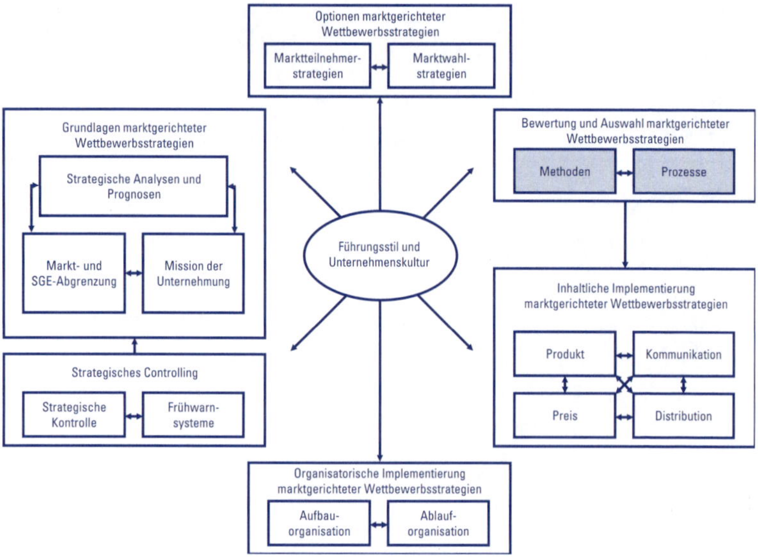

Abbildung 42: Bewertung und Auswahl marktgerichteter Wettbewerbsstrategien im Prozess der strategischen Marketingplanung und -implementierung nach *Benkenstein/Uhrich* (2009, S. 160)

Alternative Marketingstrategien werden in der Regel zweistufig bewertet: In der ersten Stufe erfolgt eine Vor- bzw. Grobauswahl der Strategien. Hierbei werden grundsätzlich nicht zum Unternehmen oder seinen Zielen passende Strategien identifiziert und verworfen. In der zweiten Stufe werden die verbliebenen Alternativen einer Feinauswahl unterzogen. Hierbei werden – z. B. im Rahmen der Analyse von Business Cases – auch die potenziellen Ergebniswirkungen der verschiedenen Strategievarianten analysiert (vgl. *Wiedmann/Kreuzer* 1989).

Andere Autoren (z. B. *Florin* 1988) unterscheiden drei Phasen der Strategieprüfung:

- Konsistenztest
- Kompetenztest
- Funktionstest

Die hierarchische Ordnung dieser Tests zeigt die nachfolgende Abbildung.

Der erste Schritt ist der *Konsistenztest*, bei dem die Strategien auf ihre Übereinstimmung mit Unternehmenszweck, -philosophie und -zielen hin überprüft werden. Erfüllen mehrere Strategien die Kriterien des *Konsistenztests*, werden im Rahmen des Kompetenztests die Strategien ausgesondert, für deren Implementierung die Ressourcen im

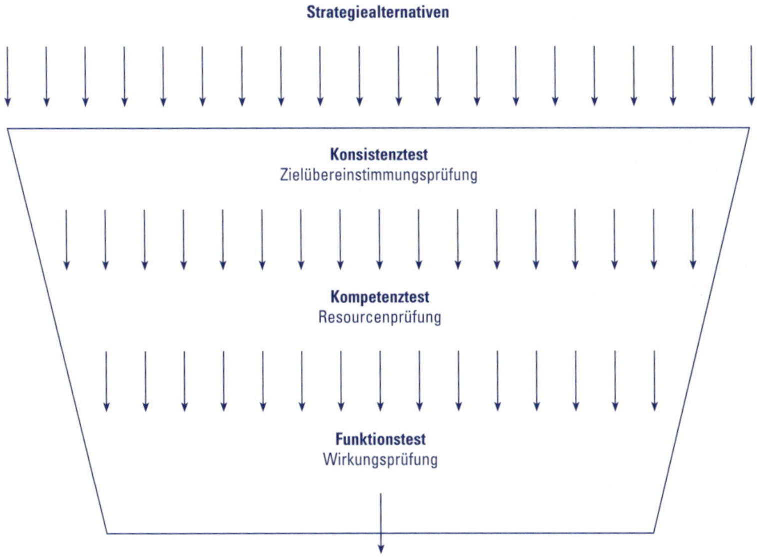

Abbildung 43: Prozess der Strategiebewertung nach *Benkenstein/Uhrich* (2009, S. 164)

Unternehmen nicht ausreichen bzw. die nicht zu den Kompetenzen des Unternehmens passen (vgl. *Benkenstein/Uhrich* 2009, S. 163 f.).

Der *Funktionstest* schließlich ist für solche Strategien durchzuführen, deren Bedarf an Ressourcen durch die Ressourcenpotenziale des Unternehmens gedeckt werden könnte (vgl. *Benkenstein/Uhrich* 2009, S. 164).

3.3.2 Verfahren zur Strategiebewertung

Zur Durchführung des Konsistenz-, Kompetenz- und Funktionstests können unterschiedliche Methoden der Strategiebewertung angewendet werden. Im Wesentlichen handelt es sich dabei um Verfahren, die sogenannte *Checklisten* verwenden, Verfahren der Nutzwertanalyse (Scoring-Modelle) und Wirtschaftlichkeitsanalysen (Business Cases) (*Wilde* 1989).

In der Literatur finden sich unterschiedliche Vorschläge zur Gestaltung von Checklisten zur Strategieprüfung (*Aaker* 1998; *Lambin* 1987). Die wesentlichen Parameter und Fragestellungen werden hier aufgeführt:

Parameter	Fragestellungen
Vorteilhaftigkeit	• Resultiert aus einer Strategie ein langfristig absicherbarer Wettbewerbsvorteil? • Greift man auf eigene wettbewerbsstrategische Stärken zurück oder nutzt man die Schwächen der Wettbewerber? • Können unternehmensspezifische Schwächen neutralisiert oder Stärken der Wettbewerber relativiert werden?
Validität	• Sind die Schlüsselannahmen über Umwelttrends und die erwarteten Ergebnisse der Strategieimplementierung plausibel? • Basieren die Schlüsselannahmen auf zuverlässigen Informationen?
Kompatibilität	• Ist die jeweilige Strategieoption auf die Mission der Unternehmung ausgerichtet? • Ist es möglich, die Strategieoption an die externen Rahmenbedingungen anzupassen?
Durchführbarkeit	• Kann die Strategie mit vorhandenen Ressourcen und Kompetenzen umgesetzt werden? • Widerspricht die interne Struktur der Unternehmung der Implementierung?
Gefahrenpotenzial	• Welche Unternehmensressourcen werden bei der Implementierung der jeweiligen Strategieoption in welchem Umfang verbraucht?
Flexibilität	• Ermöglicht die Implementierung eine Reaktion auf unerwartete Umweltveränderungen?
Zeit	• Ist der Planungshorizont der Strategieoption und der Zeitrahmen zur Erreichung der Unternehmensziele deckungsgleich?

Abbildung 44: Parameter zur Strategiebewertung nach *Benkenstein/Uhrich* (2009, S. 165)

Die Checklistenmethode ermöglicht die einfache Handhabung der Anforderungslisten und deren Bewertung sowie die detaillierte Abbildung sämtlicher Zieldimensionen (vgl. *Benkenstein/Uhrich* 2009, S. 167). Darüber hinaus können Checklisten flexibel an veränderte Zielsetzungen angepasst werden (vgl. *Koch* 1982). Von Nachteil ist die Subjektivität und dass die einzelnen Dimensionen nicht gewichtet werden und damit keine Priorisierung vorgenommen werden kann (vgl. *Benkenstein/Uhrich* 2009, S. 167).

Die *Nutzwertanalyse* geht über die Checklisten hinaus, indem Einzelbewertungen in den verschiedenen zu analysierenden Dimensionen zu einer Gesamtbewertung verdichtet werden (vgl. *Benkenstein/Uhrich* 2009, S. 168). Entsprechend dieser Gesamtbewertung lassen sich die verschiedenen bewerteten Strategien in einer Rangreihe ordnen.

Abbildung 45 zeigt eine Nutzwertanalyse mit den Bewertungsdimensionen Marktattraktivität, Verfügbarkeit erforderlicher Produktionsmittel, Forschungs- und Entwicklungspotenzial, Fertigungspotenzial und Finanzierungspotenzial. Die Bewertung erfolgt auf einer Ordinalskala, deren schlechteste Ausprägung den Wert 0 und deren beste Ausprägung den Wert 100 annimmt.

Um mit der Nutzwertanalyse Strategieoptionen zu bewerten, ist eine Gewichtung der Erfolgsfaktoren vorzunehmen (in der Abbildung z. B. 3,0 für Marktattraktivität vs. 2,0 für Fertigungspotenzial). In den Bewertungsdimensionen addieren sich die Gewichtungen der

Erfolgsfaktor (Gewichtung)	Beurteilungskriterien (Gewicht)	Erfolgs-faktorwert	Teilnutzen-wert
Marktattraktivität (3,0)	• Marktgröße (0,2)	1	0,6
	• Marktwachstum (0,1)	3	0,9
	• Möglichkeit Marktanteilsausdehnung (0,05)	1	0,15
	• Wettbewerbssituation (0,25)	5	3,75
	• Nachahmungsschutz (0,15)	10	4,5
	• Ergänzung Produktportfolio (0,1)	8	2,4
	• Einführung in bisheriges Vertriebssystem (0,15)	4	1,8
Verfügbarkeit Produktions-mittel (2,0)	• Personal (0,45)	2	1,8
	• Rohstoffe (0,1)	2	0,4
	• Energie (0,3)	8	4,8
	• Fertigungsanlagen (0,15)	6	1,8
Forschungs-und Entwick-lungspotenzial (1,0)	• Know-how-Schutzfähigkeit (0,55)	1	0,55
	• Ausnutzung des vorhandenen Know-hows (0,25)	2	0,5
	• Innovationspotenzial (0,2)	1	0,2
Fertigungspotential (2,0)	• Ausnutzung Prozess-Know-how (0,1)	5	1,0
	• Ausnutzung Überkapazitäten (0,1)	7	1,4
	• Standortvorteile (0,5)	3	3,0
	• Relative Kostenposition (0,3)	6	3,6
Finanzierungspotenzial (2,0)	• Verfügbarkeit Finanzmittel (0,75)	8	12,0
	• Entwicklungs-und Einführungskosten (0,25)	10	5,0

Abbildung 45: Beispiel Nutzwertanalyse zur Strategiebewertung nach *Koch* (1982)

einzelnen Bewertungskriterien jeweils zu 1. Zur Ermittlung des Teilnutzenwertes des jeweiligen Bewertungskriteriums werden Gewichtung des Erfolgsfaktors, Gewichtung des Bewertungskriteriums und Erfolgsfaktorwert multipliziert. Der Nutzwert einer Strategieoption (Score) ergibt sich dann als Summe der Teilnutzenwerte. Es wird die Option mit dem höchsten Nutzwert implementiert.

Der Vorteil der Nutzwertanalyse liegt in ihrer Flexibilität und einfachen Handhabung (vgl. *Benkenstein/Uhrich* 2009, S. 170). *Wilde* (1989) nennt als gravierendsten Nachteil das hohe Maß an Subjektivität, das in die Bewertung einfließt. Zusätzlich ist die mögliche Kompensation von potenziellen K.o.-Kriterien zu nennen.

Im Gegensatz zu Checklisten und Nutzwertanalysen wird mit *Wirtschaftlichkeitsanalysen* (Business Cases) versucht, das Erfolgspotenzial der zu bewertenden Strategieoptionen in Ertrags- oder Renditemaßen, also auf metrischen Skalen abzubilden (vgl. *Benkenstein/Uhrich* 2009, S. 171). Vornehmlich kommen hier Verfahren der Investitionsrechnung zum Einsatz (vgl. *Peridon/Steiner* 2004). Mit diesen Verfahren lassen sich generell Entscheidungsprobleme mit mehrperiodigen Entscheidungskonsequenzen, so auch marktgerichtete Strategieoptionen, bewerten. Unterschieden werden hier statische und dynamische Verfahren. Statische Verfahren machen keinen Unterschied bezüglich der Zeitpunkte von mit einer Strategieoption verbundenen Ein- und Auszahlungen. Dynamische Verfahren hingegen bewerten Unterschiede in den Zahlungszeitpunkten mittels Zinsen. Die bekanntesten statischen Verfahren sind die Gewinn- und Kos-

Erfolgsfaktor (Gewichtung)	Beurteilungskriterien (Gewicht)	Erfolgsfaktorwert	Teilnutzenwert
Marktattraktivität (3,0)	• Marktgröße (0,1) • Marktwachstum (0,25) • Möglichkeit Marktanteilsausdehnung (0,05) • Wettbewerbssituation ( ) • Nachahmungsschutz (0,15) • Ergänzung Produktportfolio (0,05) • Einführung in bisheriges Vertriebssystem (0,15)	1 10 1 5 10 8 4	
Verfügbarkeit Produktionsmittel (2,0)	• Personal (0,1) • Rohstoffe ( ) • Energie (0,3) • Fertigungsanlagen (0,15)	2 2 8 6	0,4 1,8 4,8 1,8
Forschungs-und Entwicklungspotenzial (1,0)	• Know-how-Schutzfähigkeit (0,55) • Ausnutzung des vorhandenen Know-hows (0,25) • Innovationspotenzial (0,2)		1,1 0,75 0,4
Fertigungspotential (2,0)	• Ausnutzung Prozess-Know-how (0,1) • Ausnutzung Überkapazitäten (0,1) • Standortvorteile (0,5) • Relative Kostenposition (0,3)	5 7 3 6	
Finanzierungspotenzial (2,0)	• Verfügbarkeit Finanzmittel (0,75) • Entwicklungs-und Einführungskosten (0,25)	4 8	

Abbildung 46: Beispiel Nutzwertanalyse

tenvergleichsrechnung. Die bekanntesten dynamischen Verfahren sind die Kapitalwertmethode und die interne Zinsfußmethode (vgl. *Peridon/Steiner* 2004).

Die Kapitalwertmethode (und die eng mit ihr verwandte Methode des internen Zinsfußes) zeichnet sich dadurch aus, dass der durch die Marketingstrategie erwirtschaftete Netto-Cash-flow periodenindividuell ermittelt und auf den Betrachtungszeitpunkt abgezinst wird (vgl. *Peridon/Steiner* 2004). Der errechnete Kapitalwert gibt Aufschluss über die absolute (bei einem positiven Kapitalwert) und relative (bei einem höheren Kapitalwert) Vorteilhaftigkeit einer Marketingstrategie.

Bei der Berechnung des internen Zinsfußes wird derjenige Zinssatz ermittelt, bei dem der Kapitalwert gerade 0 ist. Das ist jedoch in der Regel mathematisch relativ kompliziert, weshalb hier standardmäßig Näherungsverfahren zum Einsatz kommen (vgl. *Peridon/Steiner* 2004).

Problematisch an den Methoden der Investitionsrechnung ist vor allem, dass sie bekannte Ein- und Auszahlungsströme als Konsequenzen von Marketingstrategien unterstellen. Das Wesen der Marketingstrategie ist aber gerade die Handhabung von – mit erheblichen Unsicherheiten behafteten – zukünftigen Geschehnissen. Die exakte Bestimmung von Kapitalwerten oder internen Zinsfüßen suggeriert deshalb eine Scheingenauigkeit.

In der Praxis behilft man sich hier oft mit Sensitivitätsanalysen oder man spielt alternative Szenarien durch. *Sensitivitätsanalysen* sind Was-wäre-wenn-Berechnungen, in denen man alternative Parameter

(z. B. Zinssatz, Einzahlungen, Auszahlungen) für die zu bewertende Strategieoption unterstellt. Bei der Betrachtung von Szenarien (z. B. best case, worst case) unterstellt man besonders extreme Entwicklungen dieser Parameter, um abschätzen zu können, was bestenoder aber auch schlimmstenfalls passieren könnte.

Die verschiedenen Bewertungsverfahren und -modelle unterscheiden sich wesentlich in ihren Datenanforderungen (vgl. *Wilde* 1989). Deshalb ist es sinnvoll, mit zunehmender Detaillierung der Strategieoptionen auch den Detaillierungsgrad der Analyseverfahren zu verfeinern (vgl. *Benkenstein/Uhrich* 2009, S. 173). Zunächst kann man z. B. mit einer Checkliste starten, die ausgewählten und weiter detaillierten Marketingstrategien dann einer Nutzwertanalyse unterziehen und die hier priorisierten Optionen wiederum weiter verfeinern und analysieren, sodass schließlich ausreichend Informationen vorhanden sind, um eine Wirtschaftlichkeitsanalyse durchzuführen.

3.4 Ganzheitliche Konzeptionsmodelle in der deutschsprachigen Literatur

Im Folgenden werden der Marketingmanagementzyklus nach *Meffert* und die Konzeptionspyramide nach *Becker* zwei ganzheitliche Konzeptionsmodelle des strategischen Marketings in der deutschsprachigen Literatur, vorgestellt.

3.4.1 Marketingmanagementzyklus nach Meffert

Marketing bedeutet nach *Meffert* (1977): „Planung, Koordination und Kontrolle aller auf die aktuellen und potenziellen Märkte ausgerichteten Unternehmensaktivitäten. Durch eine dauerhafte Befriedigung der Kundenbedürfnisse sollen die Unternehmensziele [...] verwirklicht werden."

Das bedeutet, dass Marketing als Unternehmens- und Managementfunktion entsprechend dem bekannten Managementzyklus abläuft.

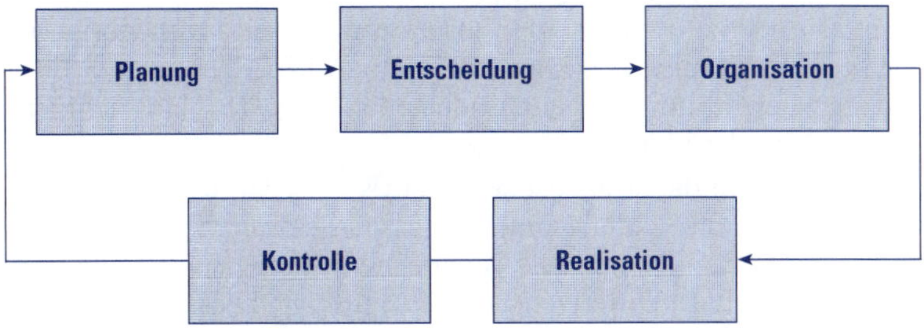

Abbildung 47: Managementzyklus

Es wird deutlich, dass *Meffert* (1977) eine engere Sichtweise des Marketings vertritt. Er stellt ausschließlich auf die Aktivitäten von Unternehmen ab. Entscheidend für die Betrachtung des Marketingmanagementzyklus ist jedoch der prozessuale Charakter der Definition. Dieser kommt in den angesprochenen Teilschritten „Planung, Koordination und Kontrolle" zum Ausdruck.

Im Rahmen der Planung ist auszuführen, wie das Unternehmen die derzeitige Marktsituation und deren weitere Entwicklung einschätzt, welche Ziele es verfolgt und mit welchen Strategien es diese Ziele erreichen will. Dazu werden drei Planungsschritte benötigt:

- Zu Beginn findet die *strategische Analyse* statt. Sie besteht aus der Markt-, Kunden- und Wettbewerbsanalyse.
  Die *Marktanalyse* gibt Auskunft über das Marktpotenzial (den möglichen, in Zukunft zu erwartenden Bedarf an den interessierenden Produkten und/oder Dienstleistungen), das aktuelle Marktvolumen (die tatsächlich verkaufte Menge bzw. den tatsächlich getätigten Umsatz), die (absoluten und relativen) Marktanteile der wichtigsten Anbieter und die Prognose des weiteren Marktwachstums.
  Die *Kundenanalyse* beginnt mit einer möglichst präzisen Definition der Zielgruppen, ihrer Bedürfnisse und Erwartungen sowie ihrer Kaufgewohnheiten. Weitere wichtige Erkenntnisgrößen der Kundenanalyse sind Kaufmotive, Einstellungen sowie Kundenzufriedenheit- und -loyalität.
  Bei der *Wettbewerbsanalyse* geht es in erster Linie um die Einschätzung der wichtigsten Ziele, Stärken und Schwächen relevanter Konkurrenten, weil man nur auf diese Weise die eigene Position einzuschätzen vermag und anzustrebende Wettbewerbsvorteile formulieren kann.
- Die *Zielsetzung* setzt bestimmte Kennzahlen voraus, z. B. Umsatzwachstum, Marktanteil oder Rendite (finanzielle Ziele). Bei diesen Kennzahlen handelt es sich um sogenannte nachlaufende Indikatoren. Die Informationen liegen erst ex post und damit gegebenenfalls zu spät vor, um noch angemessen reagieren zu können. Deswegen hat sich der Schwerpunkt auf Frühindikatoren als Marketingkennzahlen verlagert. Beispiele für solche Frühindikatoren sind Kundenzufriedenheit, Innovationsfähigkeit, Kundenorientierung der Organisation, Engagement und Zufriedenheit der Mitarbeiter, Gewinnung von Neukunden oder Image des Unternehmens (markt- und kundenbezogene Ziele).
- Basierend auf der strategischen Analyse und den Unternehmenszielen führt das Unternehmen eine *Strategiewahl* durch. Als Strategieoptionen kommen alle generischen Strategieoptionen (Kostenführerschaft, Differenzierung etc.) infrage. Diese werden nach den Methoden der Strategiebewertung und -auswahl selektiert.

Die Strategieumsetzung mittels des Marketing-Mix ist bereits der Koordination zuzuordnen. Aus der Marketingperspektive geht es dabei um die zentrale Frage, wie man das Marketingbudget auf die verschiedenen Instrumente des Marketing-Mix (Produkt-, Preis-, Kommunikations- und Distributionspolitik) verteilt und welchen Beitrag diese Instrumente zur effizienten Zielerreichung leisten sollen. Entscheidend für den Ansatz von *Meffert* (1977) ist die Lösung dieses Optimierungsproblems.

Die letzte Stufe des Marketingmanagementzyklus nach *Meffert* (1977) ist die *Kontrolle*. Hier kommen Kennzahlen zur Fortschritts- und Erfolgskontrolle zum Einsatz. Dazu werden Vorschläge zur Reaktion auf Abweichungen der tatsächlichen von der geplanten Entwicklung abgeleitet. Man muss regelmäßig prüfen, in welchem Maße die Marketinginstrumente den erwarteten Beitrag zur Umsetzung der Ziele leisten. Nur so kann man korrigierend eingreifen. Die Kontrolle ist eine Grundvoraussetzung für die Unternehmenssteuerung, denn nur aus einem Soll/Ist-Vergleich lassen sich (frühzeitig) Verbesserungsmöglichkeiten und Anpassungsnotwendigkeiten ableiten.

3.4.2 Konzeptionspyramide nach Becker

Für *Becker* stellt Marketing heute eine Führungsphilosophie dar. Ein Unternehmen muss „vom Markt her" geführt werden und es muss die Wünsche der Kunden konsequent erfüllen, um langfristig erfolgreich zu sein. Um Marketing in diesem Sinne umsetzen zu können, ist als Basis eine unternehmensindividuelle Marketingkonzeption nötig (vgl. *Becker* 2013, S. 3).

Laut *Becker* (2013) werden Entscheidungen auf drei Ebenen getroffen: Marketingziele, Marketingstrategien und Marketing-Mix. Die Entscheidungsebenen können in Form einer Pyramide dargestellt werden.

Die Entscheidungsebenen dürfen jedoch nicht isoliert voneinander betrachtet werden, sondern es muss ein konsistentes Gesamtbild aus Entscheidungen entstehen, welche die Interdependenzen der einzelnen Ebenen berücksichtigt. Werden zunächst die Ziele festgelegt, so müssen anschließend Strategien formuliert werden, die auf der einen Seite die Zielerreichung ermöglichen und auf der anderen Seite Ausgangspunkt für die Wahl der Marketinginstrumente sind. Die Entscheidungen werden von oben nach unten immer konkreter, bis es zur endgültigen Umsetzung kommt. Nachfolgend werden die einzelnen Ebenen der Konzeptionspyramide erläutert:

Abbildung 48: Die Konzeptionspyramide nach *Becker* (2013, S. 4)

Marketingziele

Die Situationsanalyse ist der Ausgangspunkt des strategischen Planungsprozesses, die die Ressourcen, Stärken und Fähigkeiten des Unternehmens mit den Anforderungen der Kunden, des Wettbewerbs und mit den anderen Umwelteinflüssen vergleicht (vgl. *Ferrell/Hartline* 2014, S. 29). Auf Basis dieser umfassenden Analyse werden dann Unternehmenszweck bzw. -mission, Unternehmensphilosophie, Unternehmensidentität, Oberziele der Unternehmung, Geschäftsbereichs- und Funktionalziele sowie die Unterziele im Planungsprozess abgeleitet (vgl. *Ferrell/Hartline* 2014, S. 29). Die Festlegung der Marketingziele zählt somit zu den anspruchsvollsten Aufgaben in einem Unternehmen. Denn einerseits soll mit jeder Handlung ein bestimmtes Ziel erreicht werden, andererseits sind die Ziele abhängig von den strategischen und operativen Möglichkeiten wie auch von unternehmensexternen Ereignissen. Die folgende Abbildung verdeutlicht die Interdependenzen im Zielbildungsprozess (*Becker* 2013, *Benkenstein/Uhrich* 2009, S. 89, *Meffert* 1994).

Die oberen Ebenen legen die Leitlinien der Unternehmenstätigkeit fest, die unteren Ebenen stellen die Zielbildung im engeren Sinn dar (*Becker* 2013). Die Handlungsziele auf den folgenden Ebenen lassen sich erst dann definieren, wenn bestimmte Strategien festgelegt wurden. Die Marketingziele wie auch die Unternehmensziele müssen in einem systematischen Zielbildungsprozess definiert werden. Sie sind die Grundlage für die Bewertung, Koordination und Kontrolle der Marketingstrategien und -maßnahmen.

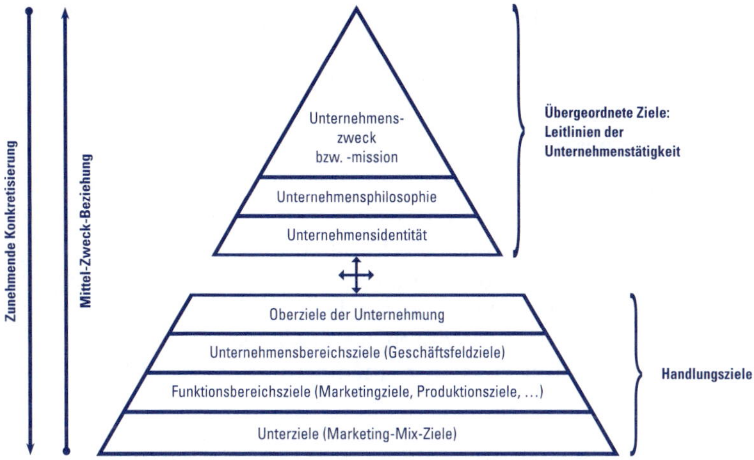

Abbildung 49: Verknüpfungsbeziehungen innerhalb der Zielbildung nach *Benkenstein/Uhrich* (2009, S. 89)

Marketingstrategie

Marketingstrategien dienen zum einen als Handlungsrahmen bzw. als Weg, die gesetzten Ziele zu erreichen. Zum anderen können bestimmte Ziele nur dann erreicht werden, wenn die strategischen Grundlagen klar sind. So können Unternehmen dann besonders effektive Marketingstrategien entwickeln, wenn diese u.a. im Einklang mit dem Unternehmenszweck stehen (vgl. *Ferrell/Hartline* 2014, S. 30). Um die vielfältigen Strategiethemen in einem gesamten Konzept zu vereinen, schlägt *Becker* (2013, S. 147) ein mehrdimensionales Strategiekonzept vor. Dem Konzept liegt der Aspekt der Kundenorientierung zugrunde. Er grenzt dabei wie zuvor besprochen vier Strategiebereiche ab: Marktfeldstrategien, Marktstimulierungsstrategien, Marktparzellierungsstrategien und Marktarealstrategien.

Die Einzelstrategien aus den jeweiligen Bereichen müssen anschließend in ein Gesamtkonzept integriert werden, welches die marktorientierte Führung eines Unternehmens ermöglicht (vgl. *Becker* 2013, S. 148).

Marketing-Mix

Die Auswahl der Marketinginstrumente stellt die Gestaltung des Marketing-Mix dar. Diese Aufgabe ist in Zeiten dynamischer Märkte zu einer komplexen, dauerhaften Koordinationsaufgabe geworden. Aufgrund der vielfältigen Entscheidungstatbestände ist es auch hier hilfreich, die Marketinginstrumente schrittweise in einer gewissen Systematik zu bestimmen. Dabei muss allerdings auch, wie bei der Strategiewahl, ein einheitlicher Marketing-Mix entstehen, der die

Interdependenzen zwischen den Marketinginstrumenten berücksichtigt.

Die Kontrolle der Zielerreichung durch Marketingmaßnahmen bzw. Marketingstrategien sieht *Becker* (2013) in einem anschließend um die Konzeptionspyramide herumgelegten Managementkreis vor.

Die Kontrolle erfolgt im Rahmen des operativen Marketingcontrollings (Feedback-Ansatz) und des strategischen Marketingcontrollings (Feedforward-Ansatz). Das operative Marketingcontrolling überprüft die Maßnahmen vergangenheits- bzw. ergebnisorientiert im Sinne von Soll/Ist-Abweichungen. Das strategische Marketingcontrolling hingegen versucht, durch entsprechende Analysen mögliche negative Abweichungen vorwegzunehmen (vgl. *Becker* 2013, S. 862).

3.5 Merksätze/Kontrollfragen/Zusammenfassung

Merksätze

- Unternehmerische Überlegungen, wie Wachstumsziele erreicht werden können, sind *Marktfeldstrategien*. Ein Marktfeld ist eine Kombination aus Produkt und Markt. Das Unternehmen kann dabei aus vier Alternativen wählen:
  - Marktdurchdringung
  - Marktentwicklung
  - Produktentwicklung
  - Diversifikation
- Unternehmen können verschiedene Wettbewerbsstrategien wählen, um eine eindeutige Position im Markt einzunehmen:
  - Differenzierung
  - Kostenführerschaft
  - Zeitvorteile
- Ein Unternehmen hat gegenüber allen Marktteilnehmern wettbewerbsorientierte Marketingstrategien zu bestimmen:
  - konkurrenzorientierte Strategien
  - abnehmergerichtete Strategien
  - handelsgerichtete Strategien
  - zulieferergerichtete Strategien
- Der Kundenbeziehungslebenszyklus unterteilt die Beziehung zwischen Kunden und Unternehmen in die drei Kernphasen: Kundenakquisition, Kundenbindung und Kundenrückgewinnung.
- Der Wert eines Kunden definiert sich nicht nur anhand seines Deckungsbeitrags oder Cross- und Up-Selling-Potenzials, sondern auch anhand seiner Referenz- und Informationspotenzials.
- Zur strategischen Auswahl des Marktes kann das Unternehmen die Strategien vollständige Marktabdeckung, Marktnischenstrategie, Produktspezialisierung und Marktspezialisierung wählen.

- Ein Unternehmen muss auch die räumliche Marktabdeckung festlegen: Entweder betreibt es Domestic Marketing oder International Marketing. Hier kann es verschiedene Grundtypen internationaler Marketingstrategien verfolgen: internationale Strategien, multinationale Strategien, globale Strategien und Mischstrategien.
- *Porter* (1999) systematisiert Marktaustrittsbarrieren in strukturelle, strategische, informationelle, emotionale und regulatorische Barrieren.
- In einem stagnierenden, schrumpfenden oder erfolglos bearbeiteten Markt kann ein Unternehmen eine grundlegende Neudefinition des Tätigkeitsbereichs der betreffenden strategischen Geschäftseinheit vornehmen (*Kampf*) oder durch Liquidation des Geschäftsfeldes austreten (*Flucht*).
- Aufgrund der großen Unsicherheiten auf jungen Märkten kommt der Planung des Markteintritts eine besondere Bedeutung zu. Dabei kann zwischen eigenständigem Markteintritt und nicht eigenständigem Markteintritt unterschieden werden.
- Das Timing des Markteintritts kann als Pionierstrategie, frühe und späte Folgerstrategie erfolgen.
- Inhaltlich gibt es drei Phasen der Strategieprüfung: den Konsistenztest (Übereinstimmung mit Unternehmenszweck, -philosophie und -zielen), den Kompetenztest (Ressourcenverfügbarkeit) und den Funktionstest (Konsequenzen der Strategie im Markt und für das Unternehmen).
- Die gängigsten Methoden der Strategiebewertung sind die sogenannten Checklisten, die Verfahren der Nutzwertanalyse (Scoring-Modelle) und die Wirtschaftlichkeitsanalysen.
- *Becker* (2013) sieht Marketing als eine markt- bzw. kundenorientierte Unternehmensführung und entwickelt die Konzeptionspyramide: Marketingziele (1. Ebene), Marketingstrategie (2. Ebene) und Marketing-Mix (3. Ebene).

Kontrollfragen

K1 Welche Marktfeldstrategien werden in den folgenden Beispielen verfolgt?

	Marktdurchdringung	**Produktentwicklung**	**Marktentwicklung**	**Diversifikation**
a) Mars (Riegel) bringt eine neue Tafelschokolade mit Brausegranulat („Mars'n'Milk") auf den Markt.				

	Marktdurchdringung	Produktentwicklung	Marktentwicklung	Diversifikation
b) Becks führt Biermixgetränke und Pilsvariationen ein (Becks Lemon, Becks Gold, Becks Energy).				
c) Melitta bringt mit dem „Swirl Biofolien-Abfallbeutel" den ersten Markenartikel aus kompostierbarem Bio-Kunststoff auf den Markt.				
d) Die Deutsche Bahn bringt zur Fußballweltmeisterschaft eine BahnCard 25 WM Special Edition und gibt die erste Fußballkreditkarte heraus.				
e) Das Kerngeschäft von Minolta ist die Herstellung von Kopiergeräten. Nun sollen die Geschäftsfelder Digitale Eingabesysteme und Laserdrucker aufgebaut werden.				
f) Der Glashersteller Nachtmann will seine Kompetenz im Bereich dekoratives Wohnen schrittweise erweitern, und zwar mit Seiden- und Kunstblumen, Leuchten u.a.				

K2 Das Management eines Unternehmens diskutiert die Erweiterung des Produktangebots durch eigene Entwicklung oder durch den Kauf eines anderen Unternehmens. Welche Vorteile bietet der Zukauf? Nennen Sie bitte mindestens zwei Vorteile.

K3 Pepsi sah sich Mitte der 90-er-Jahre nicht mehr imstande, im Wettbewerb um Marktanteile im Cola-Markt gegen Coca-Cola zu bestehen, und erweiterte sein strategisches Suchfeld konsequenterweise über den Markt für kohlensäurehaltige Erfrischungsgetränke hinaus. Die nachfolgende Diversifikation in den Markt für Wasser und Sportgetränke sowie Snacks verschaffte Pepsi die Möglichkeit, sich von Coca-Cola abzusetzen. Die Börsenkapitalisierung des Unternehmens erreichte erstmals nicht nur die des

Rivalen aus Atlanta, sondern überstieg sie teilweise sogar. Um welche Art der Diversifikation handelt es sich hier?

K4 Ein Unternehmen, das Erntemaschinen für Bodenfrüchte herstellt, hat in seiner Marketingstrategie festgelegt, dass es sich auf den Inlandsmarkt beschränken will. Nun gibt es in der Marketingabteilung Informationen darüber, dass eine der Maschinen durch geringfügige Anpassungen in Nordafrika und Kalifornien zur Ernte von Baumobst eingesetzt werden könnte. Der Marketingleiter begeistert sich für die Idee und ginge am liebsten zur Konstruktionsleiterin, um die nötigen Änderungen in die Wege zu leiten. Sollte er dies tun? Begründen Sie bitte Ihre Ansicht.

K5 Welche Ansätze kennen Sie, um Differenzierungsvorteile aufzubauen?

K6 Was verstehen Sie unter dem Konzept des Outpacing? Bitte erläutern Sie die Grundidee kurz.

K7 Sie sind mit Ihrem Unternehmen in der Position, gegenüber Ihren Konkurrenten die Konfliktstrategie fahren zu können. Aus welchen Angriffsstrategien können Sie wählen?

K8 Tragen Sie in die folgende Tabelle die fehlenden Strategieoptionen ein.

Marketing des Herstellers	Passiv in der Absatzwegegestaltung	Aktiv in der Absatzwegegestaltung
Passiv in der Reaktion auf das Handelsverhalten		
Aktiv in der Reaktion auf das Handelsverhalten		

K9 Warum können handelsgerichtete Marketingstragien erfolgsentscheidend sein?

K10 Können bei der Gestaltung der Zuliefererbeziehungen entweder Kostenvorteile oder Differenzierungsvorteile entstehen oder sind auch beide Vorteile gleichzeitig realisierbar? Bitte begründen Sie Ihre Antwort.

K11 Erklären Sie bitte, wie Kundenzufriedenheit entsteht.

K12 Oft findet man in kleinen Restaurants oder Läden eine Tafel mit folgender Aufschrift: „Wenn Sie zufrieden sind, erzählen Sie es Ihren Freunden, wenn Sie unzufrieden sind, erzählen Sie es uns." Welche Überlegungen in Bezug auf Kundenorientierung verbergen sich in dieser Aussage?

K13 Beschreiben Sie mit der Kundenakquisitionsphase, der Kundenbindungsphase und der Kundenrückgewinnungsphase die drei Kernphasen des Kundenlebenszyklus.

K14 Was verstehen Sie unter dem Customer Relationship Managementsystem (CRM-System)? Bitte beschreiben Sie kurz.

K15 Ikea hat einen hohen Marktanteil und ist bereits in unzähligen Wohnungen in Europa und weltweit zu finden. Um die Kundenbindung zu erhöhen, gibt es die Ikea Family Card. Diese garantiert dem Karteninhaber viele Rabatte, gratis Kaffee beim Einkauf in einem Ikea Möbelhaus und Ersatz, falls beim eigenen Heimtransport etwas zu Bruch geht (vgl. http://www.ikea.com/ms/de_DE/ikea-family/). Um welche Form der Kundenbindung handelt es sich hier?

K16 Sie sollen für Ihr Unternehmen den Wert der bestehenden Kunden ermitteln. Ihr Vorgesetzter denkt dabei zunächst an die Erlössituation. Sie erklären ihm, dass das Kundenwertpotenzial wesentlich vielschichtiger ist und die Kundenwertermittlung dementsprechend umfangreicher. Welche Größen ziehen Sie heran?

K17 Der Fokus auf Differenzierungs- vs. Lokalisierungsstrategien im internationalen Marketing ist u. a. durch konjunkturelle Entwicklungen beeinflusst. In welcher Phase des Konjunkturzyklus dominiert typischerweise welche Strategie?

K18 Warum ist es selten ausreichend, Marktsegmente nur nach einem der aufgeführten Kriterien abzugrenzen? Bitte begründen Sie.

K19 Wo sehen Sie Unterschiede zwischen den Segmentierungskriterien im B2C- und B2B- Bereich?

K20 Welche Vorteile bietet einem Unternehmen die Strategie des International Marketing? Nennen Sie bitte drei Vorteile.

K21 Geben Sie Beispiele, wie Airbus und Boeing ihre Pioniervorsprünge gegenüber potenziellen chinesischen, russischen oder brasilianischen Flugzeugherstellern schützen.

K22 Welches können Indikatoren für eine Marktstagnation bzw. -schrumpfung sein? Bitte zählen Sie mindestens fünf auf.

K23 Wo sehen Sie methodologische Schwächen bei der Nutzwertanalyse?

K24 Vergleichen Sie die Konzeptionspyramide nach Becker mit dem Marketingmanagementzyklus nach Meffert. Inwieweit ergänzen sich die Ansätze?

Zusammenfassung:

Unter wettbewerbszentrierten Strategien versteht man Ansätze, sich positiv vom Wettbewerbsumfeld abzugrenzen, indem man das Kundenproblem besser löst, als dies den Wettbewerbern gelingt. In der Literatur gibt es verschiedene Vorschläge, wie dies grundlegend inhaltlich umzusetzen ist:

- *Porter* (1980) unterscheidet drei *Normstrategien* auf Geschäftsfeldebene, die auch als generische Strategien bezeichnet werden: Kostenführerschaft, Differenzierung und Fokussierung.
- *Ansoff* (1966) ergänzt diese Sicht durch die Systematisierung von Wachstumsoptionen in seiner Produkt-Markt-Matrix und identifiziert Marktdurchdringung, Marktentwicklung, Produktentwicklung und Diversifikation als Strategieoptionen.
- *Becker* (2013) unterscheidet vier unterschiedliche Ebenen: *Marktfeldstrategien* (fixieren die Produkt/Markt-Kombination), *Marktstimulierungsstrategien* (bestimmen die Art und Weise der Marktbeeinflussung), *Marktparzellierungsstrategien* (legen den Grad der Differenzierung bei der Marktbearbeitung fest), Marktarealstrategien (bestimmen den geografischen Markt bzw. Absatzraum, auf dem das Unternehmen tätig werden will).

Abnehmergerichtete Wettbewerbsstrategien sind auf die Frage gerichtet, wie die Bedürfnisse aktueller und potenzieller zukünftiger Kunden identifiziert und besser befriedigt werden können, als dies der Wettbewerb vermag. Als Sonderform abnehmergerichteter Strategien werden handelsgerichtete Marketingstrategien aufgefasst.
Hier können Anpassungs-, Konflikt-, Kooperations- und Umgehungsstrategien gegeneinander abgegrenzt werden.
Hersteller versuchen, nicht mehr nur unternehmensintern, sondern auch durch Einbeziehung der vorgelagerten Wertschöpfungsstufen Wettbewerbsvorteile zu erzielen. Zulierergerichtete Marketingstrategien können dabei zu Kosten- und Differenzierungsvorteilen führen.
Im Rahmen kundenzentrierter Strategien sind vor allem der Aufbau langfristiger Kundenbeziehungen und das Relationship Marketing relevant. Ausgangspunkt dieser Strategie ist ein Verständnis des Kundenbeziehungszyklus und der Kundenwertanalyse.
Ausgangspunkt für die Ermittlung des Kundenwerts ist die Identifikation und Analyse der tatsächlichen Quellen der Wertschöpfung.
Angesichts der wachsenden Dynamik und der zunehmenden Diskontinuitäten in vielen Branchen gewinnt die strategische Marktwahl große Bedeutung für den Unternehmenserfolg.
Situative Marketingstrategien sind erforderlich, da sich die wirtschaftlichen Rahmenbedingungen (z. B. Kundenbedürfnisse, Wettbewerberverhalten) im Zeitablauf entwickeln. Aufgrund der großen Unsicherheiten auf *jungen Märkten* kommt der Planung des Markteintritts eine besondere Bedeutung zu. Neben der Planung der Markteintrittsstrategie ist die

Planung des Zeitpunkts des Markteintritts von besonderer Bedeutung. Im Rahmen des Timings unterscheidet man Pionierstrategie, frühe und späte Folgerstrategie. In einem *stagnierenden, schrumpfenden oder erfolglos bearbeiteten Markt* kann ein Unternehmen eine grundlegende Neudefinition des Tätigkeitsbereichs der betreffenden strategischen Geschäftseinheit vornehmen (*Kampf*) oder durch Liquidation des Geschäftsfeldes austreten (*Flucht*). Bei Marktaustrittsstrategien wird je nach Dauer der Austrittsphase und Wirkung auf die Austrittskosten unterschieden in „Senkung von Marktaustrittsbarrieren", „Verkauf", „Abschöpfung" und „Stilllegung". Inhaltlich gibt es drei Phasen der Strategieprüfung: den Konsistenztest (Übereinstimmung mit Unternehmenszweck, -philosophie und -zielen), den Kompetenztest (Ressourcenverfügbarkeit) und den Funktionstest (Konsequenzen der Strategie im Markt und für das Unternehmen). Die gängigsten Methoden der Strategiebewertung sind die sogenannte Checklisten, Verfahren der Nutzwertanalyse (Scoring-Modelle) und Wirtschaftlichkeitsanalysen.

3.6 Weiterführende Literatur/Glossar

Rennhak C., Herausforderung Kundenbindung, Wiesbaden, 2006.

Meffert H., Marketing-Management. Analyse – Strategie – Implementierung, Wiesbaden, 1994.

Benkenstein M./Uhrich S., Strategisches Marketing. Ein wettbewerbsorientierter Ansatz, 3. Auflage, Stuttgart, 2009.

Exkurs: Glossar

Strategie der Marktentwicklung – das Unternehmen verkauft die bestehenden Produkte auf neuen Märkten

Marktdurchdringungsstrategie – das Unternehmen erhöht auf seinen bekannten Märkten den Verkauf der vorhandenen Produkte

Strategie der Diversifikation – das Unternehmen verkauft neue Produkte auf neuen Märkten

Kostenführerschaft – Unternehmen unterbieten den Wettbewerb im Preis, um ihre eigenen Kapazitäten auf Kosten der anderen Wettbewerber auszulasten

Differenzierungsstrategie – Strategien, die auf die Schaffung kundenseitiger Präferenzen und damit auf eine überlegene Erlösposition abzielen.

Marktdurchdringungsstrategie – das Unternehmen versucht, auf bereits bearbeiteten Märkten den Verkauf der vorhandenen Produkte zu erhöhen

Kundenwert – ist der individuelle direkte und indirekte Beitrag eines Kunden zur Zielerreichung eines Unternehmens

Marktaustrittsbarrieren – Faktoren, die den vollständigen Rückzug aus Märkten selbst bei niedrigen oder gar negativen Erträgen unmöglich machen bzw. wesentlich erschweren

Referenzpotenzial – eines Kunden (oder einer Kundengruppe) wird durch die Anzahl potenzieller weiterer Kunden bestimmt, die aufgrund seines Weiterempfehlungsverhaltens beeinflusst werden können

Informationspotenzial – des Kunden umfasst sämtliche Informationen, die der Kunde dem Anbieter liefern kann und die dieser für seine Zwecke nutzen kann

Synergiepotenziale – ergeben sich durch die Integration von Kundenleistungen in die Wertschöpfungskette des Anbieters.

4 Ausgestaltung der Marketingstrategie

Das folgende Kapitel beschäftigt sich mit der Ausgestaltung der Marketingstrategie auf der Ebene der Instrumentalstrategien, insbesondere Produkt-, Preis-, Distributions- und Kommunikationsstrategie.

Nach der Planung, Bewertung und Auswahl der Marketingstrategie geht es darum, die priorisierte Strategieoption zu implementieren. Dazu dienen die Marketinginstrumente. Die zahlreichen Marketinginstrumente lassen sich in Gruppen einteilen. In der Literatur werden unterschiedliche Einteilungen vorgenommen, meist werden vier Kategorien von Marketinginstrumenten unterschieden. Im anglo-amerikanischen Sprachraum dominiert die Darstellung nach *McCarthy* (1940).

Vielen deutschsprachigen Werken liegt die Systematik von *Gutenberg* zugrunde. Von *Meffert* (1994) und *Nieschlag/Dichtl/Hörschgen* (1974) wurde diese Systematik weiterentwickelt.

GUTENBERG (1976)	NIESCHLAG/ DICHTL/HÖRSCHGEN (1974)	MEFFERT (1994)	MCCARTHY (1940)
Produktgestaltung	Produkt-und Programmpolitik	Produkt- und Sortimentspolitik	Product
Preispolitik	Entgeltpolitik	Kontrahierungspolitik	Price
Absatzmethode	Distributionspolitik	Distributionspolitik	Place
Werbung	Kommunikationspolitik	Kommunikationspolitik	Promotion

Abbildung 50: 4er-Systematik des Marketinginstrumentariums

Die Ausführungen fokussieren auf die strategischen Aspekte in den jeweiligen Instrumentalbereichen, orientieren sich aber auch an der bekannten 4er-Systematik des Marketinginstrumentariums.

Im Rahmen der *Produktstrategie* hat das Unternehmen verschiedene Möglichkeiten zur Differenzierung und Positionierung seiner Produkte. Die Gesamtheit der Produkte stellt das sogenannte Produktportfolio dar.

Darüber hinaus spielt die *Preisstrategie* eine wichtige Rolle: Sie versucht, potenzielle Konflikte zwischen Verkäufern und Käufern abzumildern. Besonders wird auf Preisstrategien für Dienstleistungen und Preiselastizitäten eingegangen.

Die *Distributionsstrategie* dient dem Management von Vertriebskanälen, den Kooperationsmöglichkeiten, aber auch den potenziellen Konflikten in Wertschöpfungsketten und den Trends in Vertriebskanälen.

Abschließend wird die Planung und Implementierung der *Kommunikationsstrategie* behandelt, der neben einer oft wahrgenommenen kurzfristig taktischen Komponente auch eine langfristig strategische Bedeutung zukommt.

Lernziele

Dieses Kapitel umfasst die grundlegenden Produkt-, Preis-, Distributions- und Kommunikationsstrategien. Im Einzelnen sind das:

- die wichtigsten Optionen zur Positionierung von Produkten
- die Vor- und Nachteile der verschiedenen Portfoliosystematiken
- die besonderen Herausforderungen in der Produktstrategie für Dienstleistungen
- Ansätze zur Entwicklung neuer Produkte
- die Rolle der Preisstrategie im Rahmen der Marketingstrategie
- die besonderen Herausforderungen in der Preisstrategie für Dienstleistungen
- die grundlegenden Konzepte im Management von Vertriebskanälen
- Kooperationsmöglichkeiten und potenzielle Konfliktfelder in der Wertschöpfungskette
- Trends in der Vertriebskanalentwicklung
- die wichtigsten Konzepte in der Kommunikationsstrategie

Exkurs: Abstract

The following chapter deals with the marketing strategy through the definition of product, price, distribution and communication strategies. Product strategy allows the enterprise to differentiate and position its products. Furthermore, the price strategy tries to resolve potential conflicts between buying and selling party. The distribution strategy defines the management of the marketing channels and finally the communication strategy has to be planned and implemented.

Exkurs: Schlüsselbegriffe

- Distributionsstrategie
- Kommunikationsstrategie
- Markenführung
- Preisstrategie
- Produktlebenszyklus
- Produktportfolio
- Produktstrategie
- Public Relations bzw. Öffentlichkeitsarbeit

Exkurs: Englische Fachbegriffe

- Brand Management
- Communication Strategy
- Distribution Strategy
- Price Strategy
- Product Life Cycle
- Product Portfolio
- Product Strategy
- Public Relations

4.1 Produktstrategie

Die Produktstrategie umfasst alle Tätigkeiten, die sich auf die marktgerechte Gestaltung des Leistungsprogramms einer Unternehmung beziehen, d.h. alle Aktivitäten, die mit der Auswahl und Weiterentwicklung eines Produktes oder eines Produktbündels sowie dessen Vermarktung zusammenhängen. *Meffert et al.* (2008) bezeichnen sie als „Herz des Marketings". Die Instrumente der Produktstrategie bestimmen jedenfalls in vielen Geschäftsfeldern die Ausgestaltung der übrigen Marketinginstrumente. Nur wenn die Qualitätsdimensionen der angebotenen Leistungen die Bedürfnisse der Nachfrager treffen, können auch über die anderen Marketinginstrumente Wettbewerbsvorteile sichergestellt werden (*Benkenstein/Uhrich* 2009, S. 178). Die Produktstrategie steht damit am Anfang jeglicher Marktgestaltung durch das Unternehmen überhaupt.

4.1.1 Differenzierung und Positionierung von Produkten

Eines der Kernziele der Produktstrategie ist die Differenzierung des eigenen Leistungsprogramms von den Angeboten des Wettbewerbs. So werden kundenseitige Präferenzen für das eigene Produkt geschaffen und das Unternehmen entzieht sich ein Stück weit dem Wettbewerbs- und Preisdruck des Marktes. Es stellt sich allerdings die Frage, wie dies gelingen kann. Den primären Anknüpfungspunkt zur Schaffung einer solch besonderen Produktleistung stellt zunächst das eigentliche Produkt bzw. die Produktgestaltung dar. Der marketingspezifische Ansatz der Produktgestaltung betrifft nicht die Produkttechnik, sondern den kunden- bzw. zielgruppenspezifischen Produktnutzen, d. h. die Lösung von Kundenproblemen. Im Marketing werden dabei mehrere *Nutzendimensionen*, die ein Produkt aus Kundensicht erfüllt, unterschieden:

- Der *Grundnutzen* ist der vom Individuum unabhängige technische und rationale Zweck eines Produkts.
- Aus der Beziehung von Individuum und Produkt entsteht der *persönliche Nutzen*, der von jedem Nachfrager individuell beurteilt wird.
- Der *soziologische Nutzen* entsteht aus dem Verhältnis zwischen Individuum und gesellschaftlicher Umwelt und kann auch als Prestigenutzen bezeichnet werden.

Der *Produktkern* ist für die eigentliche problemlösende Funktionsleistung verantwortlich (z. B. Waschleistung eines Haarwaschmittels oder Fahrleistung eines Dieselmotors). Aufgrund wachsender Ansprüche der Kunden und aufgrund verstärkten Wettbewerbs gilt es, neben Grundnutzenleistungen verstärkt auch Zusatzleistungen anzubieten (z. B. neben der Waschleistung eines Haarwaschmittels eine zusätzliche Pflegeleistung durch rückfettende Substanzen im Rahmen sogenannter Two-in-one-Produkte oder die Verbesserung der Beschleunigungsleistung und des Kraftstoffverbrauches eines Dieselmotors durch Turboaufladung). Von besonderer Bedeutung bei der Produktgestaltung ist die Berücksichtigung ökologischer Anforderungen. In vielen Märkten sind die technologischen Möglichkeiten inzwischen stark ausgereizt. Deshalb müssen Differenzierungs- bzw. Zusatznutzenleistungen verstärkt auf der formalästhetischen Ebene gesucht und gefunden werden (z. B. Standardfahrzeugtechnik in einem neuen, jugendlich-spaßigen Design). Neben der Produktgestaltung im engeren Sinn (also dem Produktkern und dem Produktdesign) umfasst die Produktstrategie noch die Produktgestaltung im weiteren Sinn. Sie bezieht sich auf produktumgebende Gestaltungsmittel (Product Features), die ebenfalls verstärkt unter wettbewerbsdifferenzierenden bzw. präferenzbildenden Aspekten eingesetzt werden: die Verpackung, die Markierung und Value Added Services.

Definition

Value Added Services sind Sekundärdienstleistungen, die in Kombination mit einer Primärleistung des Produkts ein Leistungsbündel ergeben, das zumindest einzelnen Konsumentengruppen einen zusätzlichen Nutzen („value add“) gegenüber anderen Leistungsbündeln mit gleicher Primärleistung verspricht.

Der Aufbau und die Pflege einer langfristigen Kundenbeziehung (Relationship Marketing) erfordert statt des Verkaufs „nackter“ Produkte das Angebot ganzheitlicher Problemlösungen. Diese Entwicklung erfordert in der Regel eine Ausweitung der Absatzprogrammstruktur, insbesondere durch Dienstleistungsangebote. Value Added Services können dabei sowohl unentgeltlich als auch entgeltlich angeboten werden.

Durch die Anreicherung ausgewählter Primärdienstleistungen mit Value Added Services können innerhalb eines Produktprogramms die verschiedenen Leistungen eindeutiger voneinander abgegrenzt werden (Intrabrand-Differenzierung). Darüber hinaus wird, vor allem durch personalisierte Zusatzleistungen, eine bessere Differenzierung gegenüber den Wettbewerbern angestrebt (Interbrand-Differenzierung). Die Differenzierungswirkung der Value Added Services wird durch die Erwartungshaltung der Kunden und den Grad der Affinität zwischen Primär- und Sekundärleistung erzielt.

Bezüglich der Erwartungshaltung der Kunden sind Muss-Leistungen, Soll-Leistungen und Kann-Leistungen zu unterscheiden:

- *Muss-Leistungen* werden von nahezu allen Anbietern in einer Branche angeboten und vom Kunden erwartet (z. B. technischer Kundendienst bei Kfz).
- *Soll-Leistungen* werden nur von wenigen Anbietern angeboten (z. B. Versicherungsangebote bei Autohändlern).
- *Kann-Leistungen* sind innovativ und bei fast keinem Produkt zu finden (z. B. Fahrsicherheitstraining bei Autohändlern).

Bei hoher Affinität zwischen Primär- und Sekundärleistung überträgt der Kunde die Zufriedenheit mit dem Zusatzservice in der Regel auf die Primärleistung. Bei geringer Affinität besteht die Gefahr, dass die Kunden dem Unternehmen die Kompetenz zur Erstellung der angebotenen Zusatzleistung absprechen und diese nicht nutzen. Auch bei Inanspruchnahme und Zufriedenheit mit der Zusatzleistung besteht die Gefahr, dass die Dienstleistung getrennt von der Primärleistung wahrgenommen und bewertet wird und es somit nicht zu dem angestrebten Transfer auf die Primärleistung kommt

Einen weiteren wichtigen Anknüpfungspunkt zur Schaffung von Differenzierungspotenzialen stellt die *Markierung* des Leistungsangebots dar. Jedes Unternehmen muss sich darüber Gedanken machen, ob es sein Produkt anonym vertreiben oder irgendwie kennzeichnen will. Löst das Produkt das Kundenproblem (im Idealfall besser, als dies die Produkte des Wettbewerbs vermögen), so sorgt die Markierung für die Unterscheidbarkeit des Produkts.

Die Markenwaren sind also Produkte, die durch einen Namen, Zahlen, ein Zeichen, Hörzeichen, Farben, ein Symbol oder eine Kombination davon eindeutig gekennzeichnet sind. An ein Produkt, das als Markenartikel bezeichnet wird, werden noch weitergehende Forderungen gestellt. So gehören zu einem Markenartikel eine gleichbleibende Qualität und Aufmachung sowie in der Regel ein überregionaler Vertrieb und ein hoher Bekanntheitsgrad.

Die Kennzeichnung eines Produkts mit einer Marke erfüllt verschiedene Funktionen:

- *Individualisierungsfunktion:* Durch die Marke wird das eigene Angebot individualisiert und aus der Masse vergleichbarer Angebote hervorgehoben.
- *Herkunftsfunktion:* Die Marke gibt einen Hinweis auf die Herkunft des Angebots.
- *Garantie-* oder *Wiedererkennungsfunktion:* Der Verbraucher kann darauf vertrauen, dass jedes Stück aus einer Serie qualitativ gleichwertig ist.
- *Entlastungsfunktion:* Beim Einkauf kann sich der Verbraucher, wenn ihm die Marke bekannt ist, auf diese Identität verlassen und unbesehen Wiederholungskäufe tätigen.
- *Informationsfunktion:* Die Marke liefert Zusatzinformationen, wenn eine Überprüfung von Produkteigenschaften durch den Konsumenten nicht möglich ist.
- *Image- oder Prestigefunktion:* Eine Marke kann auch das Prestige eines Verbrauchers im sozialen Umfeld erhöhen.

Die wesentlichen Aufgaben einer Marke sind:

- Kommunikationsmittel des Herstellers
- Differenzierung gegenüber Mitbewerbern
- Präferenzbildung zugunsten des eigenen Angebotes
- Orientierungshilfe in der zunehmenden Angebotsvielfalt
- Vermittlung von Sicherheit beim Kauf
- Wiedererkennbarkeit
- Markenbindung und Markentreue
- Preissetzungsspielraum
- Voraussetzung zur Sicherung und Ausweitung der Absatzbasis
- Möglichkeit des Zielgruppenmarketings
- Rechtlicher Markenschutz

Ein wichtiges Entscheidungsfeld der Markenstrategie betrifft die Strukturierung der *Markenarchitektur*. Hier ist zwischen einer Einzelmarken-, Mehrmarken- und Dachmarkenstrategie zu unterscheiden. Bei der *Einzelmarkenstrategie* wird für jedes Produkt eine eigene Marke geschaffen, die jeweils nur ein Marktsegment besetzt (z. B. Jahreszeitenverlag). Bei der *Mehrmarkenstrategie* werden mehrere eigenständige Marken für die gleiche Produktgruppe in den gleichen Markt parallel eingeführt. Deshalb wird die Mehrmarkenstrategie auch als Parallelmarkenstrategie bezeichnet. Die wesentliche Zielsetzung dieser Strategie ist der Wettbewerb im eigenen Haus, um den „Kuchen“ dann letztlich innerhalb des eigenen Unternehmens aufteilen zu können (z. B. Procter & Gamble). Die *Dachmarkenstrategie* fasst sämtliche Produkte eines Unternehmens unter einer Marke zusammen (z. B. Siemens).

Ein weiteres wichtiges – eng verbundenes – Entscheidungsfeld betrifft das Problem einer Markenerweiterung bzw. eines Markentransfers. Unternehmen übertragen etablierte Markennamen auf Produktinnovationen, um das bestehende Markenkapital auf das neue Produkt zu transferieren und dadurch zeitnah und kosteneffizient Abverkäufe zu generieren (*Rennhak/Opresnik* 2015).

Der Bereich Markenführung hat in den letzten Jahren enorm an Bedeutung gewonnen und ist zunehmend Thema von Veröffentlichungen (*Bayerl/Rennhak* 2007). Die Marke ist zu einem Schlüsselthema der marktorientierten Unternehmensführung geworden (*Esch* 2005). Etablierte Marken haben für Unternehmen neben dem psychologischen Nutzen häufig einen bedeutenden ökonomischen Wert. Begründet ist diese Markenfokussierung der Unternehmen in dem starken Markenbewusstsein der Konsumenten, das sich bereits im Kindesalter entwickelt und lebenslang bestehen bleibt. Menschen lassen sich in jeder Phase ihres Lebens von Marken leiten und beeinflussen (*Esch* 2005).

Beispiel

Die renommierte Werbeagentur Millward Brown veröffentlicht jährlich ihre „BrandZ Most Valuable Global Brands"-Liste – ein Ranking der wertvollsten Marken der Welt.

In der Kategorie „Bekleidung" haben 2015 nicht etwa die Modegiganten H&M oder Zara am besten abgeschnitten. An der Spitze steht Nike mit einem Wert von über 29 Milliarden US-Dollar (vgl. http://www.millwardbrown.com).

Unternehmen müssen sich in der Unternehmens- und Markenführung auf stetig wechselnde Rahmenbedingungen und Einflussfaktoren einstellen (*Opresnik/Rennhak* 2015): Zunehmende Marktsegmentierung und der Verkürzung von Produktlebenszyklen bewirken ein kontinuierliches Wachstum der Zahl der angebotenen Produkte und Dienstleistungen sowie der konkurrierenden Anbieter, was zu einem großen Pool an Produkt- und Servicevarianten und immer ähnlicher werdenden Leistungen führt (*Esch* 2005). Zum anderen bewirken die zunehmende Internationalisierung und der damit verbundene Markteinstieg zusätzlicher Wettbewerber eine Verschärfung des Wettbewerbs auf nationaler und internationaler Ebene (*Opresnik/Rennhak* 2015). Eine weitere Entwicklung ist die Inflation von Maßnahmen zur Markenkommunikation, d. h. die steigende Anzahl der Werbebotschaften innerhalb der Medien, aber auch die der Werbekanäle zu den Konsumenten. Dies führt zu einer Informationsüberflutung der Rezipienten und somit zu einer immer stärkeren Informationsselektion und einem Desinteresse an werbewirksamen Produkt- und Dienstleistungsinformationen (*Rennhak/Rinne 2006*). Weitere wichtige Einflussfaktoren sind die verstärkte Erlebnisorientierung der Konsumenten, die Entwicklung der „Smart Shopper“, die auf clevere Art Geld sparen möchten, und die hybriden Kunden, die sowohl Luxusartikel als auch Discount-Produkte konsumieren (*Esch* 2005).

Die Markenführung muss diese Entwicklungen aufgreifen und im Zuge eines ganzheitlichen Markenmanagements umsetzen. Die Markenidentität fungiert als Fundament der Markenführung und stellt das Selbstbild einer Marke dar. Sie ist die Basis und formuliert Zielvorgaben für die Positionierung, die der Marke ihr eigenständiges und unverwechselbares Profil gibt, und beeinflusst das Markenimage, das Fremdbild in den Augen der Anspruchsgruppen (*Esch* 2005). Die Markenpositionierung kann drei Hauptstufen durchlaufen (*Kotler* 2003):

- Als Basis sind die Markenmerkmale zu sehen:
- Eine Stufe darüber liegen die Vorteile und Leistungen, die ein Kunde in einer Marke sieht.
- Am erstrebenswertesten ist eine Positionierung basierend auf Glaube und Werten, so dass der Kunde emotional berührt und auf einer tieferen Ebene angesprochen und gebunden wird.

Unterstützt werden die Markenidentität und eine erfolgreiche Positionierung von einer Mission und Vision für die Marke. Um Konsistenz in der Markenführung zu schaffen, müssen der Marketing-Mix und alle enthaltenen Maßnahmen an der Positionierung ausgerichtet werden, wodurch eine prägnante Markenpersönlichkeit entstehen kann (*Opresnik/Rennhak* 2015).

Die verschiedenen Anspruchsgruppen einer Marke treten auf vielfältige Weise in Kontakt mit dieser (z. B. durch eigene Erfahrungen mit der Marke oder durch Mund zu Mundpropaganda, durch persönlichen Kontakt mit Firmenangehörigen, Telefonkontakt oder durch den Internetauftritt). Deshalb müssen alle Schnittstellen zwischen dem Unternehmen und seinem Umfeld beachtet und weiterentwickelt werden. Markenführung wird durch die Kommunikationsstrategie umgesetzt und unterstützt. Somit nimmt die Marketingkommunikation eine entscheidende Rolle für ein erfolgreiches und effizientes Markenmanagement ein.Sie fördert die Bekanntheit, die Positionierung, den Markenwert und die positive Einstellung der Konsumenten gegenüber einer Marke (*Opresnik/Rennhak* 2015).

4.1.2 Herausforderungen bei Dienstleistungen

Ein wichtiger Gegenstand der Produktstrategie sind die Dienstleistungen. Diese können Kernleistung oder ergänzende Leistung sein. Aus betriebswirtschaftlicher Sicht unterscheidet man sie von der Sachleistung. So bietet der Friseur eine Dienstleistung als seine Kernleistung an; das Möbelhaus jedoch Sachleistungen mit ergänzenden Dienstleistungen z. B. die Montage eines Wohnzimmerschranks. Eine Dienstleistung ist nicht lagerfähig, in der Regel nicht übertragbar und benötigt zu ihrer Produktion einen externen Faktor (Kunde oder Kundin bzw. Gegenstände in deren Besitz). Erzeugung und Verbrauch von Dienstleistungen fallen zeitlich meist zusammen.

Auch bei Produkten im traditionellen Sinn ist letztlich nicht das entscheidend, woraus sie materiell bestehen, sondern das, wozu sie uns dienen. Aus absatzwirtschaftlicher Sicht ist bei einem Produkt nicht so sehr der technische Aspekt entscheidend, sondern vielmehr der *Nutzen*, den das Produkt dem Käufer stiftet. Der Verbraucher bzw. Verwender verbindet mit einem Produkt bestimmte Nutzenvorstellungen und -erwartungen. Eine Bohrmaschine dient z. B. dazu, Löcher zu machen und dem Heimwerker-Hobby zu frönen. Dem Produkt wohnt also aus der Sicht des Kunden stets eine subjektive Komponente inne. Es wird deshalb von den Kunden in seiner Funktion zur *Nutzenstiftung* beurteilt. Ein Produkt stiftet Nutzen nur dann, wenn seine Leistungen Bedürfnisse befriedigen. Leistungen, die keine Bedürfnisse befriedigen, sind unnütz; Leistungen, die Bedürfnisse nur in Teilen befriedigen, sind nur teilweise nützlich.

Die Abgrenzung zwischen Dienst- und Sachleistung ist letztlich fließend. So erlangen Dienstleistungskomponenten im B2B-Marketing, beispielsweise im Maschinen- und Anlagenbau, verstärkt an Bedeutung (z. B. Beratung, Wartung, Reparatur). Auch in der Konsumgüterindustrie tragen Dienstleistungskomponenten zur verstärkten Differenzierung und so zur Erlangung von Wettbewerbsvorteilen bei (z. B. Absatzfinanzierung). Nicht zuletzt können derartige Dienstleistungskomponenten kaufentscheidend sein und somit zum Hauptbestandteil des Produkts avancieren (*Ferrell/Hartline* 2014, S. 155). Unternehmen, die Produkte mit dominanter Dienstleistungskomponente anbieten, sehen sich besonderen Herausforderungen gegenüber (s. nachfolgende Abbildung):

Eigenschaft einer Dienstleistung	Marketingherausforderung
Immaterialität	• Qualitätseinschätzung vor (und teilweise auch nach) dem Konsum schwierig • Kommunikation der Qualitätsmerkmale der Dienstleistung nicht trivial • Bepreisung von Dienstleistungen aus Kundensicht nicht transparent
Gleichzeitigkeit von Produktion und Konsum	• Bei der Erstellung vieler Dienstleistungen ist die Anwesenheit des Kunden erforderlich • Die Kunden tragen zur Dienstleistungsqualität bei • Die Mitarbeiter des Dienstleisters sind in vielen Fällen „die Dienstleistung" • Der Vertrieb von Dienstleitungen ist besonders schwierig
Nicht-Lagerbarkeit	• Nicht genutzte Kapazitäten sind unwiederbringlich verloren • Die Planung und Bepreisung von Dienstleistungen muss Angebots- und Nachfrageüberhänge ausgleichen
Heterogenität	• Die Qualität von Dienstleistungen variiert in Abhängigkeit von Ort, Zeit und Servicemitarbeitern • Die Möglichkeiten zur Standardisierung von Dienstleitungen sind begrenzt • Die Individualisierung von Dienstleistungen kann deren Kosten teilweise dramatisch erhöhen
Überragende Bedeutung der Kundenbeziehung	• Kundenzufriedenheit und Kundenbindung sind bei Dienstleitungen von überragender Bedeutung

Abbildung 51: Spezifische Eigenschaften von Dienstleistungen und daraus resultierende Marketingherausforderungen nach *Ferrell/Hartline* (2014, S. 155)

Die *Immaterialität von Dienstleistungen* macht es für Konsumenten besonders schwierig, deren Qualität einzuschätzen. Ob die Bepreisung einer Dienstleistung aus Kundensicht „fair" ist, kann der Kunde allenfalls im Nachhinein beurteilen. Aus Sicht der Dienstleitungsunternehmen ist es entsprechend schwierig, die Qualitätsmerkmale ihrer Dienstleistung an den Kunden zu kommunizieren.

Die *Gleichzeitigkeit von Produktion und Konsum* bedingt bei allen persönlichen Dienstleistungen (Friseur, Transport, ärztliche Behandlung etc.) die Anwesenheit des Kunden. Auch bei Dienstleistungen, die an materiellen Besitztümern des Kunden erbracht werden, ist der Kunde Teil des Wertschöpfungsprozesses (z. B. bringen Sie Ihr Auto in die Werkstatt und beschreiben die Mängel, die behoben werden sollen). Entsprechend tragen die Kunden zur Dienstleistungsqualität bei. Aufseiten der Dienstleistungsunternehmen verkörpern die Mitarbeiter des Dienstleisters in vielen Fällen „die Dienstleistung". Entsprechend sorgfältig sind diese auszuwählen und zu schulen. Ein erster schlechter Eindruck ist nur schwer zu revidieren und färbt auf die Wahrnehmung der gesamten Dienstleistung und des Dienstleisters ab.

Dienstleistungen sind *nicht lagerbar*. Nicht genutzte Kapazitäten sind damit unwiederbringlich verloren. Deshalb versuchen Dienstleister, ihre Kapazitäten entsprechend sorgfältig zu planen (Friseure z. B. schließen am traditionell besonders schwach frequentierten Montag ihre Läden). Gleichzeitig wird versucht, über eine höhere oder niedrigere Bepreisung Angebots- bzw. Nachfrageüberhänge auszugleichen.

Dienstleistungen sind sehr *heterogen,* d. h. schwierig zu standardisieren. Die Qualität von Dienstleistungen kann in Abhängigkeit von Ort, Zeit und Servicemitarbeitern variieren. Ein wichtiges Qualitätsmerkmal einer Dienstleistung ist deshalb häufig, inwieweit es dem Dienstleister gelingt, die Dienstleistung zu standardisieren.

Bei Dienstleistungen ist die *Kundenbeziehung* von überragender Bedeutung. Wiederholungskäufe und langfristige Kundenbindung machen eine Kundenbeziehung für den Dienstleister erst profitabel – geht der Kunde hingegen nach der ersten Transaktion wieder verloren, muss der Dienstleister häufig einen finanziellen Verlust aus dieser Transaktion verkraften.

4.1.3 Struktur des Produktportfolios

Die Aufgabe der Produktstrategie ist, das Angebot eines Unternehmens marktgerecht zu gestalten. Es geht hierbei also um alle Entscheidungen im Unternehmen, die sich auf die angebotenen Leistungen beziehen. Das können materielle Produkte oder auch Dienstleistungen sein. Nun bietet ein Unternehmen in der Regel nicht nur ein einziges Produkt an, sondern mehrere.

Beispiel

Die Henkel AG & Co. KGaA mit Hauptsitz in Düsseldorf-Holthausen ist ein Hersteller in der Konsumgüterindustrie. Das deutsche Unternehmen ist gegliedert in drei Unternehmensbereiche:

- Laundry & Home Care (Wasch-/Reinigungsmittel)
- Beauty Care (Schönheitspflege)
- Adhesive Technologies (Klebstoffe)

Henkel ist heute mit Marken wie Persil, Weißer Riese, Perwoll und Spee im Bereich Laundry & Home Care aktiv. Die Produktpalette reicht von Universalwaschmitteln über Spezialwaschmittel und Weichspüler bis hin zu Bad- und Glasreinigern. Im Bereich Beauty Care verkauft Henkel u. a. Produkte der Marken Schwarzkopf, Syoss, Fa und Taft und stellt Produkte für Haare, Körper, Haut und Mundhygiene her.

Auch Klebstoffe, Dichtstoffe und Funktionsbeschichtungen von Henkel werden in einer Vielzahl von Branchen verwendet – unter anderem in den Bereichen Luft- und Raumfahrt, Automobilbau, Elektronik und Medizintechnik. Die Produkte werden unter den fünf Marken Loctite, Bonderite, Technomelt, Teroson und Aquence verkauft. Zudem produziert Henkel Klebstoffe für Heim, Schule und Beruf. Zu den bekanntesten Marken zählen Pritt, Pattex und Sista (vgl. http://www.henkel.de).

Im Marketing hat sich als ein wichtiges Strategieinstrument zur Gestaltung des Produktportfolios die Ihnen bereits bekannte *Ansoff-Matrix,* welche die Entwicklung des Produktportfolios nach den Dimensionen Produkte und Zielgruppen gestaltet, etabliert

Produkt	Markt/Zielgruppenprogramm: alt	Markt/Zielgruppenprogramm: neu
alt	**Strukturfortschreibung**	**Zielgruppen-programmerweiterung bzw. -straffung**
neu	**Produktinnovationen bzw. -eliminationen**	**Diversifikation/ Konversifikation**

Abbildung 52: *Ansoff*-Matrix nach *Opresnik/Rennhak* (2011)

Mit der Strukturfortschreibung, der Zielgruppenerweiterung, der Produktprogrammerweiterung und der Diversifikation ergeben sich zunächst vier Möglichkeiten zur Gestaltung des Produktprogramms.

Dabei sind auch bei der *Strukturfortschreibung* taktische und strategische Maßnahmen innerhalb des Produktprogramms möglich:

- *Verbesserung am Produkt,* z.B. Fehlerbeseitigung bei der nächsten Auflage dieses Lehrbuchs
- *Relaunch,* d.h. Veränderung der Positionierung des Angebotes bezüglich. der Nutzenerwartungen der Nachfrager (z.B. muss eine Zahncreme nicht nur säubern, sondern jetzt auch „pflegen")
- *Revival* („Wiederbelebung") eingeführter Produkte mittels Aktualisierung äußerer Gestaltungsmerkmale (z.B. Verpackung eines Waschmittels in einer Retro-Blechdose)
- *stärkere Differenzierung* der bisher bearbeiteten Zielgruppen (z.B. Verfeinerung des Angebots nach Alter durch ein Angebot „Zahncreme 40+")
- *Veränderungen in den funktionalen Vorgaben,* z.B. durch Intensivierung des Einsatzes der Instrumente des Marketing-Mix (Werbung, Preisgestaltung)

Änderungen des Produktprogramms (bei Beibehaltung des Zielgruppenprogramms) werden über *Produktinnovationen bzw. -eliminationen* realisiert. Hierbei werden die bisherigen Zielgruppen beibehalten, diesen werden aber neuartige Produkte angeboten, die im Vergleich zum bisherigen Produktprogramm des Unternehmens eine eigenständige Marktbearbeitung erfordern. Man spricht hier von einer Produktinnovation für bereits bestehende Zielgruppen.

Analog zur Produktinnovation ist auch der Rückzug einiger Angebotsbereiche ohne Veränderung der Zielgruppen denkbar. Hier wird dann entsprechend von einer Elimination von Produkten bei bereits bearbeiten Zielgruppen gesprochen.

Gerade in Unternehmen, die mehrere Produkte herstellen, ist es notwendig, laufend und systematisch das Produktprogramm zu überprüfen. Zu untersuchen ist, ob die einzelnen Produkte und Produktgruppen noch genügend rentabel sind, ob die Kunden damit noch zufrieden sind oder ob sich z. B. das gesellschaftliche Umfeld (z. B. zunehmende Bedeutung von Corporate Social Responsibility oder Umweltschutzgedanken) verändert hat.

Durch Rentabilitätsanalysen, Kundenstrukturanalysen, Checklisten, Scoring-Modelle usw. sollen Produkte identifiziert werden, die durch sinkenden Umsatz, sinkenden Marktanteil, sinkenden Deckungsbeitrag etc. auffallen und die knappen Ressourcen im Unternehmen übermäßig in Anspruch nehmen. Bevor dann solche eliminierungsverdächtigen Produkte oder Produktgruppen vom Markt genommen werden, sollte überprüft werden, inwieweit Verbundbeziehungen zu anderen Produkten existieren. Dient das eliminierungsverdächtige Produkt etwa als eine Art „Eintrittskarte" beim Kunden? Wie wirkt sich die Elimination auf das Image des Unternehmens aus? Eindeutige Entscheidungsregeln gibt es dazu nicht. Die folgenden Beurteilungskriterien können jedoch als Anhaltspunkte dienen:

- Stellung des Produktes innerhalb des Programms (komplementäre oder substitutive Beziehung zu vorhandenen Produkten). Eine substitutive Beziehung verstärkt, eine komplementäre schwächt den Eliminationsdruck.
- Auslastung der betrieblichen Kapazitäten: Hohe Auslastung verstärkt, geringe verringert die Eliminationsdringlichkeit.
- Produktions-, Lager- und Transportkosten: Hohe Kosten verstärken, geringe verringern den Druck.
- Marketingaufwand für das Produkt: Bei geringem Aufwand ist der Eliminationskandidat nicht so gefährdet wie bei hohem.
- Bedeutung des Produktes für das Firmenimage: Starke Bindungen des Eliminationskandidaten an das Firmenimage sprechen gegen eine schnelle Elimination.
- Mindestumsatz und -deckungsbeitrag: Sofern erfüllt, verringert sich der Eliminationsdruck.
- Lagerbestand an Fertigware: Hohe Bestände lassen eine schnelle Elimination eher zu als niedrige.
- Abschließend ist festzulegen, welche Eliminierungsstrategie verfolgt wird. Es gibt hierbei die Möglichkeit, ein Produkt sofort vom

Markt zu nehmen oder sich im Rahmen einer geplanten Desinvestitionsstrategie Stück um Stück aus dem Markt zurückzuziehen.

Bei der *Zielgruppenprogrammerweiterung bzw. -straffung* erfolgt eine Änderung des Zielgruppenprogramms unter Beibehaltung des Produktprogramms: Das Produktangebot bleibt bestehen, die Produkte werden aber zusätzlich neuen Zielgruppen angeboten. Man spricht von einer Zielgruppeninnovation. Analog kann auch das gleiche Produktprogramm einigen Zielgruppen nicht mehr angeboten werden, die bisher beliefert wurden. Man spricht dann entsprechend von einer Zielgruppenelimination.

Bei der *Diversifikation bzw. Konversifikation* erfolgt eine simultane Änderung der Struktur auf Angebots- und Zielgruppenebene. Bei einer Diversifikation wird ein vermeintlicher Risikoausgleich zum bestehenden Geschäft gesucht. Dies kann sinnvoll sein, jedoch führte diese Strategie vieler Großunternehmen in den Siebziger- und Achtzigerjahren des vergangenen Jahrhunderts zu einer anschließenden Reduktion der Geschäftsfelder, weil die durch eine zu hohe Steuerungskomplexität angestrebten Synergieeffekte und Ertragsziele nicht realisiert werden konnten. Heute werden stark diversifizierte Unternehmen, sogenannte Konglomerate, an den Kapitalmärkten in der Regel durch einen „conglomerate discount“ bestraft, d.h. insgesamt mit einem geringeren Unternehmenswert bedacht als die Summe ihrer einzelnen Geschäftsfelder (*Fischl/Rennhak* 2006).

Es werden nach der Wertschöpfungsstruktur drei typische Formen einer Diversifikation unterschieden:

- Unter einer *horizontalen Diversifikation* versteht man die Ausdehnung des bisherigen Produktprogramms auf Produkte derselben Wertschöpfungsstufe. Dabei werden entweder neue Kunden akquiriert oder aber Bestandskunden mit neuen Problemlösungen bedient und so versucht, das sogenannte „share of wallet“ bei diesen Kunden zu erhöhen, d.h. den Anteil der Ausgaben an seinen Gesamtausgaben, den der Kunde mit eben diesem Unternehmen tätigt. Zwischen den neuen und den alten Produktlinien besteht dabei ein sachlicher Zusammenhang. Im Zuge einer horizontalen Diversifikation erhöht das Unternehmen seine Wertschöpfungsbreite.
- Die *vertikale Diversifikation* beinhaltet eine Entwicklung entlang der Wertschöpfungskette und bezeichnet entsprechend die Erweiterung des Produktionsprogramms um Produkte aus vor- (z.B. Zulieferprodukte) oder nachgelagerten Wertschöpfungsstufen (z.B. Vertrieb). Sie wird deshalb auch als Rückwärts- bzw. Vorwärtsintegration bezeichnet. Im Zuge einer vertikalen Diversifikation erhöht das Unternehmen seine Wertschöpfungstiefe.

- Die Erweiterung des Produktionsprogramms auf Produkte, die für das Unternehmen völlig neu sind und in keinem technischen oder wirtschaftlichen Zusammenhang mit dem bisherigen Produktprogramm stehen, wird *laterale Diversifikation* genannt. Sie ist in der Regel die riskanteste Form der Diversifikation, schafft aber für das Unternehmen eine maximale Risikostreuung.

Für fast alle Unternehmen sind die Entscheidungen bezüglich der Produktlinien und des Produkt-Mix wichtige strategische Abwägungen (*Ferrell/Hartline* 2014, S. 153). Eine dieser Entscheidungen betrifft die Anzahl der Produktlinien, die angeboten werden soll. Einen zweiten Strukturierungsansatz zu Gestaltungsmöglichkeiten im Produktprogramm liefert die *Produktprogrammbreite-Produktprogrammtiefe-Matrix.*

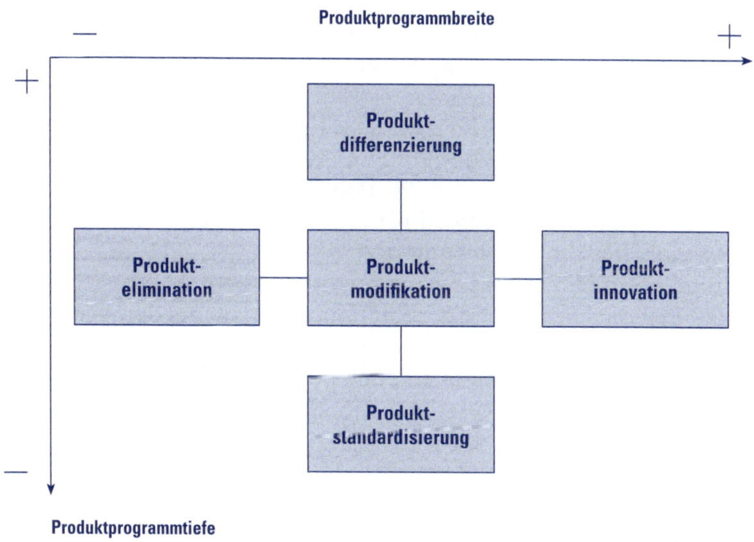

Abbildung 53: Produktprogrammbreite-Produktprogrammtiefe-Matrix nach *Opresnik/Rennhak* (2011)

Das Produktprogramm kann hinsichtlich zweier Dimensionen gestaltet werden. Die Programmbreite gibt die Anzahl der nebeneinander bestehenden Produktlinien an. Im Gegensatz dazu beschreibt die Programmtiefe die Anzahl der Modellvarianten innerhalb einzelner Produktlinien. Ändern sich die Kundenbedürfnisse und/oder die Produkte der Mitbewerber, so muss das Produktprogramm angepasst werden.

Die Produktprogrammbreite wird durch Produkteliminationen bzw. Produktinnovationen variiert, während Produktdifferenzierung bzw.

Produktstandardisierung die Programmtiefe erhöhen bzw. verringern.

Bei der Zusammenstellung des Produktprogramms kommt es häufig zu *Zieldivergenzen* zwischen dem Absatz- und insbesondere Produktionsbereich. Die zunehmende Differenziertheit der Kundenwünsche fordert eine Ausweitung der Angebotspalette. Die Unternehmen befürchten, mit einem schmalen Programm keinen nachhaltigen Absatzerfolg erzielen zu können. Bedenklich wird diese Aufblähung des Programms dann, wenn die Umsätze nicht im erwarteten Umfang steigen und somit nur eine Verlagerung innerhalb des Produktprogramms erfolgt.

Das Angebot eines großen Produktportfolios macht die Koordination der Marketingaktivitäten komplizierter. Dies führt in der Regel auch zu Kostensteigerungen. Andererseits ergibt sich daraus eine Reihe von Vorteilen (*Ferrell/Hartline* 2014, S. 156):

- *Größendegressionseffekte*: Das Angebot eines großen Produktportfolios ermöglicht Skaleneffekte in Einkauf, Produktion und Kommunikation. Unternehmen wie z. B. *Nike* („Just Do It") verwenden ein starkes Corporate Branding in ihrer Kommunikation. Davon profitieren alle Produkte im Portfolio.
- *Einheitliche Verpackung*: Wird für alle Produkte einer Produktlinie ein einheitliches Verpackungsdesign verwendet, sind die Produkte für den Kunden leicht zu erkennen. Aus Unternehmenssicht wird dadurch die Verzahnung der Kommunikations- mit den Vertriebsaktivitäten deutlich einfacher. *Ferrell/Hartline* (2014, S. 156) nennen als Beispiel *Duracell*-Batterien mit ihrer „Kupferkopf"-Optik bei Produkt und Verpackung, auf die auch in der Kommunikation abgestellt wird.
- *Standardisierung*: Produkte einer Produktlinie verwenden oft identische Komponenten. In der Automobilindustrie spricht man hier von einer Plattformstrategie, wenn verschiedene Modelle gleiche Bodengruppen oder Motoren verwenden (*Rennhak 2009).*
- *Vertriebseffizienz*: Die Vertriebsmannschaft eines Unternehmens mit großem Produktportfolio kann seinen Kunden eine breite und/oder tiefe Auswahl anbieten. Die Vertriebskosten verteilen sich zugleich auf eine viel größere Anzahl an Produkten.
- *Qualitätswahrnehmung*: Kunden schätzen alle Produkte innerhalb einer Produktlinie als qualitativ ähnlich ein. Das Qualitätsimage lässt sich so einfach z. B. auf neue Produkte übertragen.

Produkt- und programmpolitische Entscheidungen sollten nicht ohne gründliche Analyse der jeweiligen Ausgangslage gefällt werden. Insbesondere die Produktportfolioanalysen liefern wichtige Informationen für Entscheidungen hinsichtlich der Einführung, Modifikation und Eliminierung von Produkten. Die bekanntesten

Analyseinstrumente sind das Marktanteils- und Marktwachstumsportfolio („BCG-Matrix“) (*Henderson* 1979) und das Marktattraktivitäts-Wettbewerbsvorteils-Portfolio („McKinsey/GE-Matrix“). Diese sind Ihnen bereits bekannt.

4.1.4 Entwicklung neuer Produkte

Der Themenbereich Produktinnovation ist ein weiterer wichtiger Teil der Produktstrategie eines Unternehmens (*Ferrell/Hartline* 2014, S. 156). Der Grund hierfür liegt in der begrenzten Lebensdauer von Produkten, die sich in einem endlichen Produktlebenszyklus ausdrückt (*Opresnik/Rennhak* 2015). Der Ihnen bereits bekannte Produktlebenszyklus stellt ein allgemeines Modell der *Umsatzentwicklung eines Produktes* dar.

Der Produktlebenszyklus erklärt, wie ein neues Produkt auf einem Markt eingeführt und später z. B. durch Variation und/oder Ausdifferenzierung an die sich im Zeitablauf wandelnden Kundenwünsche und Marktverhältnisse angepasst wird, bevor es schließlich vom Markt genommen bzw. durch ein Nachfolgeprodukt ersetzt wird.

Vor der Einführung hat das Unternehmen das neue Produkt bereits durch die verschiedenen Instrumente der Kommunikationsstrategie bekannt gemacht und erste Vertriebskanäle etabliert. In der *Einführungsphase* steigen die Absätze bzw. Umsätze allmählich an. In dieser Phase werden aufgrund der vorangegangenen Kosten für die Produktentwicklung und der anhaltenden Kommunikationsausgaben jedoch nur in Ausnahmefällen bereits positive Produktdeckungsbeiträge erzielt. Diese fallen in der Regel erst mit dem Eintritt in die *Wachstumsphase* an. Diese Phase ist durch den Aufbau weiterer Vertriebskanäle und die Gewinnung zusätzlicher Kundensegmente gekennzeichnet. Erste Konkurrenten treten auf den Plan. Die *Reifephase* ist typischerweise die zeitlich ausgedehnteste Marktphase. Idealtypisch werden hier auch die höchsten Produktdeckungsbeiträge erzielt. Das Wachstum schwächt sich deutlich ab. Die Unternehmen versuchen in dieser Zeit oft, weitere Wachstumsreserven über eine stärkere Ausdifferenzierung des Produkts zu erschließen. In der *Degenerationsphase* sind Absätze und Umsätze typischerweise rückläufig. Unternehmen greifen nun zu unterschiedlichen Maßnahmen, um Kunden zum Wiederkauf zu bewegen und langfristig den Erfolg ihrer Produkte zu sichern:

- Die Ausdehnung auf Märkte, die mit dem bisherigen Produktprogramm noch nicht bedient wurden (z. B. durch Internationalisierung).
- Die Fokussierung auf Ersatzbedarf – theoretisch denkbar ist sogar die bewusste Verschlechterung der Produktqualität („built in

obsolence“), die zu einer Verkürzung des Rhythmus für Ersatzbeschaffungen führt.
- Die Entwicklung neuer Produkte, die bisher latent gebliebene Bedürfnisse ansprechen.
- Die Modifikation eines bestehenden Produkts: Ein *Relaunch* bezeichnet dabei die Um- bzw. Neupositionierung eines Produkts und ist meist mit einer umfassenden Veränderung einer oder mehrerer relevanter Produkteigenschaften (z. B. Anpassung der Inhaltsstoffe eines Waschmittels an das gestiegene Umweltbewusstsein der Konsumenten) verbunden. Ein *Facelift* ist die Veränderung einer oder mehrerer wenig relevanter Produkteigenschaften (z. B. leichte optische Modifikation der Frontpartie eines Pkw). Ein *Revival* beinhaltet dagegen die Intensivierung der Marketingbemühungen für ein Produkt.

Ansatzpunkte für Veränderungen der Produkte bieten

- physikalische oder funktionale Eigenschaften, wie z. B. die Produktqualität oder das verwendete Material,
- ästhetische Eigenschaften, z. B. Design, Farbe, Form der Produkte,
- symbolische Eigenschaften, z. B. der Markenname, oder die
- Änderung auf der Ebene des erweiterten Produkts, z. B. neue Finanzierungsangebote, verbesserter Kundendienst u. a.

Anstöße zu Produktvariationen liefern Änderungen im Verbraucherverhalten, Konkurrenzdruck oder einfach Alterungsprozesse bei Produkten. Überlegungen in Richtung Produktvariation sind immer dann angezeigt, wenn die Produktumsätze stagnieren oder gar abnehmen. Die Produktlebenszyklusanalyse ist dazu eine wichtige Entscheidungshilfe. Früher oder später kann der Absatz- und Umsatzrückgang aber nicht mehr durch derartige Maßnahmen aufgefangen werden und das Produkt wird vom Markt genommen.

Die Dauer eines Zyklus ist sehr heterogen: Es gibt Produkte mit extrem kurzen Lebenszyklen (z. B. Modeprodukte oder Unterhaltungselektronik) und andere mit einem sehr langen (z. B. Nahrungsmittel). Zudem unterliegt der Produktlebenszyklus sehr starken internen (z. B. durch Marketingmaßnahmen getriebenen) wie auch externen Einflüssen (z. B. Konjunktur, Maßnahmen der Wettbewerber, regulatorische Eingriffe) und ist deshalb für Planungszwecke ungeeignet. Tendenziell lässt sich aber sagen, dass Produktlebenszyklen aufgrund des steigenden Wettbewerbsdrucks in vielen Industrien und des schnelleren technischen Fortschritts kürzer werden. Eine Phasenbestimmung ist nur ex post möglich. Auch der S-förmige Umsatzverlauf während der Lebenszeit eines Produktes hat nur Modellcharakter. Der Produktlebenszyklus kann den Marketingverantwortlichen als Denkmodell für die oben diskutierten Maßnahmen in den verschiedenen Lebensphasen eines Produktes dienen. Für Umsatzprognosen eignet sich das Lebenszyklusmodell nicht.

Die aber in jedem Fall begrenzte Lebensdauer von Produkten macht Produktinnovationen notwendig. Neue Produkte sind zudem für ein Unternehmen sehr wichtig, um Kundenwünschen entsprechen und gegen die Konkurrenz bestehen zu können. Was ist jedoch unter „neu" zu verstehen? Es gibt zwei Möglichkeiten: *Markt- oder Betriebsneuheiten* (*Ferrell/Hartline* 2011, S. 199).

Definition

Unter einer Marktneuheit versteht man ein originäres Produkt, das es bisher überhaupt nicht gab (z. B. nach Note- und Netbooks jetzt Handhelds).

Es handelt sich auch noch um eine Marktneuheit, wenn das neue Produkt ein bereits erkanntes Verbraucherbedürfnis auf eine andere Art befriedigt. In diesem Fall wird ein Substitut für ein anderes, bereits im Markt befindliches Produkt geschaffen (z. B. Handhelds mit geringer Bauhöhe und Gewicht, die anstatt auf Festplatten auf Solid State Disks setzen).

Definition

Mit Betriebsneuheit wird dagegen ein Produkt bezeichnet, das in seiner Art bereits auf dem Markt ist, aber vom Unternehmen noch nicht produziert bzw. verkauft wurde.

Derartige nachgeahmte Erzeugnisse stellen somit Imitationen dar und werden in der Praxis häufig auch „Me-too-Produkte" genannt (z. B. das x-te Spülmittel, das x-te Vollwaschmittel).

Produktinnovationen können zum einen auf bekannten (oder durch Marktforschung identifizierten) Kundenwünschen basieren (Market-Pull-Innovationen) oder auf unternehmensinternen technologischen Entwicklungen (Technology Push). Mit Market Pull ist die Anwendungs- und Marktorientierung gemeint, anhand deren technologische Innovationen ausgerichtet werden. Beim Technology Push orientieren sich technologische Entwicklungen am technisch Machbaren. Primär bestimmt die immanente Entwicklungslogik von Technik, welche Technologien entstehen und welche Produkte auf den Markt kommen. Bei der Entstehung und Durchsetzung von Innovationen gibt es ein ständiges Zusammenspiel beider Aspekte. Technology Push und Market Pull greifen ineinander und beeinflussen sich gegenseitig. Erst die Kombination der beiden scheinbar gegensätzlichen Strategien sichert den langfristigen Unternehmenserfolg.

Cooper (1985) konnte in mehreren Untersuchungen vier klar voneinander abgrenzbare, unterschiedlich erfolgreiche Innovationsstrategien identifizieren:

- Die *technologiedominante Strategie* ist gekennzeichnet durch eine starke Forschungs- und Entwicklungsorientierung, einen hohen technologischen Produktionsstandard und einen hohen Neuheits- und Komplexitätsgrad der Neuprodukte. Schwächen der Strategie liegen in der Identifikation von Konsumentenbedürfnissen, im Vertrieb und in der mangelhaften Nutzung von Synergien zu bestehendem Know-how. Aufgrund der geringen Marketing- und Kundenorientierung besitzt diese Strategie die höchste Misserfolgsrate.
- Bei der *Strategie des geringsten technologischen Risikos* ist häufig keine klare Innovationsstrategie erkennbar, da weder eine gezielte Marktforschung noch eine aktive Ideensuche durchgeführt werden. Hauptsächlich werden Imitationen auf der Basis von reiferen Technologien realisiert. Diese Strategie wird zumeist von kleineren Unternehmen in gesättigten Low-Tech-Märkten verfolgt.
- Die hochriskante *Diversifikationsstrategie* orientiert sich bei der Entwicklung neuer Produkte weder an vorhandenen Stärken noch an Kundenbedürfnissen, weshalb sie eine hohe Floprate aufweist. Die Marktbearbeitung erfolgt oft ohne klare Fokussierung, d. h., das Unternehmen wird auf einer Vielzahl unterschiedlicher Märkte tätig. Sie wird meist von Großunternehmen verfolgt.
- Bei der *ausgewogenen Fokusstrategie* erfolgen Innovationen im Bereich der von Kunden wahrgenommenen Kernkompetenzen des Unternehmens. Es wird eine hohe Produktqualität mit ausgeprägter Kundenorientierung verbunden. Dabei wird ein Markteintritt in attraktive Wachstumsmärkte mit eher geringer Wettbewerbsintensität angestrebt. Die ausgewogene Fokusstrategie ist die erfolgreichste Strategie, da sie einen hohen Technologiestandard mit einer gezielten Nutzung vorhandener Stärken kombiniert.

Innovationen bieten große Wachstumschancen, bergen aber auch Risiken, die sich aus den enormen Investitionen ergeben, die mit der Entwicklung und Markteinführung von Neuprodukten verbunden sind. Die Neuproduktentwicklung ist mit einer hohen Misserfolgswahrscheinlichkeit verbunden. Als wesentliches internes Innovationshemmnis erweist sich häufig die unzureichende Innovationsorientierung von Management und Mitarbeitern. Ein häufiger externer Grund für das Scheitern von Produktinnovationen ist die nur unzureichende Beachtung von *Adoptions- und Diffusionsprozessen.* Sie beschreiben die Voraussetzungen und Bedingungen für die erfolgreiche Annahme und Verbreitung von Innovationen im Markt. Zur Planung der Markteinführungsstrategie und des Markteinführungszeitpunktes ist eine möglichst genaue Kenntnis über den Prozess der Verbreitung neuer Produkte im Markt hilfreich. *Rogers* (1962) hat hierzu folgende Zielgruppen definiert: Innovatoren,

Frühadopter, frühe Mehrheit, späte Mehrheit, Nachzügler (siehe die nachfolgende Abbildung).

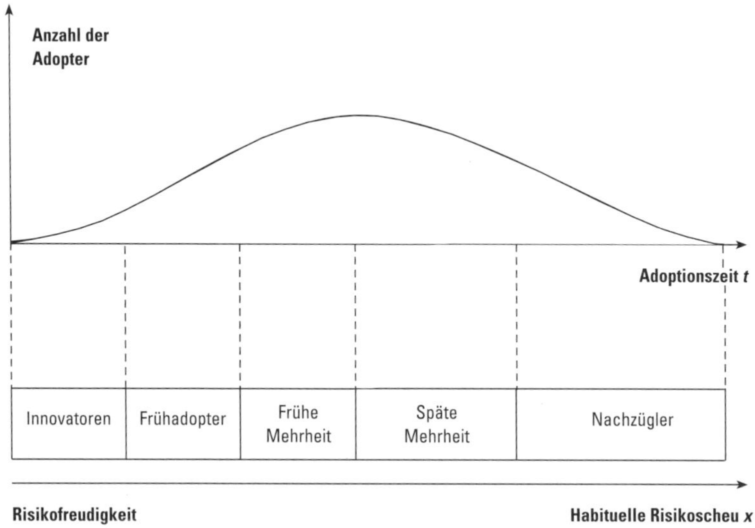

Abbildung 54: Diffusionsmodell nach *Rogers (1962)*

Im Gegensatz zum Modell des Produktlebenszyklus werden im Diffusionsmodell ausschließlich Erstkäufer analysiert. Die wichtigste personenbedingte Einflussgröße im Adoptionsprozess und damit das Hauptunterscheidungsmerkmal zwischen diesen Gruppen ist die *Risikobereitschaft* des Käufers. Die wichtigste produktbedingte Einflussgröße ist der Grad der Verträglichkeit oder Kompatibilität der Produktinnovation mit den Werten, Normen und Gewohnheiten der Konsumenten und ihrer sozialen Umwelt. Gelingt es in der Einführungsphase eines neuen Produktes, die als Meinungsführer agierenden Innovatoren und Frühadopter zu erreichen, so ist eine Beschleunigung bei der Durchsetzung von Neuerungen möglich. Der Erfolg einer Produktinnovation hängt ganz wesentlich davon ab, ob das Marktumfeld günstig ist und das neue Produkt zu den Stärken des Unternehmens passt (*Ferrell/Hartline* 2014, S. 156).

Die Gründe für Innovationsübernahmen können Risikoreduktion (die Produktentwicklung läuft nicht am Markt vorbei, es entstehen keine hohen Investitionen in Forschung und Entwicklung), Zeitmangel (z. B. bedingt durch sehr kurze Produktlebenszyklen) und fehlende eigene Ressourcen (z. B. keine Kompetenz der eigenen Forschung und Entwicklung auf einem bestimmten Gebiet) sein. Innovationsübernahmen werden auf unterschiedliche Art und Weise realisiert:

- Der *Innovationseinkauf* dient häufig der Beschaffung von Prozessinnovationen, um dadurch eigene Produkte effizienter herstellen zu können. Für den Einkäufer von Innovationen sind z. B. Referenzanlagen ein wichtiges Instrument zur Risikoreduktion und Vertrauensbildung hinsichtlich der problemlosen Funktion technischer Neuerungen.
- Die *Lizenznahme* ist der Erwerb des Rechtes zur Nutzung fremder Produktinnovationen, die mit einem Patent oder Gebrauchsmusterschutz belegt sind. Lizenzen werden vor allem im Bereich von netzwerkabhängigen Produktinnovationen vergeben. Durch die schnelle Übernahme eines technischen Standards wird die Akzeptanz der Innovation erhöht.
- Die *Imitation* ist theoretisch nur einsetzbar, wenn die Innovation nicht geschützt ist. Dennoch werden in der Praxis auch geschützte Innovationen häufig imitiert. Spät in den Markt eintretende Wettbewerber nutzen Imitationen häufig in Kombination mit eigenen Innovationen. Diese Nachzügler haben vor allem dann Aussicht auf Erfolg, wenn es ihnen gelingt, durch Prozessinnovationen oder neuartige Vermarktungskonzepte die Markteintrittsbarrieren der etablierten Innovatoren zu überwinden.
- *Kooperationen* können beispielsweise durch Auftragsforschung oder auch durch kapitalmäßige Verflechtungen mit kleineren innovativen Unternehmen erfolgen. Diese Innovationsstrategie wird in den letzten Jahren in zunehmendem Maße verfolgt. Kooperationen werden aus Gründen der verkürzten Produktlebenszyklen und der stark steigenden Entwicklungsaufwendungen, die von den Unternehmen immer seltener allein getragen werden können, eingegangen. Auch wenn komplexe Innovationskonzepte mit hohem Veränderungsbedarf innerhalb des Unternehmens eine Verlängerung der Entwicklungszeit erwarten lassen, können Kooperationen von Vorteil sein. Außerdem führt das Zusammenwachsen bislang getrennter Industrien selbst bei großen Konzernen zur Notwendigkeit von Kooperationen, um auf diese Weise in Teilbereichen bestehende Know-how-Defizite zu kompensieren.

4.2 Preisstrategie

Das Preisinstrumentarium kennzeichnet alle Aktionsparameter, die sich auf die marktgerechte Gestaltung der vom Unternehmen auf dem Absatzmarkt eingeforderten Gegenleistung für das angebotene Leistungsprogramm beziehen.

Die Preisstrategie ist das in der Marketingpraxis wohl am stärksten unterschätzte Instrument. Die Zuordnung von Ressourcen erfolgt in der Regel prioritär zu den Organisationseinheiten, die das Pro-

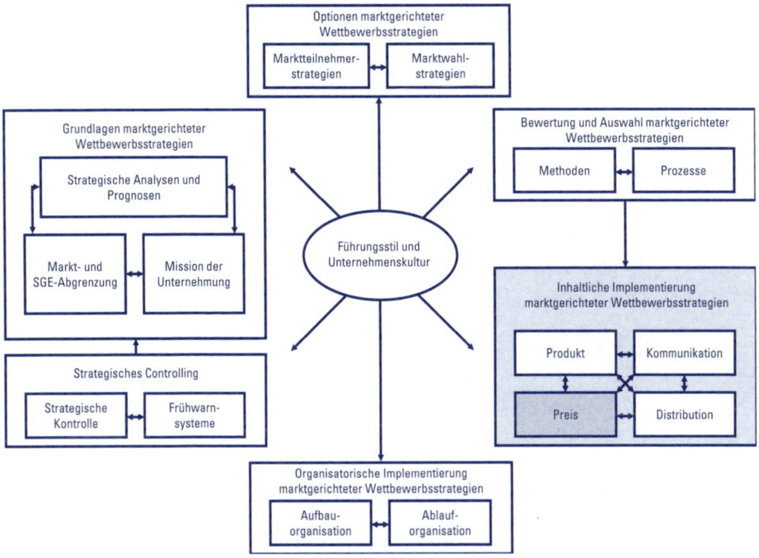

Abbildung 55: Inhaltliche Implementierung marktgerichteter Wettbewerbsstrategien nach *Benkenstein/Uhrich (2009, S. 175)*

duktmanagement oder den Vertrieb verantworten, und dann – mit einigem Abstand – zu den Einheiten, die sich mit der Kommunikation befassen. Das Preismanagement verfügt in vielen Unternehmen über keine dedizierten Ressourcen. Dies steht in krassem Widerspruch zur tatsächlichen Bedeutung der Preisstrategie: Der Preis ist die Stellgröße, die den Unternehmensgewinn am stärksten beeinflussen kann. Insbesondere in Branchen mit geringen Margen können bereits minimale Preiserhöhungen zu erheblich höheren Unternehmensgewinnen führen. Viele Unternehmen neigen in Zeiten von unterausgelasteten Kapazitäten dazu, Preise zu senken. Dies hat in der Regel stark negative Effekte auf den Unternehmensgewinn, denn die angestrebten (oder auch tatsächlichen) Mehrabsätze reichen meist nicht aus, um den Effekt der Preissenkung zu kompensieren. Dies ist nicht zuletzt darauf zurückzuführen, dass mit jedem Mehrabsatz auch die variablen Kosten steigen. Wird hingegen eine Preiserhöhung durchgeführt, verändern sich die Kosten nicht (*Opresnik/Rennhak* 2015).

Viele Unternehmen betrachten das Preismanagement zunächst ausschließlich operativ und aus Herstellersicht: Der Preis ist das Ergebnis der buchhalterischen Kostenkalkulation als Summe von Materialeinzelkosten, Materialgemeinkosten, Fertigungseinzelkosten, Sondereinzelkosten der Fertigung, Fertigungsgemeinkosten, Vertriebs- und Verwaltungskosten, Gewinnzuschlag, Rabatten, Boni, Skonti und Umsatzsteuer. Diese kostenbasierte Methode ist nicht markt- oder kundenorientiert und vor allem nicht strategisch! Dem Kunden ist die Höhe einzelner Kostenpositionen in der Regel egal. Ihn interessiert in erster Linie die absolute Preishöhe. Diese vergleicht er mit dem Angebot des Wettbewerbs. Die *kostenbasierte Preisstellung* birgt die Gefahr des „Sich-aus-dem-Markt-Kalkulierens": Ist der Preis wenig wettbewerbsfähig, so wird die Nachfrage hinter den Erwartungen zurückbleiben. Dies führt dazu, dass die Gemeinkosten auf eine geringere Zahl von Kostenträgern umgelegt werden und diese dadurch noch teurer werden. Das Angebot ist am Markt noch weniger attraktiv (*Opresnik/Rennhak* 2015).

Eine tatsächlich *marktorientierte Preisfindung* richtet sich dagegen an den Preisen des Wettbewerbs und an der Preisbereitschaft der Kunden aus. Sie trägt zudem der Marketingstrategie Rechnung, d. h., sie berücksichtigt die angestrebte *Positionierung* des jeweiligen Produkts bzw. der jeweiligen Marke am Markt. Hierbei können weitere Überlegungen einfließen: Soll ein Wettbewerber bewusst unterboten werden, um preissensible Kunden abzuwerben? Soll ein neues Produkt zu einem besonders günstigen Einstiegspreis am Markt angeboten werden, um rasch eine Kundenbasis aufzubauen? Dazu ist zu berücksichtigen, dass mit dem Preis auch immer die Qualitätswahrnehmung eines Produktes beeinflusst wird. So sollte in der Regel ein qualitativ höherwertiges Produkt nicht zu einem unterdurchschnittlichen Preis angeboten werden. Weiterhin ist im Rahmen einer marktorientierten Preisfindung auch zu berücksichtigen, wie sich der Preis auf den jeweiligen Marktpartner auswirkt. Verkauft das Unternehmen seine Produkte beispielsweise an den Handel, so hat das Unternehmen großes Interesse daran, dass auch der Händler eine auskömmliche Marge mit dem Produkt erzielt, denn dann wird er entsprechende Verkaufsanstrengungen unternehmen. Verkauft das Unternehmen hingegen direkt an den Endkunden, muss dessen Zahlungsbereitschaft entsprochen werden (*Opresnik/Rennhak* 2015).

4.2.1 Preis und Marketingstrategie

Was ist nun bei der Preisbildung konkret zu beachten? Welche Einflüsse wirken auf die Preisbildung? Für das *Unternehmen* ist der Preis das einzige Element im Marketing-Mix, das *Umsätze* bringt; die übrigen Elemente verursachen Kosten. Der preispolitische Spielraum liegt grundsätzlich zwischen den Kosten, die eine Leistung verursacht (untere Grenze) und dem möglichen Marktpreis, den die Kunden noch zu bezahlen bereit sind (obere Grenze). Die internen Einflussgrößen sind im Einzelnen (*Ferrell/Hartline* 2011, S. 231):

- *Die Marketingstrategie*. Die konkrete Preisfestlegung hängt wesentlich von der Marketingstrategie ab, d. h. von der Wahl der Zielmärkte, der Positionierung einer Leistung und der strategischen Stoßrichtung.

- *Die Kosten.* Sie bilden die Untergrenze für den Preis. Der Preis eines Produkts sollte die von ihm verursachten Kosten decken und einen Gewinn oder zumindest einen erheblichen Deckungsbeitrag einbringen.
- *Der Marketing-Mix.* Der Preis für eine Leistung muss zudem in den gesamten Marketing-Mix passen: zur angebotenen Qualität, zum Image, zur Art der Distribution oder der Werbung usw.

Neben den internen Faktoren haben auch eine Reihe externer Faktoren einen gewichtigen Einfluss auf die Preisbildung:

- Für die Preisbildung ist die *Zahl der Anbieter* auf einem Markt entscheidend. Wenn ein Anbieter den Markt beherrscht, spricht man von einem Monopol, z. B. bei bestimmten Infrastrukturen (Bahn-, Telekommunikations- oder Stromnetz). Die Preise werden dann meist so festgelegt, dass die Unternehmen eine angemessene Rendite erwirtschaften oder dass der Verbrauch gesteuert wird. Bei einigen wenigen Anbietern auf dem Markt spricht man von einem Oligopol. Die Oligopolisten werden sich in ihren Preisen kaum wesentlich unterbieten, weil dadurch ein ruinöser Preiskampf (z. B. im Markt der Tankstellen) entstehen würde. Wenn viele Anbieter auf dem Markt sind, spricht man von atomistischen Strukturen. Dieser harte Wettbewerb wird die Preise drücken.
- Nicht nur die Marktverhältnisse im Allgemeinen, auch die Preisstrategie der wichtigen *Konkurrenten* und ihre Reaktionen auf eigene Preisveränderungen haben Einfluss auf die Preisstrategie eines Unternehmens. Jedes Unternehmen muss die Produktqualität und die Preise der Konkurrenz kennen, um seine Preise „richtig" ansetzen zu können. Entspricht seine Leistung der eines wichtigen Konkurrenten, sollten seine Preise ähnlich hoch sein; ist die Leistung geringer, ist auch der Preis nach unten anzupassen – und umgekehrt.
- Letztlich jedoch entscheidet der *Kunde* über die Angemessenheit eines Preises. Käufer vergleichen Preise und Leistungen meist genau. Das wird ihnen durch die moderne Informationsinfrastruktur (Internet, Smartphone Apps) zusehends leichter gemacht. Man spricht hier auch von sogenannten Smart Shoppern. Das *wahrgenommene Preis-Leistungs-Verhältnis* muss sie überzeugen. Hinzu kommen *psychologische Beurteilungen.* Der Kunde kauft, wenn der tatsächliche oder subjektive Wert einer Leistung dem Geldwert entspricht, den er dafür zu bezahlen hat.
- Auf die Preisbildung in einem Unternehmen haben daneben viele *andere Faktoren* einen Einfluss, z. B. die Marktsättigung, die Preiskenntnisse der Konsumenten, Preisschwellen bei den Kunden, gesetzliche Vorschriften, konjunkturelle Entwicklungen u. a.

Sowohl die internen wie auch die externen Einflussfaktoren auf die Preisgestaltung verändern sich immer wieder. Deshalb müssen auch die festgesetzten Preise immer wieder im Unternehmen überdacht werden. Entscheidungen über den Preis sind bei folgenden Anlässen zu treffen:

- Preisänderungen, wenn ein Produkt modifiziert wird
- Festlegung eines Preises beim Eintritt in einen völlig neuen Markt, aber mit den vorhandenen Produkten. Als z. B. die koreanische Automobilmarke *Kia* auf dem deutschen Markt eingeführt wurde, konnte nicht einfach der Preis der Autos in Korea übernommen werden.
- Preisveränderungen, wenn durch Rationalisierungsmaßnahmen oder durch konsequentes Qualitätsmanagement die innerbetriebliche Kostenstruktur verbessert worden ist.
- Anpassung von Preisen aufgrund neuer Produkte der Konkurrenten oder bei Preisänderungen der Wettbewerber
- Anpassung von Preisen, wenn sich das Absatz- oder das Marktvolumen verändert. Geht z. B. die Nachfrage nach Kinderwagen aufgrund des demografischen Wandels zurück, kann es in bestimmten Marktsegmenten zu Preisanpassungen kommen.

In vielerlei Hinsicht haben *Kunden* eine deutlich andere Perspektive auf den Preis (*Ferrell/Hartline* 2011, S. 233): Während Unternehmen Preise eher höher sehen, tendieren Kunden dazu, Preise eher niedriger anzusetzen. Kunden sehen den Preis zuvorderst als etwas an, das sie aufwenden müssen, um ein Produkt zu erhalten. Für Unternehmen bedeutet dies, dass sie die Preisbereitschaft der Kunden herausfinden müssen. Die Preisbereitschaft ist die Summe, die Kunden maximal für ein Produkt auszugeben bereit sind.

Die Preisbereitschaft eines Kunden ist abhängig vom subjektiv wahrgenommenen Wert des betreffenden Produkts und der Preissensitivität des Kunden (*Ferrell/Hartline* 2014, S. 161). Der *Wert,* den ein Kunde einem Produkt beimisst, ist individuell verschieden. *Ferrell/Hartline* (2014, S. 161) schlagen vor, den wahrgenommen Wert eines Produkts als Quotient aus Kundennutzen und Kosten für den Kunden zu bestimmen.

Wahrgenommener Produktwert = Kundennutzen/Kosten für den Kunden

Der Kundennutzen ist hierbei sehr breit gedacht und umfasst alle potentiellen Nutzen, die ein Produkt haben kann: Qualität, Prestige/Image, Zufriedenheit, Beziehungsvorteile, Problemlösung etc. Auch die Kosten für den Kunden sind weit gefasst und betreffen alles, was der Kunde aufwenden muss, um das Produkt zu erhalten: monetäre Kosten, Zeit, psychologische Kosten (z. B. den Zwang, sich zwischen

Alternativen zu entscheiden und im Anschluss mit der Entscheidung zu leben).

Überlegene Preisstrategien berücksichtigen zudem die *Preissensitivität* des Kunden. Die Preiselastizität misst, wie stark Kunden in unterschiedlichen Situationen auf Preisänderungen reagieren. Unternehmen müssen nicht nur verstehen, wie viel Kunden bereit sind, für ein Produkt zu bezahlen. Sie müssen vielmehr auch ihr Kaufverhalten in spezifischen Situationen verstehen, das sie unterschiedlich preissensitiv erscheinen lässt (*Ferrell/Hartline* 2014).

Beispiel

Filme, Serien und Musik verlieren durch illegale, aber auch legale Möglichkeiten des Datenstreamings immer mehr an Wert, obwohl sie nach wie vor stark vom Kunden nachgefragt sind.

Die Bereitschaft der Rezipienten zum Bezahlen eines hohen Kaufpreises nimmt ab, je mehr Mediatheken, Download- und Streamingdienste die gleiche Ware für einen Bruchteil des Geldes zur Verfügung stellen.

Zudem ändern sich die Abspiel- bzw. Sehgewohnheiten: Audio- und TV-Dateien können auf mobilen Endgeräten wie Laptops, Tablets und Smartphones konsumiert werden. Der Bedarf an Bewegtbildern steigt mit der Zahl der Medien, auf denen sie angeschaut werden können.

Beispiel

Ein Rechenbeispiel illustriert, welchen Effekt Preiserhöhungen bzw. -senkungen haben können. Angenommen, der Preis des betrachteten Produkts sei 10, die Absatzmenge 100, die variablen Stückkosten 6 und die Fixkosten 300.

Nun soll jede der Stellgrößen Preis, Absatzmenge, variable Stückkosten und Fixkosten jeweils für sich allein (ceteris paribus) um 10% verbessert werden. Welcher Stellhebel hätte den größten positiven Effekt auf den Gewinn? Dies beantwortet nachfolgende Abbildung.

	Alt		Neu		
Eine 10prozentige Verbesserung bei …	Ausprägung	Gewinn	Ausprägung	Gewinn	Prozentuale Gewinnänderung
Preis	10	10	11	200	
Variable Stückkosten	6		5,4	160	
Absatzmenge	100		110	140	
Fixkosten	300		270	130	

Abbildung 56: Beispiel Auswirkungen von Veränderung in Bezug auf Preis, Menge, variable und fixe Kosten

Wird der Preis von 10 um 10% auf 11 erhöht, so steigt der Umsatz von 1000 auf 1100. Die Kosten verändern sich nicht und bleiben 900 (600

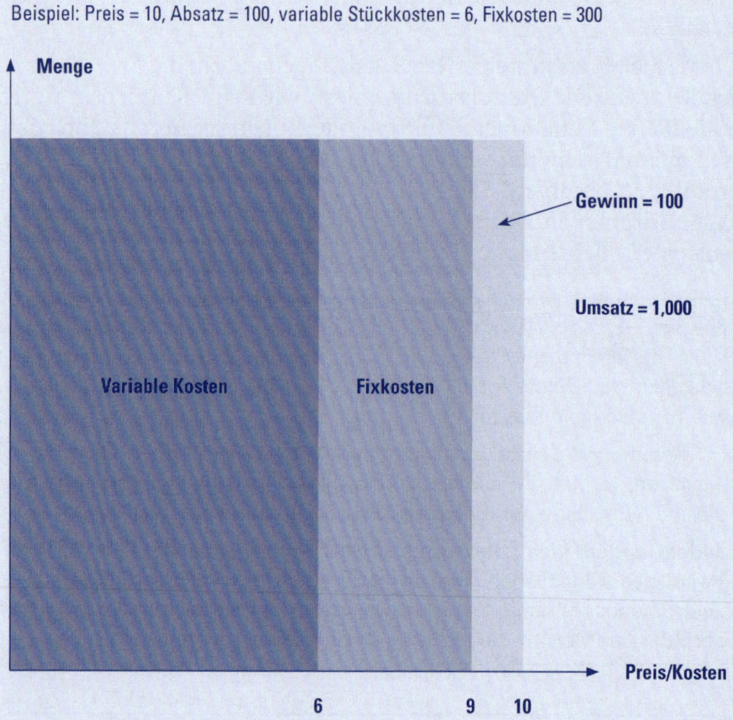

Abbildung 57: Beispiel Preisänderungen

variable Kosten und 300 Fixkosten). Der Gewinn verdoppelt sich so von 100 auf 200.

Werden die variablen Stückkosten von 6 um 10% auf 5,4 gesenkt, sinken die Gesamtkosten von 900 auf 840. Der Umsatz bleibt bei 1000. Dies führt zu einer Gewinnsteigerung von 100 auf 160.

Steigt die Absatzmenge um 10% von 100 auf 110, verändern sich sowohl der Umsatz als auch die Kosten. Der Umsatz steigt von 1000 auf 1100. Die Fixkosten ändern sich nicht (sie heißen ja gerade Fixkosten, weil sie nicht in Abhängigkeit von der Absatzmenge variieren!), jedoch steigen die variablen Kosten von 600 auf 660. Der Gewinn wächst entsprechend von 100 auf 140 (1100 – 960 = 140).

Sinken die Fixkosten um 10% von 300 auf 270, reduzieren sich die Gesamtkosten um eben diesen Betrag. Der Umsatz ändert sich nicht. Der Gewinn steigt entsprechend um 30% von 100 auf 130.

Einzuwenden ist, dass dies nur rein theoretische Überlegungen sind und Preisveränderungen immer auch Auswirkungen auf den Absatz haben. Das heißt, die Ceteris-paribus-Annahme gilt in der Realität nicht, sondern die fallende Preis-Absatz-Kurve.

Nun formuliert man die Fragestellung etwas um: Wie viel Absatz müsste bei einer Preissenkung hinzugewonnen werden, um denselben Gewinn wie vor der Preissenkung zu erzielen? Oder andersherum: Wie viel Absatzmenge könnte das Unternehmen bei einer Preiserhöhung verlieren, um immer noch denselben Gewinn wie vor der Preiserhöhung zu erzielen?

Bleibt man bei dem Zahlenbeispiel und unterstellt z. B. eine 20 %ige Preiserhöhung bzw. -senkung (bekannt z. B. aus der einschlägigen Werbung der Baumarktkette *Praktiker* „20 Prozent auf alles, außer Tiernahrung. Nur noch bis Samstag"). Der Gewinn (der ja konstant bleiben soll) beträgt 100. Die Fixkosten betragen nach wie vor 300. Der Deckungsbeitrag, der erzielt werden muss, beträgt also 400. Die variablen Stückkosten sind ebenfalls nicht von der Preissenkung betroffen und betragen nach wie vor 6. Wird der Preis nun um 20 % gesenkt (von 10 auf 8), beträgt die neue Deckungsspanne nur noch 8 – 6 = 2. Um einen Deckungsbeitrag von 400 zu erzielen, müssen demnach 400/2 = 200 Stück abgesetzt werden. Der Absatz muss schlicht verdoppelt werden! Wird der Preis hingegen um 20 % erhöht (von 10 auf 12), so erhöht sich die Deckungsspanne von 10 – 6 = 4 auf 12 – 6 = 6. Um einen Deckungsbeitrag von 400 zu erzielen, müssen demnach nur noch 400/6 = 66 Stück abgesetzt werden – ein Drittel weniger als zuvor.

Die folgende Abbildung zeigt diese Rechnungen für unterschiedliche Deckungsspannen und Preiserhöhungen bzw. -senkungen.

Preissenkung: notwendiger Absatzzuwachs zum Erhalt des Deckungsbeitrags [%]					
	Deckungsspanne [% alter Preis]				
Preissenkung [%]	20%	30%	40%	50%	60%
-1%	5.3	3.4	2.6	2.0	1.7
-2.5%	14.3	9.1	6.7	5.3	4
-5%	33.3	20	14	11	9
-10%	100	50	33	25	20
-20%		200	100	67	50
-30%			300	150	100

Preiserhöhung: möglicher Absatzverlust zum Erhalt des Deckungsbeitrags [%]					
	Deckungsspanne [% alter Preis]				
Preiserhöhung [%]	20%	30%	40%	50%	60%
1%	-4.8	-3.2	-2.4	-2.0	-1.6
2.5%	-11.1	-7.7	-5.9	-4.8	-4
5%	-20.0	-14	-11	-9	-8
10%	-33	-25	-20	-17	-14
20%	-50	-40	-33	-29	-25
30%	-60	-50	-43	-38	-33

Abbildung 58: Notwendige Mengenveränderungen bei unterschiedlichen Deckungsspannen und Preisänderungen zur Wahrung des Deckungsbeitrags

4.2.2 Preisstrategien

Mit der Einführung eines Produktes am Markt ist auch über die zugehörige Preisstrategie zu entscheiden. Generell ist hier zwischen *statischen* (der Preis ändert sich im Laufe des Produktlebenszyklus nur unwesentlich, z. B. nur durch Inflationsanpassungen) und *dynamischen Preisstrategien* (der Preis wird vom Anbieter im Laufe des Lebenszyklus bewusst angehoben oder gesenkt) zu unterscheiden. Eine eher kurzfristige dynamische Preisstrategie ist als Sonderfall das sogenannte Yield Management (*Opresnik/Rennhak* 2015).

Statische Preisstrategien sind die *Prämien- oder Hochpreisstrategie* und die *Promotions- oder Niedrigpreisstrategie.* Bei der Prämienpreisstrategie verfügt das Unternehmen gegenüber seinen Wettbewerbern über einen marktlichen Vorteil (z. B. Design, innovative Technik, besonders begehrenswerte Marke), der es ihm erlaubt, einen relativ hohen Marktpreis durchzusetzen. Ein überragendes Qualitätsimage ist die Voraussetzung für den erfolgreichen Einsatz der Prämienpreisstrategie. Die Promotionspreisstrategie ist durch ihre relativ niedrigen Preise gekennzeichnet. Das Motiv für eine solche Strategie liegt meist in einer angestrebten Preis- oder Kostenführerschaft. Dabei besteht jedoch die Gefahr von Preis-Qualitäts-Irradiationen. Aus diesem Grund sollte diese Strategie nur bei vom Kunden direkt überprüfbarer Produktqualität zum Einsatz kommen. Die Sonderpreisstrategie stellt eine besondere Form der Promotionspreisstrategie dar. Sie ist eine zeitlich begrenzte, wettbewerbsorientierte Preissenkung, die auf Marktanteilsgewinne zielt. Sie wird z. B. zur Überbrückung von Zeiten mit stark unterausgelasteten Kapazitäten eingesetzt (*Rennhak/Opresnik* 2016).

Dynamische Preisstrategien sind die *Marktabschöpfungsstrategie (Skimming Pricing)* und die *Marktdurchdringungsstrategie (Penetration Pricing).* Die Marktabschöpfungsstrategie ist insbesondere bei hochinnovativen Produkten erfolgversprechend, wenn die Vergleichsmöglichkeiten der Kunden eingeschränkt sind und hohe Preise tendenziell als Indikator für hohe Qualität angesehen werden. Das Risiko dieser Strategie besteht vor allem darin, dass die hohen Gewinnpotenziale für Wettbewerber einen Anreiz setzen, in den Markt einzutreten. Für diese Preisstrategie ist in der Regel ein hohes Marktpotenzial erforderlich. Bei erfolgreicher Umsetzung ergeben sich für Konkurrenten hohe Markteintrittsbarrieren. Bei entsprechender Profilierung am Markt könnten dann im Zeitablauf die Preise eventuell sogar langsam angehoben werden.

Unternehmen müssen für den Markteintritt genau analysieren, welche der Strategien zur Anwendung kommen soll. Für eine Skimming- und gegen eine Penetrationsstrategie sprechen:

- eine geringe Preiselastizität in der Einführungsphase
- die mögliche Realisation hoher kurzfristiger Gewinne
- ein später Konkurrenzeintritt
- starke Konzentrationstendenzen bei Vertriebspartnern (z. B. im Handel)
- ein hoher Innovationsgrad des Produkts
- die dadurch erfolgende Unterstützung der Produktpositionierung im höherwertigen Preis-Qualitätsfeld
- die graduelle Abschöpfung der Preisbereitschaft in Form einer zeitlichen Preisdifferenzierung.

Für eine Penetrations- und gegen eine Skimmingstrategie sprechen hingegen:

- die Erzielung hoher Gesamtdeckungsbeiträge durch schnelles Absatzmengenwachstum trotz niedriger Stückdeckungsbeiträge
- hohe Lernraten und dadurch eine optimale Ausnutzung von Erfahrungskurveneffekten
- ein Mangel an glaubwürdigen Alternativen, da z. B. eine höhere Preispositionierung aufgrund geringer oder gänzlich fehlender Produktüberlegenheit nicht infrage kommt
- die Möglichkeit der Abschreckung von Konkurrenten durch niedrige Einführungspreise.

4.2.3 Preisstrategien für Dienstleistungen

Die besonderen Eigenschaften von Dienstleistungen (s. Abschnitt 4.1.2) machen es für Kunden oft schwierig, deren Qualität einzuschätzen. Ob die Bepreisung einer Dienstleistung aus Kundensicht angemessen ist, kann der Kunde oft allenfalls nach dem Konsum der Dienstleistung beurteilen. Aus Sicht der Dienstleistungsunternehmen ist es entsprechend schwierig, die Qualitätsmerkmale ihrer Dienstleistung an den Kunden zu kommunizieren.

Ein wichtiges – und oft das einzige – Qualitätssignal vor dem Dienstleistungskauf ist der Preis (*Ferrell/Hartline* 2014, S. 165): Setzt der Dienstleister den Preis zu niedrig an, schätzen die Kunden die Qualität der Dienstleistung wahrscheinlich als zu gering an. Wird der Preis dagegen zu hoch angesetzt, nehmen Kunden eventuell bereits im Vorfeld vom Kauf Abstand.

Allgemein lässt sich sagen, dass die Bepreisung von Dienstleistungen umso wichtiger (aber auch umso schwieriger) wird, je (*Ferrell/Hartline* 2014, S. 165),

- weniger transparent die Dienstleistungsqualität vor dem Kauf ist,
- weniger einfach die Kosten der Dienstleistung zu bestimmen sind,
- weniger vertraut die Kunden mit dem Dienstleistungsprozess sind,
- weniger etabliert die Dienstleistungsmarke ist,

- weniger die Möglichkeit besteht, die Dienstleistung zu bewerben,
- eher die Kunden die Dienstleistung selbst erbringen können und
- weniger klar ist, in welchen Einheiten die Dienstleistung erbracht und konsumiert wird.

Bei vielen Dienstleistungen ist die Bestimmung der zugehörigen Kosten nicht trivial, da in hohem Maße „weiche" Kostenkategorien wie Personal, Versicherungen und Administration dominieren. Dazu ist für viele Dienstleistungen nicht klar abzugrenzen, in welchen Einheiten die Dienstleistung erbracht und konsumiert wird. Wie lassen sich beispielsweise Haarschnitte in Leistungseinheiten einteilen? Ist die Zeit hier eine sinnvolle Maßeinheit, ist es die Länge des Haars, ist es die Art des Stylings (*Ferrell/Hartline* 2014, S. 165)?

Wenn Unternehmen Dienstleistungen anbieten, die die Kunden auch selbst erbringen können, wie z. B. haushaltsnahe Dienstleistungen, konkurriert das Unternehmen mit seinen eigenen Kunden. Ausschlaggebend für den Kauf einer solchen Dienstleistung ist letztendlich die Einschätzung der Kunden bezüglich des (Geld-)Wertes ihrer Zeit (*Ferrell/Hartline* 2014, S. 165).

Die heterogene Natur vieler Dienstleistungen (jede Rechtsberatung eines Anwalts bezieht sich auf einen anderen Fall, jede Behandlung durch den Zahnarzt konzentriert sich auf ein spezifisches Patientenproblem) begrenzt die Möglichkeit, Dienstleistungen zu standardisieren. Dadurch wird auch die Möglichkeit, Preise zwischen verschiedenen Anbietern zu vergleichen, eingeschränkt (*Ferrell/Hartline* 2014, S. 165).

Dienstleistungen sind nicht lagerbar. Nicht genutzte Kapazitäten sind damit unwiederbringlich verloren (s. Abschnitt 4.1.2). Nicht ausgelastete Sitzplätze in einem Zug der *Deutschen Bahn AG* beispielsweise können nicht zu einem späteren Zeitpunkt verkauft werden. Entsprechend versuchen Dienstleister, über eine höhere oder niedrigere Bepreisung Angebots- bzw. Nachfrageüberhänge auszugleichen. Ein derartiges Vorgehen nennt man Yield Management.

Neben der Abschöpfung der maximalen kundenseitigen Preisbereitschaft dient das Yield Management auch der Kapazitätssteuerung (*Mauri* 2007). Man versucht, anhand eines dynamischen Preisdifferenzierungsmodells Preis und Nachfrage in Abhängigkeit bereits bekannter Nachfragefunktionen zu steuern. Ziel ist dabei, den Gesamtertrag je Produkt zu maximieren. Die Besonderheit im Vergleich zur klassischen zeitlichen Preisdifferenzierung besteht darin, dass es zum einen auf der Ebene einzelner Angebote (z. B. eine bestimmte Zimmerkategorie an einem bestimmten Datum) durchgeführt wird und zum anderen auf einer Kontingentierung basiert, d. h., dass innerhalb des Angebots (z. B. 50 Zimmer in der designierten Katego-

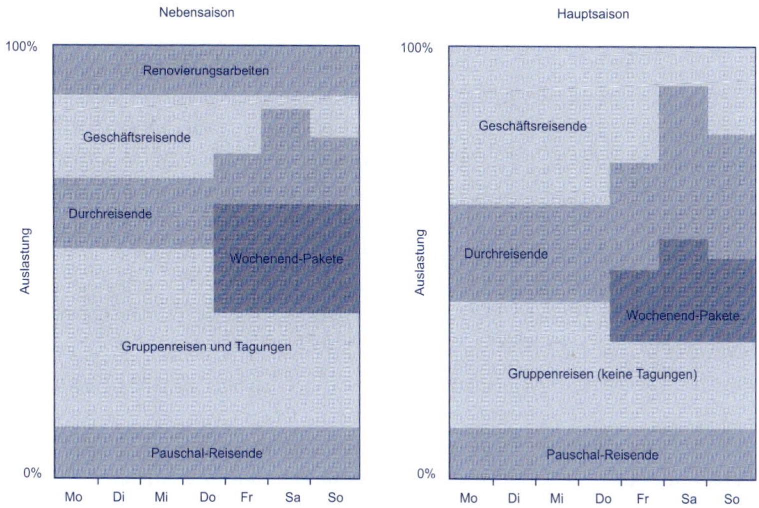

Abbildung 59: Beispiel Yield Management für ein fiktives Hotel nach *Ferrell/Hartline* (2014, S. 166)

rie) Kontingente gebildet werden (z. B. werden immer 10 Zimmer zu einem identischen Preis verkauft). Ist ein Kontingent aufgebraucht, ist der zugehörige Preis nicht mehr verfügbar.

Das Unternehmen kontrolliert also zum einen die *Menge* an einem bestimmten Preispunkt durch Begrenzung des entsprechenden Angebots (*Ferrell/Hartline* 2014, S. 166). Zum anderen kontrolliert das Dienstleistungsunternehmen die Nachfrage, indem die Preise im Zeitablauf angepasst und Überbuchungen durchgeführt werden. Dies sorgt dafür, dass die Nachfrage relativ gleichmäßig verläuft und Leerkapazitäten vermieden werden (*Ferrell/Hartline* 2014, S. 166).

Das Besondere an dieser Form der Kontingentierung ist die Tatsache, dass die jeweiligen Kontingente nicht nur an beobachtbare soziodemografische oder andere Kriterien geknüpft werden, sondern auch am Verhalten (z. B. Kaufzeitpunkt). Dabei werden zur optimalen Ausgestaltung von Preishöhen und Kontingentgrößen auf Marktforschungsergebnissen basierende statistische Prognosemodelle verwendet. Yield Management kommt vornehmlich dort zum Einsatz, wo die Kostenstruktur der Branche von den Fixkosten dominiert wird. Dies ist z. B. bei Fluglinien, in der Hotelbranche, bei Autovermietungen, in der Logistikbranche und in Krankenhäusern der Fall. Yield-Management-Systeme sind auch sehr nützlich, wenn es darum geht, Märkte auf der Basis unterschiedlicher Preiselastizitäten zu segmentieren.

4.2.4 Preiselastizitäten

Die Preiselastizität ist ein Maß dafür, wie stark sich die nachgefragte Menge verändert, wenn sich der Preis um ein Prozent ändert. Je höher die Preiselastizität ist, desto stärker reagiert die Menge auf den geänderten Preis (*Graf* 2002). Anhand der Preiselastizität kann also ermittelt werden, wie stark Kunden auf Preisänderungen reagieren. Ist die Elastizität niedrig, können die Preise relativ stark variiert werden, ohne dass die Kunden übermäßig reagieren, das heißt z. B., bei Preiserhöhungen wandern kaum Kunden ab. In diesem Fall besteht eine Präferenz für Produkt und/oder Marke, die den Kunden veranlasst, trotz des erhöhten Preises loyal zu bleiben.

Die nachfolgende Abbildung verdeutlicht diesen Zusammenhang: Bei einer unelastischen Nachfrage bedarf es einer großen Preisänderung, um dieselbe Mengenänderung zu bewirken, wie eine kleine Preisänderung dies bereits bei einer elastischen Nachfrage vermag.

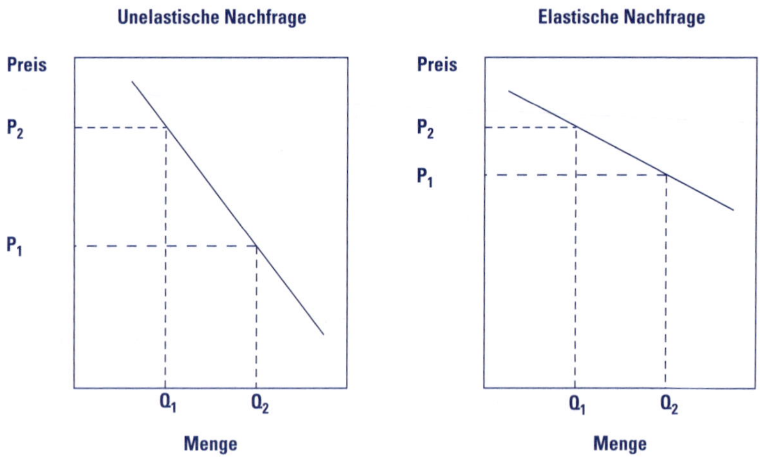

Abbildung 60: Unterschiedliche Preiselastizitäten

Die Preiselastizität ist als das Verhältnis der relativen Mengenänderung zu der sie auslösenden relativen Preisänderung definiert. Relative Änderung bedeutet Änderung in Bezug auf die Ausgangsmenge bzw. auf den Ausgangspreis. Die Formel der Preiselastizität der Nachfrage (e_N) lautet folgendermaßen:

$$e_N = \frac{\textbf{relative Preisänderung}}{\textbf{relative Mengenänderung}}$$

Der Wert der Preiselastizität der Nachfrage ist abhängig von der Nachfragefunktion. Diese bezieht sich auf den Gesamtmarkt, d. h.

die Gesamtheit der Nachfrage nach einem bestimmten Gut. Im Unterschied dazu bezieht sich die Preis-Absatz-Funktion nur auf ein einzelnes Unternehmen. Bei einer normalen Nachfragefunktion ist die Preiselastizität immer negativ, da mit einer Preisänderung stets eine entgegengesetzte Mengenänderung verbunden ist: Eine Preissenkung (– Δp) führt zu einer Mengenzunahme (+Δx), eine Preiserhöhung (+Δp) führt zu einem Mengenrückgang (–Δx).

Beispiel

Die folgenden Beispiele beziehen sich auf die Nachfragefunktion p = 20 – 0,2 x.

Ausgangs-situation		Neue Situation	Änderung	Elastizität
(1)	p = 16 x = 20	p = 14 x = 30	Δp = –2 Δx = 10	$e_N = \frac{\Delta x \times p}{\Delta p \times x} = \frac{(+10) \times 16}{(-2) \times 20} = -4$
(2)	p = 10 x = 50	p = 8 x = 60	Δp = –2 Δx = 10	$e_N = \frac{\Delta x \times p}{\Delta p \times x} = \frac{(+10) \times 10}{(-2) \times 50} = -1$
(3)	p = 4 x = 80	p = 2 x = 90	Δp = –2 Δx = 10	$e_N = \frac{\Delta x \times p}{\Delta p \times x} = \frac{(+10) \times 4}{(-2) \times 80} = -0{,}25$

Abbildung 61: Berechnung von Preiselastizitäten

Was bedeuten nun die unterschiedlichen Werte für die Preiselastizität?

- Ist der Elastizitätswert kleiner als –1, dann ist die Nachfrage in der Ausgangssituation *elastisch*. Dies ist im Beispiel (1) der Fall. Hier führt eine relativ kleinere (prozentuale) Preisänderung (– 2 bezogen auf 16 = –12,5 %) zu einer relativ größeren (prozentualen) Mengenänderung (+10 bezogen auf 20 = + 50 %). e_N = (+ 50 %) ÷ (–12,5 %) = – 4.
- Ist der Elastizitätswert gleich –1, dann sind die relativen Änderungen von Preis und Menge gleich groß. Dies ist im Beispiel (2) der Fall. Hier führt eine relativ kleinere (prozentuale) Preisänderung (– 2 bezogen auf 10 = –20 %) zu einer gleich großen relativen (prozentualen) Mengenänderung (+ 10 bezogen auf 50 = +20 %). e_N = (+ 20 %) ÷ (– 20 %) = – 1.
- Ist der Elastizitätswert größer als –1, dann ist die Nachfrage in der Ausgangssituation *unelastisch*. Dies ist im Beispiel (3) der Fall. Hier führt eine relativ größere (prozentuale) Preisänderung (– 2 bezogen auf 4 = – 50 %) zu einer relativ kleineren (prozentualen) Mengenänderung (+10 bezogen auf 80 = +12,5 %). e_N = (+ 12,5 %) ÷ (– 50 %) = – 0,25.

Daneben gibt es noch zwei Extremfälle:

- Die Preis-Absatz-Funktion kann parallel zur Ordinate verlaufen. Preisveränderungen haben damit keine Auswirkung auf die nachgefragte Menge. Das wäre eine *vollkommen unelastische Nachfrage.*

- Die Preis-Absatz-Funktion verläuft parallel zur Abszisse. In diesem Fall ist bei einem bestimmten Preis die nachgefragte Menge quasi unendlich groß. Wird der Preis aber nur geringfügig geändert, fällt die nachgefragte Menge auf null. Dann spricht man von einer *vollkommen elastischen Nachfrage.*

Mit der Preiselastizität der Nachfrage lässt sich die Auswirkung einer Preisänderung auf den Umsatz abschätzen. Denn im elastischen Bereich führen eine Preissenkung zu einem Umsatzzuwachs und eine Preiserhöhung zu einem Umsatzrückgang. Im unelastischen Bereich führen eine Preissenkung zu einem Umsatzrückgang und eine Preiserhöhung zu einem Umsatzzuwachs.

Die folgende Tabelle stellt die Zusammenhänge zwischen Preiselastizität, Preisänderung und Umsatzänderung dar:

	Preisänderung im elastischen Bereich $e_N < -1$	Preisänderung symmetrisch um $e_N = -1$	Preisänderung im unelastischen Bereich $e_N > -1$
Preissenkung	Umsatz steigt	Umsatz konstant	Umsatz sinkt
Preiserhöhung	Umsatz sinkt	Umsatz konstant	Umsatz steigt

Abbildung 62: Zusammenhänge zwischen Preiselastizität, Preisänderung und Umsatzänderung

Der Wert der Preiselastizität eines bestimmten Produkts kann in der Praxis kaum genau ermittelt werden. Für eine ungefähre Messung der Preiselastizität werden in der Literatur u.a. folgende Methoden genannt:

- Beobachtung vergangener Reaktionen auf Preisänderungen anhand einer ausgebauten Absatzstatistik
- Durchführung von Preistests. Hierbei wird für neue Produkte die Aufnahmebereitschaft des Marktes bei unterschiedlichen Preisstellungen untersucht.
- Händler- und Verkäuferbefragungen

Kunden sind preissensibler, wenn sie Produktalternativen haben. *Ferrell/Hartline* (2014, S. 162 f.) zeigen eine Reihe von Situationen auf, in denen die Preiselastizität hoch ist:

- *Verfügbarkeit von Substitutionsgütern:* Existieren Substitutionsgüter, so können die Abnehmer auf diese ausweichen, sobald ihnen das Preis-Leistungs-Verhältnis eines Produktes nicht mehr angemessen erscheint; die Nachfrage ist relativ elastisch. Umgekehrt ist die Nachfrage nach einem Gut, für das keine Substitutionsgüter existieren (z. B. Heizöl), relativ unelastisch.

- *Kommunikation des Preises als Wettbewerbsinstrument:* In manchen Branchen (z. B. Telekommunikation, Möbel) wird der Preis prominent kommuniziert. Entsprechend sensibel reagieren Kunden auf Preisunterschiede zwischen Wettbewerbern (z. B. führen Preisunterschiede von nur wenigen Cent zwischen benachbarten Tankstellen zu langen Schlangen vor der einen und gähnender Leere bei der anderen Tankstelle). Eng verknüpft mit diesem Phänomen ist die Tatsache, dass eine einfache Vergleichbarkeit von Preisen zu einer höheren Preiselastizität führt.
- *Leichtigkeit der Bedürfnisbefriedigung:* Kann ein Bedürfnis leicht befriedigt werden, d. h., ist bereits mit einer kleinen Menge des Produktes eine Sättigung beim Käufer erreicht, so ist die Nachfrage dafür unelastisch. So wird z. B. bei Salz eine hohe Preisreduzierung den Absatz kaum stark erhöhen können. Steigen hingegen die Preise von Grundnahrungsmitteln, hat dies in vielen Gesellschaften schon zu sozialen Unruhen geführt (so hätte z. B. eine Bierpreiserhöhung im 19. Jahrhundert um Haaresbreite zum Sturz des bayerischen Königshauses geführt).
- *Dauerhaftigkeit des Gutes:* Dieser Faktor macht die Nachfrage nach einem Gut elastisch, da der Kauf dauerhafter Güter aufgeschoben werden kann, wenn die Preise ungünstig sind (z. B. Automobilkauf).
- *Dringlichkeit der Bedürfnisse:* Eine hohe Dringlichkeit führt zu einer weitgehend unelastischen Nachfrage (z. B. Medikamente).
- *Absolute Preishöhe eines Gutes vor einer Preisänderung:* Ein hoher Preis beinhaltet ein bestimmtes Preissenkungspotenzial und somit die Möglichkeit, neue Käuferschichten zu erschließen (Nachfrage eher elastisch). Die Herabsetzung eines ohnehin niedrigen absoluten Preises (z. B. für Kaugummi) verspricht dagegen nicht immer eine Eröffnung neuer Absatzchancen (Nachfrage eher unelastisch).
- *Komplementärprodukte:* Preissenkungen bei einem Komplementärprodukt führen dazu, dass die Kunden mehr Geld zum Kauf des Produkts zur Verfügung haben und entsprechend weniger preissensibel reagieren. Preissenkungen für Kreuzfahrten führen z. B. zu einer geringeren Preiselastizität für Landexkursionen.

4.2.5 Problembereiche der Preisstrategie

Die Preisstrategie ist der Bereich der Instrumentalstrategien im Marketing, der am intensivsten unter öffentlicher Beobachtung steht und am stärksten reguliert wird (*Ferrell/Hartline* 2011, S. 255). Problembereiche der „Preisstrategie“ sind Preisdiskriminierung, Preisabsprachen, Dumping und Irreführung der Verbraucher.

Preisdiskriminierung (oder auch Preisdifferenzierung) findet statt, wenn ein Unternehmen von unterschiedlichen Kunden verschiedene Preise für identische Produkte verlangt. Preisdifferenzierung ist dann – auch rechtlich – nicht zu beanstanden, wenn sich Preisunterschiede durch Kostenunterschiede zwischen verschiedenen Kundengruppen rechtfertigen lassen. Dies ist regelmäßig der Fall, wenn sich Kostenunterschiede z. B. auf unterschiedliche Bestellmengen zurückführen lassen.

Beispiel

Wer zur gleichen Zeit wie andere Kunden beim gleichen Anbieter das gleiche Produkt kauft, rechnet in der Regel damit, den gleichen Preis zu zahlen wie alle anderen. Nicht so bei Amazon.com. Auf der US-Plattform des Internet-Medienshops zahlten Käufer im Jahr 2000 unterschiedliche Preise für das gleiche Produkt, ergaben Stichproben der amerikanischen Zeitschrift *Computerworld.* Die Preise stiegen und fielen mit dem Browser, den der Kunde nutzte, um auf dem Buchhandelsportal zu surfen. Wer etwa mit einem Netscape-Webbrowser auf die Amazon-Site gelangte und dort die komplette Serie des Science-Fiction-Klassikers *Planet of the Apes* als DVD-Video erwab, zahlte 64,99 US-Dollar. Kam der Käufer hingegen mit dem Microsoft-Internet Explorer auf die Site, kostete das Video 74,99 US-Dollar.

Solche Preisdifferenzen wurden noch bei anderen DVD-Produkten beobachtet. So wurden für das Video *Men in Black* unterschiedliche Preise ausgewiesen – und auch hier war für die Preisangabe der Browser ausschlaggebend, den der Kunde benutzt hatte. Darüber hinaus aber differierten die Preisvorschläge in Abhängigkeit davon, über welchen Service-Provider ein Surfer ins Internet gelangte. Zudem berücksichtigte der Online-Shop, ob der Interessent das erste Mal oder bereits zum wiederholten Mal bei Amazon einkaufte: Vom Netscape-Browser aus sollte das *Men-in-Black*-Video 25,97 US-Dollar kosten, während ein Internet Explorer-Nutzer 23,97 Dollar zahlen sollte. Wieder anders sahen die Preise aus, nachdem der Cache der für die Bestellung benutzten PCs geleert und alle Cookies ausgeschaltet waren: Jetzt kostete das Video den Netscape-Surfer 25,97, den Explorer-User hingegen 27,97 US-Dollar (vgl. www.heise.de).

Preisabsprachen unter Wettbewerbern sind regelmäßig illegal. Unternehmen, die sich an so genannten Preiskartellen (denken Sie an die spektakulären Fälle wie das Bahnschienenkartell oder das Stromkabelkartell, das über 100 Jahre bestand) beteiligen, werden hart bestraft. Für die Wettbewerbshüter in den verschiedenen Ländern (in Deutschland übernimmt diese Aufgabe das Bundeskartellamt) ist es nicht immer ganz einfach, Kartellabsprachen aufzudecken. Die konspirierenden Unternehmen fertigen in den seltensten Fällen formale Verträge über ihre Absprachen an und bewahren diese dann auf, wie dies im Fall des Stromkabelkartells geschehen ist. Oft treffen die Unternehmen informelle Absprachen („Frühstückskartelle“) oder stimmen lediglich über sogenannte Preissignale ab, d.h. die Unternehmen einer Branche signalisieren sich z.B. über öffentlich angekündigte Preisänderungen ihre künftige Preisstrategie und stimmen sich so ab. Die Mineralölbranche ist häufig Gegenstand von entsprechenden Diskussionen.

Dumping ist der gezielte Versuch, Mitbewerber durch (zu) niedrige Preise zum Marktaustritt zu veranlassen. Ist der Wettbewerber eliminiert, werden die Preise typischerweise wieder auf das ursprüngliche Niveau angehoben (*Ferrell/Hartline* 2011, S. 256). Dumping ist in der Realität schwierig nachzuweisen: Es muss der Beweis geführt werden, dass entweder die Preissenkung gezielt durchgeführt wurde, um den Wettbewerber auszuschalten, oder dass die Preise unter den Selbstkosten liegen.

Beispiel
In der ökonomischen Realität werden heute viele Märkte von großen Konzernen dominiert, die Größendegressionseffekte nutzen können (Größe und Effizienz sind natürlich nicht illegal!). Als Beispiel kann hier die deutsche Medienlandschaft angeführte werden. Allein Bertelsmann und Springer erzielen mit ihren Zeitschriften über 70% der Gesamtreichweite. In der Medienbranche geht Reichweite mit Deutungshoheit und damit mit politischem und gesellschaftlichem Einfluss einher.

Die *Irreführung der Verbraucher* durch Preismaßnahmen hat in letzter Zeit viel öffentliche Aufmerksamkeit auf sich gezogen. Besonders häufig sind hier Fälle anzutreffen, in denen Unternehmen Preissenkungen gegenüber den üblichen „Normalpreisen“ ankündigen und dies aber gar nicht zutreffend ist. Von Irreführung der Verbraucher spricht man, wenn Unternehmen zum „Normalpreis“ nur eine ganz geringe Menge verkaufen oder der Zeitraum, in dem das „Sonderangebot“ gilt, ungewöhnlich lang ist (und somit de facto eigentlich der „Angebotspreis“ der Normalpreis ist) (*Ferrell/Hartline* 2011, S. 257).

4.3 Distributionsstrategie

Im Rahmen der Distributionsstrategie legt das Unternehmen Absatzwege (synonyme Bezeichnungen sind Absatzkanal, Distributionskanal, Vertriebsschiene, Vertriebsweg) fest. Dies ist der Weg, auf dem ein Produkt vom Hersteller zum Verbraucher gelangt (*Diller* 2001). Zudem werden in der Lieferkette (Supply Chain) die Absatzorgane festgelegt. Absatzorgane sind die Partner der Hersteller mit

Distributionsgaben: Distributionsmittler (Groß- und Einzelhandel), Distributionshelfer und Beschaffungsorgane der Konsumenten (*Toporowski* 2009).

Diese Entscheidungen sind für den Markterfolg ebenso wichtig wie die Wahl der richtigen Zielgruppe oder des erfolgversprechendsten Produktes. Nur eine ausreichende Präsenzleistung am Markt und die tatsächliche Verfügbarkeit des Produkts ermöglichen einen Abverkauf. Jedes markt- und kundenorientierte Unternehmen hat die Aufgabe, die Vor- und Nachteile der verschiedenen Vertriebswege und -organe zu analysieren und einen optimalen Mix an Vertriebskanälen zu identifizieren und zu implementieren. Hierbei spielen vor allem die Vertriebskosten und die optimale Erreichung der gewünschten Zielgruppe (Reichweite) eine entscheidende Rolle. Aber auch die Imagewirkung des Vertriebskanals (z. B. Flagship-Store vs. Haustürverkauf) spielt eine nicht zu unterschätzende Rolle (*Rennhak/Opresnik* 2015, S. 96).

Ferrell/Hartline (2011, S. 169) systematisieren Fragen der Distributionsstrategie und des Supply Chain Managements zunächst entlang der Komponenten Marketingkanäle und physische Distribution:

- Unter *Marketingkanälen* versteht man ein System von Marketinginstitutionen, durch das Produkte, Ressourcen, Informationen, Vermögensgegenstände und/oder Eigentumsrechte vom Punkt ihrer Entstehung zum Endverbraucher fließen. Einige Marketinginstitutionen werden rechtlich Eigentümer der Produkte (z. B. Großhändler, Einzelhändler), andere wirken lediglich am Prozess mit und erhöhen dessen Effizienz (z. B. Agenten, Broker oder Finanzmakler).
- Die *physische Distribution* (oder Logistik) gestaltet den Fluss von Produkten und Information zwischen den Partnern in der Lieferkette. Die Aufgabe ist hier, die Verfügbarkeit des Produkts in der richtigen Menge, am richtigen Ort, zur richtigen Zeit auf kosteneffiziente Art und Weise sicherzustellen. Dies umfasst Aktivitäten wie Kundendienst, Auftragsannahme und -verwaltung, Transport, Lagerung und die Systeme und Infrastruktur, um diese Aktivitäten durchführen zu können.

Die Supply Chain integriert alle Mitglieder des Marketingkanal, wie in der nachfolgenden Abbildung dargestellt.

Die Marketingkanäle erfüllen eine Reihe von Funktionen sowohl für die Hersteller als auch für die Endverbraucher. Ihre Existenz sorgt für höhere Effizienz und geringere Kosten auf beiden Seiten, obwohl die Existenz von zusätzlichen Unternehmen in der Supply Chain zunächst einmal mehr Kosten verursacht. Wie kann also insgesamt das Gesamtsystem „Marketingkanal" die Kosten reduzieren? Das

Abbildung 63: Die Supply Chain nach *Ferrell/Hartline* (2014, S. 171)

liegt an den speziellen Funktionen, die ein Marketingkanal erfüllt (*Ferrell/Hartline* 2014, S. 172):

- *Reichweite:* Die Endverbraucher können ihren Bedarf durch One-Stop-Shopping decken und sparen so Zeit und Kosten. Der Handel bietet hier eine *Sortimentsfunktion* an, d.h., er bietet Kunden eine breite und/oder tiefe Auswahl an Produktalternativen. Zudem stellen Marketingkanäle Produkte in der Regel am Ort der Bedürfnisentstehung (z.B. am Wohnort des Verbrauchers) zur Verfügung.
- *Spezialisierungseffekte*: Innerhalb eines Marketingkanals spezialisieren sich Unternehmen auf die Aktivitäten, die sie besonders gut beherrschen. Einige Unternehmen stellen Produkte her, andere transportieren diese, wieder andere lagern sie und noch einmal andere verkaufen sie.
- *Ausgleich quantitativer, qualitativer und zeitlicher Spannungen*: Hersteller wollen Produkte in möglichst großen Mengen herstellen, während Endverbraucher sie in möglichst kleinen Mengen konsumieren wollen. Die Unternehmen im Marketingkanal prüfen und bewerten darüber hinaus die Qualität der Produkte im Kanal und senden durch entsprechende Kennzeichnung Qualitätssignale an die nachgelagerten Stufen (z.B. „Handelsklassen“ bei bestimmten Lebensmitteln). Im Marketingkanal werden durch Lagerung zudem zeitliche Spannungen überbrückt: Hersteller können nicht alle Produkte immer sofort auf Nachfrage liefern; Nachfrager wünschen aber sofortige Bedürfnisbefriedigung.
- *Dienstleistungen*: Marketingkanäle stellen oft eine ganze Reihe von Dienstleistungen bereit. Diese helfen, den Austausch der Produkte durchzuführen und effizient zu gestalten (z.B. Lagerung, Lieferung, Versicherung, Finanzierung, Zahlungsabwicklung).

Damit die richtige Ware in der richtigen Menge zum richtigen Zeitpunkt am richtigen Ort und zu optimalen Kosten zur Verfügung gestellt werden kann, müssen im Rahmen der *physischen Distribution* eine Reihe von Teilaufgaben bewältigt werden. Typischerweise beginnt man die Planung mit dem Engpassfaktor, der in der Regel der Absatz ist. Auf der Basis des geplanten Absatzes werden zunächst Produktions- und Lagermengen geplant. Aus dem Produktionsplan lässt sich ableiten, was und wie viel beschafft werden muss. Gleichzeitig ist zu überlegen, wie hoch der Lagerbestand, also der Puffer zwischen den Kundenbestellungen und den Lieferungen des Produzenten, sein soll. Vom Kunden bestellte Waren gehen dann über die Verpackungsabteilung in das Warenausgangslager. Dort werden sie verladen und zum Kunden oder in ein Außenlager transportiert. Für die Warenlogistik fallen im Durchschnitt für ein deutsches Unternehmen Kosten in Höhe von 8 bis 9 % des Umsatzes an. Damit ist die physische Distribution ein bedeutender Kostenblock. Zugleich ermöglicht die physische Distribution durch besonders konsequente und Erfüllung der oben genannten Ziele eine Differenzierung vom Wettbewerb (vgl. *Kotler et al.* 2007).

4.3.1 Strategische Vertriebskanalgestaltung

Beim Management von Vertriebskanälen geht es zunächst um die konkrete *Ausgestaltung der Absatzwege*. Es werden prinzipiell drei Absatzwege unterschieden: Der direkte Vertrieb, der indirekte Vertrieb und der Multi-Channel-Vertrieb. Einflussfaktoren für die Wahl der Absatzwege sind insbesondere die Produktspezifika und das Kaufverhalten potenzieller Kunden. Die Wahl des Absatzweges ist zudem stark von externen Einflussfaktoren wie z. B. physische Umweltfaktoren, soziale Gegebenheiten oder Traditionen beeinflusst, weshalb sie auch für ein Unternehmen von Markt zu Markt variieren können (*Rennhak*/ *Opresnik* 2015, S. 97 f.).

Direkter Vertrieb bedeutet, dass der Hersteller seine Erzeugnisse direkt, d. h., ohne dabei andere selbstständige Institutionen einzubinden, an den Endabnehmer vermarktet (*Kreutzer* 2010). Hierbei gibt es verschiedene Alternativen, wie der Vertrieb erfolgen kann, persönlich, schriftlich per Post, telefonisch oder über den elektronischen Weg (*Renker* 2009). Die Absatzorgane der direkten Distribution sind zum Beispiel eine eigene Verkaufsabteilung oder Verkaufsniederlassungen oder ein eigener Außendienst mit fest angestellten Mitarbeitern (z. B. Key Account, Reisende). In B2C-Märkten spricht man dabei in der Regel von *door-to-door-selling*, d. h., der Außendienst besucht den Kunden zu Hause (z. B. *Vorwerk*). Dies ist besonders häufig bei erklärungsbedürftigen Produkten der Fall (*Kreutzer* 2010). In B2B-Märkten spricht man in der Regel von *personal selling*. Dieser

Begriff deutet nicht nur auf den unmittelbaren Kontakt zwischen Käufer und Verkäufer hin, sondern auch auf die (angestrebte) langjährige (persönliche) Geschäftsbeziehung, die aufgebaut und gepflegt werden soll (*Kleinaltenkamp* 2006).

Der wesentliche Vorteil des direkten Vertriebs ist die Kontrolle der Kundenschnittstelle, d. h., dass der Hersteller im unmittelbaren Austausch mit dem Endkunden steht, sein Kundenverständnis schärfen und besser überlegene Lösungen für Kundenprobleme entwickeln kann. Er ist dabei unabhängig von dritten Vertriebspartnern. Das gesamte Distributionsmanagement kann vom Hersteller gesteuert werden. Zudem wird die Distributionsspanne eingespart (*Pepels* 2007).

Ein weiterer Vorteil des direkten Vertriebs ist, dass eigene Mitarbeiter ihr Fachwissen zur Verfügung stellen, um Kunden zu beraten – dies ist besonders bei erklärungsbedürftigen Produkten im B2B-Markt von entscheidender Bedeutung, kann aber auch im B2C-Markt wichtig sein. Das Unternehmen *Tupperware* z. B. hatte ursprünglich versucht, seine Produkte über den Einzelhandel zu vertreiben, ist aber bald auf direkten Vertrieb umgestiegen (die so genannten „Tupper-Partys“), da nur eigene Vertriebsmitarbeiter in der Lage schienen, die Produktvorteile adäquat zu kommunizieren (*Rennhak/Opresnik* 2016, S. 137).

Ein bedeutender Nachteil des direkten Vertriebs ist, dass sowohl das Distributionsmanagement wie auch das Distributionsrisiko beim Hersteller liegen. Dies wiegt umso schwerer, als ein Hersteller zwar ein Produktspezialist in seinem Feld sein mag, dies aber nicht immer und zwangsläufig mit einer entsprechenden Verkaufsexpertise einhergeht. Ein Fehlen von Handelspartnern birgt vor allem Nachteile für Hersteller, die nur über ein schmales Leistungsprogramm verfügen. Dieses ist oftmals nur vermarktbar, wenn es in das umfassende Sortiment eines Handelspartners eingebunden wird (*Kreutzer* 2010). Kosten für Aufbau und Unterhalt eigener Distributionskanäle sind oft sehr hoch und bedeuten eine große Fixkostenbelastung (*Pepels* 2007). Hier sind wiederum Unternehmen mit einem schmalen Leistungsprogramm im Nachteil, da sich die Vertriebskosten hier nur auf wenige Produkte überwälzen lassen (*Kreutzer* 2010).

Von *indirektem Vertrieb* spricht man, wenn ein Unternehmen sein Leistungsprogramm über rechtlich und wirtschaftlich selbstständige, unternehmensfremde Organisationen als Absatzmittler an die Endabnehmer vertreibt (*Renker* 2009). Abhängig davon, wie viele Absatzmittler in den Vertriebsprozess eingebunden werden, spricht man von ein-, zwei- oder mehrstufigem Vertrieb. Der indirekte Vertrieb lässt sich sowohl im B2C- wie auch im B2B-Markt finden (*Kreutzer* 2010). Vertriebspartner können dabei z. B. Groß- und Einzelhändler,

Handelsvertreter, Kommissionäre und Handelsmakler sein (*Rennhak/Opresnik* 2016, S. 137).

Die Nachteile des direkten Vertriebs entsprechen den Vorteilen des indirekten Vertriebs und umgekehrt. Der indirekte Vertrieb ist vor allem für Unternehmen ratsam, denen es an Kenntnis und Erfahrung im Vertrieb sowie den nötigen finanziellen Mitteln mangelt. Der indirekte Vertrieb ist besonders vorteilhaft bei wenig erklärungsbedürftigen Produkten und Dienstleistungen mit hoher Kauffrequenz. Der Hersteller kann hierbei die Erfahrung, Organisationsstruktur und Kontakte seiner Distributionspartner nutzen (*Pfetzig* 2004).

Ein weiterer Vorteil des indirekten Vertriebs besteht darin, dass Konsumenten gerne ihren gesamten Bedarf aus einer Hand decken (One-Stop-Shopping, s. o.). Der Handel wickelt also den Verkaufsvorgang ab, weshalb auch nur eine kleine Vertriebsorganisation benötigt wird, was dem Hersteller Kosten und Zeit spart (*Pfetzig* 2004). Der Handel kann weiterhin wichtige Funktionen wie die Beratung oder Finanzierung des Kaufs übernehmen (*Kreutzer* 2010).

Ein Nachteil des indirekten Vertriebs ist, dass der Hersteller keinen Einfluss mehr auf Beratungsleistung der Mitarbeiter, Preis oder Präsentation des Produkts beim Handelspartner (z. B. im Ladengeschäft) hat. Dies kann sich negativ auf das Produktimage auswirken (z. B. wenn ein Produkt als Aktionsware benutzt wird) (*Russel* 2010). Der Handel lässt sich seine Abverkaufs- wie auch die vorgelagerten Kommunikations- und Beratungsleistungen über die Handelsspanne entgelten, die den Gewinn des Herstellers schmälert (*Kreutzer* 2010).

Die Entscheidung zwischen direktem und indirektem Vertrieb ist typischerweise von sechs Faktoren bestimmt:

- Erklärungsbedürftigkeit des angebotenen Produkts
- Kauffrequenz bzw. Bedarfshäufigkeit
- Steuerungs- und Kontrollmöglichkeiten
- Informationen über den Markt
- Identifikation mit dem Unternehmen
- Kosten der Verkaufsorgane

Verkauft ein Hersteller stark *erklärungsbedürftige Produkte* (z. B. ein Großraumflugzeug oder eine Werkzeugmaschine), wird er dies in der Regel direkt tun. Eigene Mitarbeiter können die Erklärungsaufgabe eher bewältigen, da sie über mehr Informationen verfügen als externe. Auch die *Kauffrequenz* ist entscheidend: Direktvertrieb kommt vor allem dann infrage, wenn die Kauffrequenz relativ gering ist, ansonsten ist der indirekte Vertrieb in der Regel günstiger. Schließlich können eigene Mitarbeiter enger *gesteuert und kontrolliert* werden als externe Verkaufsorgane. Sie identifizieren sich auch mehr mit dem eigenen Unternehmen. Andererseits müssen eigene Außendienstmitarbeiter geschult werden und u. U. mit Firmenwagen, Mobiltelefonen, Laptops und dergleichen ausgestattet werden. Sie sind damit teurer als externe Organe.

Häufig beschränken sich Unternehmen nicht nur auf einen Absatzkanal, sondern bedienen sich im Rahmen eines sogenannten *Multi-Channel-Vertriebs* gleichzeitig mehrerer Vertriebskanäle. Dies dient zum einen der Erhöhung der Marktabdeckung, da Kunden mit unterschiedlichen Einkaufsstättenpräferenzen besser erreicht werden können. Zum anderen schaffen Hersteller auf diese Weise einen gewissen Risikoausgleich, indem z.B. die Abhängigkeit von Handelspartnern reduziert bzw. die Verhandlungsmacht gegenüber einzelnen Kanälen gestärkt wird (*Rennhak/Opresnik* 2016, S. 138).

Beim Multi-Channel-Vertrieb ist besonders auf eine geeignete Orchestrierung der unterschiedlichen Kanäle zu achten (*Winkelmann* 2008). Weder auf Kundenseite noch aufseiten der Handelspartnern darf es zu Irritationen bzw. Unstimmigkeiten kommen (beispielsweise durch unabgestimmte parallele Angebote an Kunden oder Übervorteilung von Handelspartner, die zwar die Beratungsleistungen erbringen, aber bei der Allokation des Funktionsentgelts leer ausgehen). Das sogenannte Channel-Management muss hier entsprechende Aussteuerungen vornehmen, um Kannibalisierungseffekte zwischen den verschiedenen Vertriebskanälen zu minimieren (bzw. bewusst zu optimieren). Auf Kundenseite ist einer Verunsicherung entgegenzuwirken, die dadurch entstehen kann, dass Kunden Produkte über verschiedene Kanäle angeboten werden. Das gilt besonders, wenn die verschiedenen Vertriebskanäle mit unterschiedlichen Preisen oder Servicequalitäten werben (*Kreutzer* 2010). In einem Multi-Channel-System mit einem ausgeklügelten Channel-Management steigen die Komplexitätskosten, da Produkte, Kommunikation und Systeme sowie Prozesse abgestimmt werden müssen (*Renker* 2009).

Bei der Ausgestaltung der Absatzwege geht es neben der Wahl zwischen direktem und indirektem Kanal (oder etwaigen Mischformen) auch um die Marktabdeckung. Hier unterscheidet man zwischen exklusiver Distribution, selektiver Distribution und intensiver Distribution (*Ferrell/Hartline* 2014, S. 173):

- *Exklusive Distribution* ist die restriktivste Art der Marktbearbeitung. Hersteller, die sich dieser Form der Marktbearbeitung bedienen, geben dem Vertriebspartner in einem ausgewählten Vertriebsgebiet das alleinige Recht, ihr Produkt zu verkaufen. Diese Art der Marktbearbeitung wird in der Regel bei hochpreisigen Premium- oder Luxusprodukten angewendet.
- *Selektive Distribution* ist weniger restriktiv. Hier betrauen Hersteller mehrere Vertriebspartner in einem Vertriebsgebiet mit dem Verkauf ihres Produkts. Typischerweise kommt selektive Distribution

zum Einsatz, wenn Kunden es wertschätzen, verschiedene Einkaufsstätten vergleichen zu können bzw. dem After-Sales-Service eine hohe Bedeutung zukommt. Die Basis für die Auswahl der Vertriebspartner sind häufig Überlegungen zum Image, die Beratungskompetenz und Reichweite des Vertriebspartners.

- *Intensive Distribution* versucht, das eigene Produkt über so viele Einkaufsstätten wie möglich verfügbar zu machen. Ziel ist, Aufmerksamkeit und Verkaufschancen für das eigene Produkt zu generieren. Diese Strategie machen sich z. B. viele Hersteller von schnelldrehenden Konsumgütern zu eigen. Um eine maximale Anzahl von Vertriebspartnern zu überzeugen, das eigene Produkt zu listen, ist es bisweilen erforderlich, ein Stück Kontrolle über die Bepreisung und die Präsentation des Produkts abzugeben.

4.3.2 Konflikte und Kooperation in Wertschöpfungsketten

Neben der Ausgestaltung der Marketingkanäle ist das strategische Design der physischen Distribution ein wichtiger Bestandteil der Distributionsstrategie. Die Aufgabe der physischen Distribution ist, die Verfügbarkeit des Produkts in der richtigen Menge, am richtigen Ort, zur richtigen Zeit auf kosteneffiziente Art und Weise sicherzustellen. Dazu sind Aktivitäten wie Kundendienst, Auftragsannahme und -verwaltung, Transport, Lagerung sowie die Systeme und Infrastruktur notwendig. Die strategische Gestaltung des Supply Chain Managements ist das Design des Flusses von Produkten und Information zwischen den Partnern in der Lieferkette.

Die Unternehmen in einer Lieferkette sehen sich wachsenden Herausforderungen gegenüber und müssen eine Optimierung der überbetrieblichen Lieferkette, d. h. aller vor- und nachgelagerten Prozesse von der Rohstoffbeschaffung bis zum Endkunden erreichen. Es bedarf einer intensiven unternehmensübergreifenden Abstimmung und letztendlich einer Integration entlang der Lieferkette. Auf den Märkten konkurrieren heute nicht mehr vertikal integrierte Einzelhersteller, sondern vielmehr komplex und flexibel strukturierte alternative Lieferketten, die sich aus selbstständigen – systemisch verbundenen, gleichzeitig jedoch unabhängig handelnden – Unternehmen zusammensetzen.

Eine echte Integration aller Elemente der Supply Chain erfordert ein wahrlich partnerschaftliches Verhältnis zwischen allen beteiligten Unternehmen – die kompetitive „Win-Lose"-Einstellung (was der eine Partner gewinnt, geht auf Kosten des anderen) ist durch eine „Win-Win"-Attitüde (Partnerschaft zu gegenseitigen Nutzen – alle beteiligten Unternehmen gewinnen) zu ersetzen (*Ferrell/Hartline* 2014, S. 174). Es stellt sich also die Frage, ob dezentral gesteuerte und partnerschaftlich agierende Lieferketten wettbewerbsfähiger sein können als vertikal integrierte Wettbewerber.

Kollaborative Lieferketten fokussieren auf Win-Win-Ergebnisse und versuchen, diese natürlichen Quellen für Konflikte zwischen den beteiligten Unternehmen in einer Lieferkette zu überwinden (*Ferrell/Hartline* 2014, S. 174). Das letztendliche Ziel des Supply Chain Managements ist die Effizienzoptimierung in der gesamten Lieferkette. Hier kommen mehrere Verfahren zum Einsatz, um z. B. das Inventarrisiko zwischen den Beteiligten aufzuteilen und so den Profit der gesamten Lieferkette zu erhöhen.

Die folgende Abbildung zeigt allgemein die Faktoren, die Kooperationen in der Lieferkette erfolgreich machen. Nach *Ferrell/Hartline* (2014, S. 275) ist Vertrauen hier der alles entscheidende Faktor. Ohne Vertrauen werden Unternehmen die Kontrolle über die Aktivitäten in der Lieferkette nicht abgeben. Der fehlende Wille, das Gesamtergebnis zu optimieren und stattdessen nur auf das eigene Unternehmensergebnis zu schauen, führt dann zu suboptimalen Ergebnissen bei allen Partnern in der Wertschöpfungskette.

Die Generierung von Informationen über alle Elemente der Lieferkette und über mögliche Risiken aufgrund der geschäftlichen

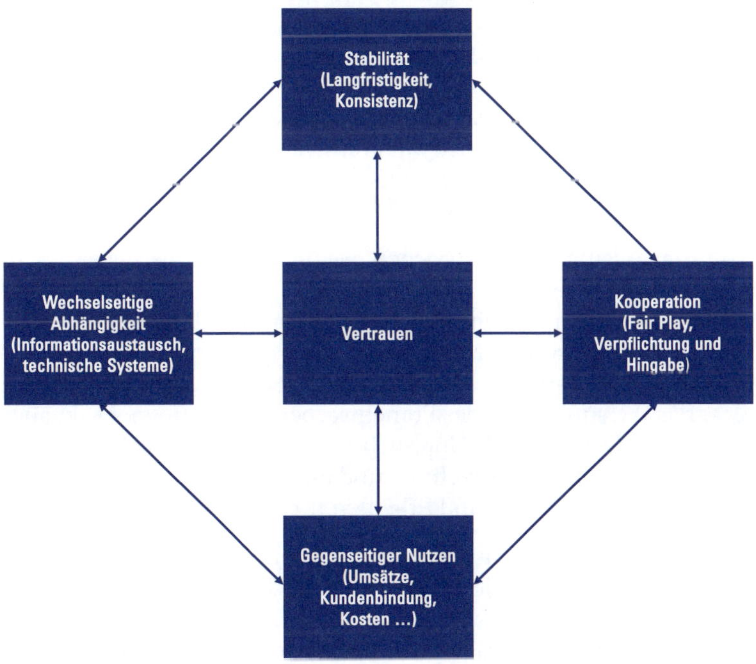

Abbildung 64: Erfolgsfaktoren in kollaborativen Lieferketten nach *Ferrell/Hartline* (2011, S. 276)

Zusammenarbeit ermöglicht es allen Partnern, gemeinsam eine Strategie zu entwickeln und implementieren, um vorhandene Schwächen und Mängel aufzudecken und zu beseitigen. Dazu bedarf es einer ausgeprägten Kommunikation und Kooperation zwischen allen Partnern in der Lieferkette.

4.3.3 Trends in Vertriebskanälen

Die Entwicklung bleibt auch im Bereich der Vertriebskanäle nicht stehen. Alle Partner in den Marketingkanälen und der Supply Chain stehen zu jedem Zeitpunkt unter dem Druck, die Kundenbedürfnisse besser und effizienter zu erfüllen. Entsprechend verändern sich die Vertriebskanäle. Diese müssen immer wieder den neuen Aufgaben angepasst werden. Die wesentlichen Trends sind vertikale Marketingsysteme wie vor allem Franchising, horizontale Marketingsysteme, strukturelle Veränderungen in den Absatzkanälen und das Wachstum des Online-Vertriebs.

Zentrales Anliegen der Hersteller ist, die Vorteile des indirekten und des direkten Vertriebs gleichzeitig für sich zu nutzen (s. o.). Dies gelingt in Teilen durch sogenannte Multi-Channel-Ansätze. Seit geraumer Zeit zeigt sich zudem ein eindeutiger Trend zu einer stärkeren Bindung der Partner im Marketingkanal an den Hersteller. Das reicht hin bis zum Aufbau von sogenannten *vertikalen Marketingsystemen*. Das sind in der Regel ein Hersteller und mehrere Groß- und Einzelhändler, die als vereintes System am Markt auftreten. Zwischen einem derartigen vertikalen Marketingsystem und einem System völlig unabhängiger Einzel- und Großhändler gibt es zahlreiche Abstufungen, deren wichtigste Form sicherlich das *Franchising* ist.

Von Franchising wird gesprochen, wenn ein Franchisegeber einem oder mehreren rechtlich selbstständigen Franchisenehmern gegen Entgelt das Recht einräumt, genau bestimmte Leistungen unter Nutzung des gesamten Marketing- und Managementkonzepts des Franchisegebers an Dritte zu vertreiben. Der Franchisenehmer muss zwar das Weisungsrecht des Franchisgebers anerkennen, bleibt aber rechtlich selbstständiger Unternehmer. Aus der vertraglichen Bindung zwischen Franchisenehmer und Franchisegeber resultieren die verschiedensten Rechte und Pflichten für beide Seiten.

Der Franchisegeber stellt z. B. Produkt, Firmen- und Markenzeichen bereit und führt zentrale Maßnahmen in den Bereichen Werbung, Verkaufsförderung und Sortimentsplanung durch. Der Franchisenehmer führt das Geschäft nach den vorgegebenen Richtlinien, meldet regelmäßig seine Ergebnisse und bezieht ausschließlich beim Franchisegeber oder vorgegebenen Quellen.

Leistungen/Pflichten des Franchisegebers	Leistungen/Pflichten des Franchisenehmers
Bereitstellung von Produkt, Firmen- und Markenzeichen	Führung des Geschäfts nach vorgegebenen Richtlinien
Überlassung des System-Know-Hows	Verwendung von Marken und Zeichen des Franchisegebers
Gewährung von Nutzungsrechten am Systemimage	Vorbehaltloser Einsatz für das System
Hilfe beim Betriebsaufbau	Wahrung der Betriebs-und Geschäftsgeheimnisse
Werbung, Verkaufsförderung, Aktionen, Sortimentsplanung	Periodische Daten und Ergebnismeldung
Laufende Beratung auf allen Unternehmensgebieten	Ausschließlicher Leistungsbezug beim Franchisegeber oder bei vorgegebenen Quellen
Betriebswirtschaftliche Dienstleistungen, Organisationsmittel	Duldung von Kontrollen und Inspektionen
Laufende Aus-und Weiterbildung der Franchisenehmer	Anerkennung des Weisungsrechts des Franchisegebers
Erfahrungsaustausch	Sortimentsbildung und Einhaltung des Systemstandards
Belieferung bzw. Nachweis von Einkaufsgelegenheiten zu festgelegten Konditionen	Inanspruchnahme der Dienstleistungen des Franchisegebers
Erhaltung der Wettbewerbsfähigkeit des Systems	
Abführung einer Franchisegebühr (variabel/fix)	Gewährung von Gebietsschutzrechten

Abbildung 65: Leistungen und Pflichten in Franchisesystemen nach *Meffert et al.* (2012, S. 573)

Die Vorteile für den Franchisegeber sind:

- Der Franchisenehmer muss zum Einstieg investieren. Dadurch wird dem System Kapital von außen zugeführt. Eine zügigere Expansion ist möglich: Der Franchisegeber kann durch den Aufbau eines Franchisesystems schnell expandieren, ohne in eigene Filialen oder Ähnliches zu investieren.
- Der Franchisenehmer übernimmt das gesamte Absatzrisiko.

Die Vorteile für den Franchisenehmer sind:

- Der Franchisenehmer kann mit einer etablierten Marke schnell eine erfolgreiche Selbstständigkeit aufbauen.

- Er kann sich auf bestimmte Aspekte des Geschäfts konzentrieren, die er gut beherrscht (z. B. Marktverständnis, Verkauf, operative Betriebsführung).
- Die Komplexität des Geschäfts ist geringer, da wichtige Unternehmensfunktionen vonseiten des Franchisegebers erledigt werden.
- Der Franchisenehmer profitiert von Größendegressionseffekten, die der Franchisegeber realisieren kann.

Franchising hat seit Mitte der 1980er-Jahre national wie international ein beachtliches Wachstum erlebt. Dieser Aufwärtstrend hält in Deutschland auch weiterhin an. Die bekanntesten Franchisesysteme sind große Ketten wie *Coca-Cola, Holiday Inn* oder *McDonald's.* Die meisten Franchisesysteme sind jedoch nach wie vor mittelständisch geprägt. Der Trend geht zum Dienstleistungssektor, der bereits rund die Hälfte der Franchisesysteme in Deutschland ausmacht. Auf dem Vormarsch befindet sich zudem die Systemgastronomie (z. B. *Joey's Pizza, Nordsee, Vapiano*).

Daneben ist ein Trend zu sogenannten *horizontalen Marketingsystemen* festzustellen. Das bedeutet, dass zwei oder mehrere selbstständige Hersteller ihre Ressourcen zusammenlegen und ihre Produktprogramme gemeinsam vermarkten. Was ist der Grund dafür? Viele Branchen sind von erheblichen Konzentrationstendenzen geprägt. Kleinere und mittelständische Unternehmen sehen sich aufgrund ihrer Unternehmensgröße oft im Nachteil. In horizontalen Marketingsystemen verfügt keines der beteiligten Unternehmen alleine über genügend Kapital, Know-how und Produktionsmittel, um eine Marktchance im Alleingang zu nutzen.

Daneben sind *strukturelle Veränderungen in den Absatzkanälen* zu konstatieren. So sind im Einzelhandel beispielsweise folgende Veränderungen festzustellen:

- starker Konzentrationsprozess, damit wächst die Macht einzelner Einzelhändler
- starke Marktverschiebungen zwischen einzelnen Betriebsformen, z. B. starke Zunahme des Marktanteils von Filialketten, Verbrauchermärkten und SB-Warenhäusern
- ständige Entwicklung neuer Betriebsformen
- Ausweitung der Tätigkeitsgebiete großer Einzelhandelskonzerne, z. B. neue Angebotsformen wie Schwerpunktwarenhäuser usw.

Hinzu kommen allgemeine Veränderungen im Kaufverhalten:

- Die Kunden nehmen neue Einkaufsgewohnheiten an, z. B. den Versandhandel und seine digitale Form, das Home- oder Office-Shopping.
- Serviceleistungen gewinnen für die Kunden an Bedeutung.
- Für Firmenkunden werden neue Logistiktechnologien selbstverständlich, z. B. computerisierte Auftragseingabe.

4.4 Kommunikationsstrategie

Die Kommunikationsstrategie umfasst die Gesamtheit der langfristigen Kommunikationsinstrumente und -maßnahmen eines Unternehmens, die eingesetzt werden, um das Unternehmen und seine Leistungen den relevanten Zielgruppen des Unternehmens darzustellen (*Rennhak* 2001). Die Kommunikationsstrategie nimmt damit eine wichtige Funktion im strategischen Marketing ein (*Unger/Fuchs* 2005) und bildet zusammen mit der Produktstrategie, der Preisstrategie und der Distributionsstrategie das marketingstrategische Instrumentarium des Unternehmens. Die Kommunikationsstrategie schafft eine Verbindung zwischen der unternehmerischen Initiative in der Produktentwicklung, der marktgerechten Preisfindung und der verkaufsmäßigen Umsetzung im Markt.

Die Kommunikationsstrategie hat die Aufgabe der Leistungsdarstellung des Unternehmens gegenüber seinen Zielgruppen. Dabei umfasst die Kommunikationsstrategie sowohl Maßnahmen der marktgerichteten, externen Kommunikation (z. B. Anzeigenwerbung), der innerbetrieblichen, internen Kommunikation (z. B. Mitarbeiterzeitschriften) als auch der interaktiven Kommunikation zwischen Mitarbeitern und Kunden (z. B. Kundenberatungsgespräche). Da sämtliche strategischen Marketinginstrumente kommunikative Wirkungen entfalten können, gilt die Kommunikationsstrategie als Bindeglied zwischen allen Instrumenten des Marketing-Mix (*Opresnik/Rennhak* 2015, S. 92 f.).

Zunächst erscheinen viele Kommunikationsinstrumente kurzfristig (und damit taktisch) veränderbar, die Wirkungen der Kommunikation entfaltet sich immer nur langfristig. Entsprechend müssen gerade Kommunikationsmaßnahmen strategisch und langfristig angelegt werden (*Ferrell/Hartline* 2014, S. 293 f.).

Die Kommunikationsstrategie ist für viele Unternehmen ein strategischer Wettbewerbsfaktor geworden. Der Kommunikationswettbewerb wird heute durch veränderte Kommunikationsbedingungen und Medienmärkte verschärft: Gleichartige Werbung, Informationsüberlastung („Information Overload“) (*Rinne/Rennhak* 2006) und zunehmende Reaktanz aufseiten der Kommunikationsempfänger verringern die Möglichkeiten eines Unternehmens, sich durch kommunikationspolitische Maßnahmen beim Kunden und gegenüber dem Wettbewerb zu profilieren. Unternehmen sind in dieser Situation dazu aufgefordert, die Vielzahl an Kommunikationsinstrumenten und -aktivitäten zu koordinieren, sodass ein geschlossenes Erscheinungsbild des Unternehmens entsteht (*Opresnik/Rennhak* 2015, S. 94).

4.4.1 Der Kommunikationsprozess

Von der Ziel- bzw. Wirkungsseite der Kommunikationsstrategie gedacht, subsumiert die Kommunikationsstrategie alle zielgerichteten Maßnahmen des Unternehmens, die zur Steuerung von Meinungen, Einstellungen, Erwartungen und Verhaltensweisen der Zielgruppe eingesetzt werden. Alle kommunikativen Maßnahmen werden durchgeführt, um vorab definierte *Kommunikationsziele* zu erfüllen. Grundsätzlich kann hier zwischen Kontaktzielen (streutechnischen Zielen), ökonomischen Zielen (Verhaltenszielen) und außerökonomischen Zielen (Wirkungszielen) unterschieden werden (*Rennhak* 2001).

Unter *Kontaktzielen* werden Ziele verstanden, die an Kontaktmaße in Bezug auf die definierte Zielgruppe anknüpfen. Es handelt sich hierbei z. B. um Reichweitenzahlen oder die Kontakthäufigkeit der Rezipienten mit dem Kommunikationsinstrument. Messbare Kommunikationswirkungen bezüglich betriebswirtschaftlicher Größen – wie beispielsweise Veränderungen von Marktanteil oder Absatz – subsumiert man unter den *ökonomischen Werbezielen*. *Außerökonomische Ziele* beeinflussen die Realisation ökonomischer Ziele bzw. sind die Voraussetzung für die Erfüllung derselben. Angestrebte Wirkungen in der Psyche der Kommunikationsempfänger müssen folglich verhaltensrelevant für nachgelagertes Kauf- und/oder Verwendungsverhalten sein. So sollen durch die psychologischen Zielgrößen der Bekanntheitsgrad oder das Produktwissen bei den Konsumenten gesteigert oder ihr Empfinden gegenüber dem Produkt verbessert werden (*Opresnik/Rennhak* 2011, S. 200).

Zunächst ist das *Kommunikationsbudget* nach Höhe und sachlicher Verteilung festzulegen. Zur Bestimmung des Kommunikationsbudgets haben sich in der Praxis die Methode des Sich-leisten-Könnens („All you can afford"), die Prozent-vom-Umsatz-Methode, die Methode der Wettbewerbsparität (Orientierung an den Kommunikationsausgaben der Mitbewerber) und die Ziel-und-Aufgaben-Methode herausgebildet. Bei Letzterer wird das Kommunikationsbudget gemäß der Festlegung der Kommunikationsziele, der Bestimmung der konkreten Aufgaben zur Erreichung dieser Ziele und einer Schätzung der Kosten jeder einzelnen Aufgabe gebildet. Hierfür ist der Zusammenhang zwischen Kommunikationsaufwendungen und Kommunikationszielen abzuschätzen. Für die sachliche Verteilung des Kommunikationsbudgets sind zudem Kosteninformationen bezüglich der Kommunikationsinstrumente und -dienstleistungen in Erfahrung zu bringen. Grundsätzliche strategische Anforderungen an ein Kommunikationsbudget sind Kontinuität (d. h. eine zeitliche Verteilung des Kommunikationsdrucks, um Zeit beanspruchende Lernprozesse für das Erlernen neuer Botschaften zu ermöglichen und informationsüberlasteten Konsumenten dies durch regelmäßige Wiederholung zu erleichtern), Kraft (ein zu niedriges Kommunikationsbudget geht im Wettbewerbsumfeld unter) und Mischung (Mix-Kampagnen, wie z. B. kombinierte TV-Print- oder TV-Radio-Kampagnen, tragen weiter als Mono-Kampagnen) (*Opresnik/ Rennhak* 2011, S. 201 f.).

Aufbauend auf dem Kommunikationsbudget erfolgt die Wahl der *Kommunikationsinstrumente und -kanäle* (*Pepels* 1997). Die einzelnen Kommunikationsinstrumente werden auf ihre spezifische Eignung zur Erreichung der Kommunikationsziele unter Einhaltung der Budgetrestriktion hin untersucht und zu einem möglichst wirkungsvollen Kommunikations-Mix kombiniert. Die Kommunikationsstrategie bedient sich dabei der Instrumente Corporate Identity, Events, Öffentlichkeitsarbeit, Product Placement, Sponsoring, Verkaufsförderung und Werbung. Ist der Instrumenten-Mix festgelegt, erfolgt die Gestaltung der Kommunikationsmaßnahmen. Diese beinhaltet vor allem Entscheidungen bezüglich der Kombination bzw. Dosierung der ausgewählten Instrumente sowie die Entscheidung bezüglich der inhaltlichen Ausgestaltung dieser Instrumente (*Bruhn* 2005).

Um den *Kommunikationserfolg* nachzuhalten und wichtige Erkenntnisse für die künftige Gestaltung des Kommunikations-Mix zu gewinnen, ist schließlich eine Kontrolle der Kommunikationswirkung notwendig. Zur Messung sollten Erfolgsgrößen gewählt werden, die sensibel auf die Kommunikationsmaßnahmen reagieren, allein durch die Kommunikation bedingt sind und eine hohe Korrelation mit den Kommunikationszielen aufweisen (*Steffenhagen* 1997). In der praktischen Umsetzung wird die Kontrolle der Kommunikationswirkung jedoch durch Beharrungseffekte (d. h., die mit einer Kommunikationsmaßnahme beabsichtigte Wirkung setzt in vielen Fällen weder unmittelbar bei Beginn der Aktion ein, noch klingt sie sofort nach Ende der Maßnahme ab), Verzögerungseffekte (d. h., Konsumenten reagieren nicht unmittelbar auf Kommunikationsmaßnahmen), Ausstrahlungseffekte (d. h., die beobachteten Wirkungen sind auf andere als die betrachtete Kommunikationsmaßnahme zurückzuführen) und Überlagerungseffekte (z. B. Wiederkaufverhalten oder Mund-zu-Mund-Propaganda) wesentlich erschwert (*Fill* 2005).

4.4.2 Kommunikationsziele

Alle werblichen Maßnahmen werden durchgeführt, um vorab definierte Werbeziele zu erfüllen. Die Definition von Werbezielen ist auch die Voraussetzung für die Werbewirkungsmessung, denn um die Effizienz einer Kommunikationsmaßnahme zu beurteilen, ist es notwendig, die ursprünglich angestrebten Ziele zu kennen (*Rennhak*

2006). Werbeziele sind somit nicht isoliert zu betrachten, sondern dienen als Mittelentscheidung zur Erreichung kommunikationspolitischer Ziele, die ihrerseits wiederum von den Zielen der Gesamtunternehmung abhängig sind (*Treis* 1992).

Steffenhagen (1993, S. 288 ff.) differenziert Werbeziele in

- Kontaktziele (streutechnische Ziele),
- ökonomische Ziele (Verhaltensziele) und
- außerökonomische Ziele (Wirkungsziele).

Unter Kontaktzielen werden Ziele verstanden, die an Kontaktmaße in Bezug auf eine ex ante definierte Zielgruppe anknüpfen. Es handelt sich hierbei z. B. um Reichweitenzahlen, „Opportunity to see"-Werte und um den sogenannten Werbedruck, der sich in der „Share of Voice" und der „Share of Mind" manifestiert (*Schwaiger* 1997). Messbare Werbewirkungen bezüglich betriebswirtschaftlicher Größen – wie beispielsweise Veränderungen von Marktanteil oder Absatz – subsumiert man unter den ökonomischen Werbezielen (*Mayer* 1990).

Außerökonomische Kriterien kommunikativer Wirkungen sind meist psychologischer Art. Außerökonomische Ziele beeinflussen die Realisation ökonomischer Ziele bzw. sind die Voraussetzung für die Erfüllung derselben. Angestrebte Wirkungen in der Psyche der Rezipienten müssen folglich verhaltensrelevant für nachgelagertes Kauf- und/oder Verwendungsverhalten sein. In der Literatur herrscht jedoch keine einheitliche Auffassung darüber, welche Ziele an dieser Stelle verfolgt werden sollen (*Schwaiger* 1997). Unstrittig ist, dass das letztendliche Ziel jeglicher Form von Werbung die Verhaltensbeeinflussung der Konsumenten ist, die zur Erfüllung der ökonomischen Ziele beitragen soll.

4.4.3 Information Overload

Wachsende Informationsflut in den Medien einerseits und begrenzte Informationsaufnahme- und Verarbeitungskapazitäten beim Konsumenten andererseits sind die großen strategischen Herausforderungen, die werbetreibende Unternehmen im Rahmen ihrer Kommunikationsstrategie bewältigen müssen, um die Aufmerksamkeit der Konsumenten auf die Werbebotschaften für ihre Produkte zu lenken. Die zunehmende Informationsüberlastung ist im Zeitalter der Digitalisierung eine kaum aufzuhaltende Entwicklung. Die Neuerungen im Bereich der elektronischen Massenmedien wie z. B. Social Media, digitale Radio- und Fernsehprogramme, konvergente Fernseh- und Internet-Endgeräte sowie Mobile Marketing erschließen dem Marketing immer neue Möglichkeiten. Informationsüberlastung betrifft in erster Linie die Konsumenten, die mit Reizüberflutung, Stress und

Abwehrhaltung auf die Überforderung reagieren. Indirekt sind dadurch wiederum die werbetreibenden Unternehmen selbst betroffen. Sie müssen ihre Botschaften so kommunizieren, dass der Konsument sie trotz seiner Abwehrhaltung wahrnimmt (*Rinne/Rennhak* 2006).

Als Information Overload bezeichnet man die Überlastung der am Kommunikationsprozess teilnehmenden Personen mit zum Teil irrelevanten Informationen. Diese Überlastung basiert auf der Tatsache, dass ein Mensch nur eine bestimmte Menge an Informationen während eines bestimmten Zeitraums verarbeiten kann. Sobald diese Grenzen überschritten sind, wird von Informationsüberlastung gesprochen.

Ein weiteres Problem entsteht nun durch die Verschiebung der Reizschwelle. Hierunter versteht man die Größe, ab der Reize überhaupt erst wahrgenommen werden. Die Wahrnehmungsintensität nimmt bei einer Verstärkung des Reizes nicht linear zu. Das bedeutet, dass bei einer zunehmenden Reizüberflutung eine immer höhere Reizdosierung notwendig ist, um die Wahrnehmung bei den Empfängern zu gewährleisten. Der Konsument stumpft in dieser Hinsicht ab bzw. schottet sich als Schutzreaktion gegen zu viele Umweltreize ab. Folglich muss eine immer höhere Reizschwelle überwunden werden. Ein Anstieg der Reizflut seitens der Unternehmen ist nicht abwendbar (*Rennhak/Opresnik* 2016, S. 111).

Die Reizüberflutung ist eine Folge des immer noch ansteigenden Informationsangebotes seitens der Medien. Nun können Unternehmen aber nicht weniger Werbung auf den Markt bringen in der Hoffnung, die Informationsflut würde sinken und somit zu einem prozentualen Anstieg der Wahrnehmung der Konsumenten führen. Vielmehr müssen sie, um überhaupt wahrgenommen zu werden, den Informationsdruck weiter erhöhen, um die ansteigende Reizschwelle zu überschreiten (*Rennhak/Opresnik* 2016, S. 111).

4.4.4 Kommunikationsinstrumente

Um zu gewährleisten, dass Zielgruppen weiterhin effektiv und effizient mit Werbung angesprochen werden können, müssen Wege über die traditionellen Werbemethoden hinaus gefunden werden. Konsumenten sind heute in vielen Fällen den Kommunikationsbotschaften werbetreibender Unternehmen überdrüssig (*Rennhak/Opresnik* 2016, S. 111). Diese sinkende Akzeptanz der klassischen Werbeblöcke bezeichnet *Cornwell* (2008, S. 41) mit den Worten „mass media advertising [...] is on its deathbed". Bedingt durch den schwindenden Interessefaktor an den klassischen Werbeblöcken suchen Unternehmen immer mehr nach neuen Wegen in der Werbung, um den Rezipienten zu erreichen (*Glaister* 2005).

Die Herausforderung für Marketingmanager besteht also darin, ihre kommunikativen Inhalte trotzdem in der Zielgruppe zu verbreiten, um die erwünschten kommunikativen Wirkungen zu erzielen. Dazu ist ein ausgeklügelter Mix an traditionellen und innovativen Kommunikationsinstrumenten und -kanälen notwendig, die unter Einhaltung des Kommunikationsbudgets gezielt eingesetzt werden müssen. Die einzelnen Kommunikationsinstrumente werden dabei auf ihre spezifische Eignung zur Erreichung der Kommunikationsziele hin untersucht und zu einem möglichst wirkungsvollen Kommunikations-Mix kombiniert (*Opresnik/Rennhak* 2015, S. 94).

Die Kommunikationsstrategie bedient sich einer Vielzahl einzelner Instrumente (Werbung, Öffentlichkeitsarbeit, Verkaufsförderung, Corporate Identity, Product Placement, Sponsoring und Events), die Ihnen als Rezipient von Unternehmenskommunikation bereits hinlänglich bekannt sind. Diese Kommunikationsinstrumente und -kanäle sind im Sinne einer *integrierten Kommunikation* genau zu choreografieren (*Ferrell/Hartline* 2014, S. 181 f.). Integrierte Kommunikation bedeutet also abgestimmtes kommunikatives Handeln bezüglich Kommunikationsinstrumenten, - medien, -druck und -timing. Integrierte Kommunikation erfordert entsprechend einen unternehmensweiten Abgleich von Kommunikationsthemen, -zielen und -zielgruppen (*Rennhak/Opresnik* 2016, S. 111).

Zur Erreichung der festgelegten Kommunikationsziele werden die unterschiedlichen Kommunikationsinstrumente unter Berücksichtigung des Kommunikationsbudgets sowie der übergreifenden Push- (d. h. intermediärorientierten) bzw. Pull- (d. h. endkundengerichteten) Strategie kombiniert und zum Kommunikations-Mix zusammengefasst, der aus klassischen und nicht klassischen Instrumenten bestehen kann (*Rennhak/Opresnik* 2016, S. 112). Die nicht-klassische Werbung hat in den letzten Jahren durch die Entwicklung neuer Kommunikationselemente stark zugenommen und ist eine Ergänzung zu den traditionellen klassischen Werbemitteln wie Werbung, Öffentlichkeitsarbeit und Verkaufsförderung (*Hermanns* 1997). Zu den populärsten nicht klassischen Kommunikationsinstrumenten gehören Product Placement und Sponsoring.

Im Folgenden werden neben den klassischen Instrumenten die bedeutendsten Werkzeuge der strategischen Kommunikation vorgestellt und ihr Wandel verdeutlicht:

- Public Relations
- Verkaufsförderung
- Product Placement
- Sponsoring

	Hauptziele		Mittel/Maßnahmen
	Längerfristig (strategisch)	Kurzfristig (taktisch)	
Public Relations	Bekanntheitsgrad und Image für das Unternehmen (und das Leistungsangebot) erreichen		Vornehmlich Unpaid Media, z.B. • Pressemitteilungen, • Broschüren • Betriebsbesichtigungen
Werbung	Bekanntheitsgrad und Image für das Leistungsangeboterreichen		Vornehmlich PaidMedia, z.B. • Printanzeigen • TV-Spots • Plakate • Internet-Banner
Verkaufsförderung		Stimulierung bzgl. des Leistungsangebotes; Konversion erreichen	• Displays • Warenproben • Coupons • Promotionen • Verkaufswettbewerbe • Verkäuferschulungen

Abbildung 66: Systematisierung Kommunikationsinstrumente

Public Relations (PR) bzw. *Öffentlichkeitsarbeit* bezeichnet die Strategie des Werbens um das Vertrauen der Öffentlichkeit. Dies soll durch das Management von Informations- und Kommunikationsprozessen zwischen Unternehmen (oder allgemeiner Organisationen) einerseits und ihren externen oder internen Umwelten (Teilöffentlichkeiten) andererseits erreicht werden (*Opresnik/Rennhak* 2015, S. 94).

Öffentlichkeitsarbeit steht also für öffentliche Kommunikation, die für eine Organisation Funktionen wie Information, Kommunikation und Persuasion erfüllt und besonders auf langfristige Ziele wie den Aufbau und Erhalt eines konsistenten Images und somit von Vertrauen abzielt, an einem Konsens mit den Teilöffentlichkeiten in der Umwelt der Organisation interessiert ist und so auch im Fall von Konflikten glaubwürdiges Handeln der Organisation ermöglichen soll.

Besondere Aufmerksamkeit wird dabei allen Stakeholdern der Organisation zuteil, also etwa Bürgern, Bürgerinitiativen, dem Gesetzgeber, Kapitalgebern, Kunden, Lieferanten, Medien, Mitarbeitern usw. Hierzu steht der Unternehmenspraxis eine Reihe von Kommunikationsinstrumenten zur Verfügung:

- Pressearbeit (z. B. Pressemitteilung, Pressekonferenz, Beantwortung von Presseanfragen, Interview)
- Mediengestaltung (z. B. Geschäftsbericht, Broschüre, Newsletter)
- Veranstaltungsorganisation (z. B. Konferenz, Seminar, Verbraucherveranstaltung), interne Kommunikation (z. B. Mitarbeiterzeitschrift und -veranstaltung)
- diverse Sponsoringaktivitäten (*Broom et al.* 1994)

Ziele der Public Relations sind das Erkennen und Lösen von Problemen im Zusammenhang mit Unternehmenskommunikation und die Schaffung der dafür notwendigen Rahmenbedingungen (*Renn-*

hak/Opresnik 2016, S. 113). Die PR-Ziele sind nicht zu verwechseln mit den – eine Zieleebene tiefer angesiedelten – Zielen konkreter PR-Maßnahmen (z. B. den Zielen einer konkreten PR-Kommunikationskampagne). Dies ist für die Evaluation des Erfolges nach einer Kampagne von entscheidender Bedeutung, da sich sonst der Wirkungsgrad verschiedener kommunikativer Aktivitäten nicht messen und somit deren Beitrag zu Erfolg oder Misserfolg nicht erkennen lässt (*Rennhak* 2001).

Die Instrumente der PR hängen sehr stark mit der Art und Form der Kommunikation zusammen. Zur Zuordnung der passenden Mittel zu den jeweiligen Zielen haben *Grunig/Hunt* (1984) die Instrumente der PR in einem Vier-Strategien-Modell strukturiert:

- Die sogenannte *Publicity-Strategie* versucht, öffentliche Aufmerksamkeit zu erlangen und so Informationen einem breiten Publikum zugänglich zu machen. Oftmals nutzen Unternehmen diese Art der PR, um z. B. Themen rund um Corporate Social Responsibility zu verbreiten.
- Gemäß der *Informationsstrategie* müssen die Informationen, welche die sendende Organisation verbreitet, der Wahrheit entsprechen. Anders als bei der Publicity-Strategie geht es hierbei nicht um die quantitativ bestmögliche Ansprache, sondern um die optimale Informationsverbreitung einer Organisation.
- Die *Überzeugungsstrategie* und die *verständnisorientierte Strategie* sind weitaus ressourcenintensiver und benötigen einen hohen zeitlichen Aufwand. Sie sind stärker als die Publicity-Strategie und die Informationsstrategie auf eine langfristige Kommunikation ausgelegt. Hier wird versucht, Einstellung und Verhalten der Zielgruppe zu beeinflussen und zu verändern.

Die für die Public Relations relevanten Medien zur Zielgruppenansprache sind Presse, Fernsehen, Hörfunk und Internet (*Opresnik/Rennhak* 2011, S. 239). Pressearbeit ist wohl das wichtigste Instrument in der PR. Durch den Kontakt mit klassischen und nicht klassischen Journalisten (wie z. B. Bloggern) und die ansprechende Aufbereitung von Informationen können sich Unternehmen einen Vorteil gegenüber ihren Wettbewerbern und anderen Organisationen verschaffen.

Pressevertreter sind in der Regel keine Fach- oder Branchenexperten und bedürfen neben einer zielgerichteten Ansprache einer genau auf ihre Zwecke zugeschnittenen Informationsvor- und aufbereitung (*Opresnik/Rennhak* 2011, S. 236). In Zeiten zunehmender Ausdünnung von Redaktionen und damit einhergehendem weiteren Know-how-Verlust auf journalistischer Seite eröffnen sich hier aus PR-Sicht gute Chancen, mit eigenen Inhalten, die von Redaktionsseite nur noch minimal verändert werden müssen, direkt an die großen Zielgruppen der Presse heranzutreten, ohne dafür die Mediabudgets klassischer Werbung zu benötigen.

Beschäftige in Zeitungsredaktionen und in der PR-Branche (Deutschland)

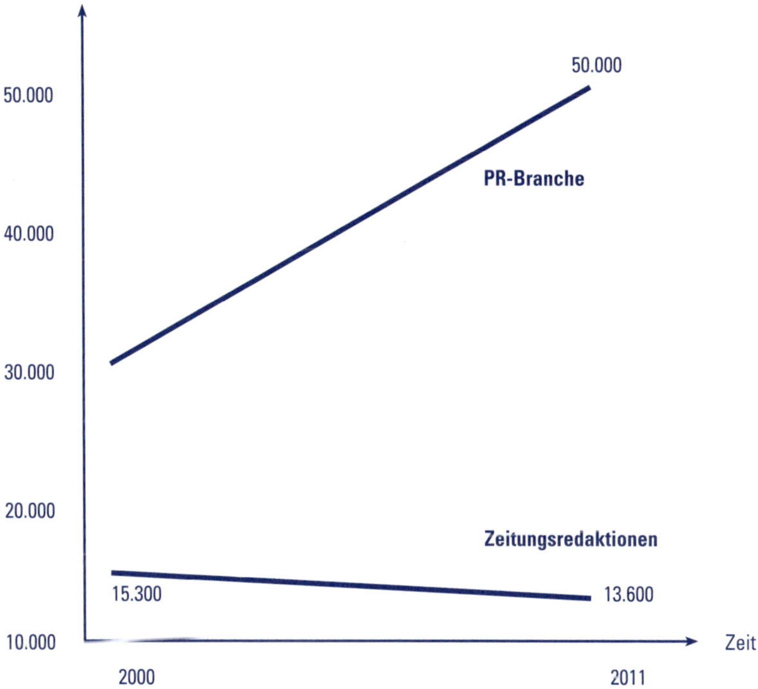

Abbildung 67: Veränderungsdynamiken PR und Journalismus

Grundsätzlich können Blogs als öffentliche Online-Tagebücher betrachtet werden, die mit Zeitstempel versehene Einträge in umgekehrter Reihenfolge anzeigen. Allerdings haben sich mit der Entwicklung neuer technischer Möglichkeiten auch andere Formen von Blogs wie z. B. Video-Blogs gebildet (*Kaplan/Haenlein* 2009). Zahlreiche Unternehmen haben den Blog als Kommunikationsmittel für sich entdeckt. Blogs werden u. a. dafür eingesetzt, Mitarbeiter, Kunden oder Shareholder über aktuelle und relevante Themen zu informieren (*Rennhak/Opresnik* 2016, S. 114). Neue Publikationsmöglichkeiten wie Presseportale, Themenforen und Experten-Communitys eröffnen die Chance, PR-Inhalte direkt zu veröffentlichen. Social Communitys mit hoher Reichweite wie Facebook oder Google+ machen es möglich, den Dialog mit den Zielgruppen selbst zu steuern.

Soziale Netzwerke sind in der Regel Seiten im Internet, auf denen User ein Profil anlegen und darin persönliche Daten hinterlegen. Für Unternehmen werden soziale Netzwerke immer attraktiver. So sind z. B. verschiedene Funktionen in solchen Communitys als reine Werbemaßnahmen ausgelegt und bieten Unternehmen eine Chance, auf einen großen Datenpool und entsprechende Nutzerdatenbanken zuzugreifen (*Kaplan/Haenlein* 2009). Neben der Einrichtung von Online-Shops in sozialen Netzwerken als zusätzlicher Distributionskanal sind soziale Netzwerke für Unternehmen in erster Linie eine neue Kommunikationsplattform. Zum einen bieten diese meist einen sehr schnellen Weg, Nachrichten einem großen Publikum zugänglich zu machen, und zum anderen sind die Nutzer persönlich bekannt, da jeder an der Diskussion Beteiligte ein eigenes Profil angelegt haben muss und somit eindeutig zu identifizieren ist (*Kaplan/Haenlein* 2009).

Viele Unternehmen haben Twitter für sich entdeckt. Durch viele technische Möglichkeiten, u. a. die Einbindung der Nachrichten als sog. RSS Feeds in E-Mail-Clients wie Microsoft Outlook, bietet Twitter eine interessante Möglichkeit, Kunden (insbesondere im B2B-Bereich) schnell und unkompliziert anzusprechen und mit den aktuellen Unternehmensinformationen zu versorgen (*Rennhak/Opresnik* 2016, S. 115).

Der offene Dialog mit Kunden stellt die PR-Treibenden gleichzeitig aber vor neue Herausforderungen:

- Die Pressemitteilung wird zur Kundenmitteilung. Aufbau und Inhalte sind anzupassen – Medienbürger sind kritisch.
- Der Dialog mit der Zielgruppe ist keine Option – er wird für den Marketingerfolg unerlässlich.
- Der Dialog im Web 2.0 ist anstrengend. Kunden erwarten maßgeschneiderte, qualifizierte Antworten 24/7 und in Echtzeit.

Die *Verkaufsförderung* ist ein zeitlich und marktsegmentspezifisch gezielt einzusetzendes Instrument der Kommunikationsstrategie. Sie dient der Aktivierung der Marktbeteiligten (z. B. eigene Vertriebsmitarbeiter, Händler, Kunden) mit dem Ziel der Erhöhung der Verkaufsergebnisse durch personen- und sachbezogene Zusatzleistungen zum Kernangebot (*Rennhak/Opresnik* 2016, S. 115).

Man unterscheidet entsprechend Außendienst-, Händler- und Kunden-Promotions (*Opresnik/Rennhak* 2015, S. 115):

- Bei der *Außendienst-Promotion* ist die Zielgruppe der eigene Vertrieb. Durch Schulungen, Fahrzeug, Fortbildungen, Unterstützungsmaßnahmen (z. B. Prospekte) und Motivation (z. B. Prämien, Außendienstwettbewerbe) sollen die Verkäufer zur intensiveren Marktbearbeitung angeregt werden.

- Im Rahmen einer *Händler-Promotion* erhalten die Handelspartner spezielle Informationen über Produkte oder zur Ladengestaltung sowie Aufsteller und Displays, z. B. für Sonder- oder Zweitplatzierungen am Point of Sale. Gemeinsam mit dem Handel werden im Zuge einer Promotion z. B. Aktionen zum Abverkauf von Neuprodukten durchgeführt. Die Händler werden dabei z. B. über besondere Mietzuschüsse bzw. Bonussysteme motiviert.
- *Kunden-Promotions* werden oft in Ergänzung zur Händlerunterstützung etwa durch Preisausschreiben, Sonderpackungen, Packungen mit Zusatznutzen, Proben und Verkostung im Einzelhandel durchgeführt. Im Bereich des Investitionsgütermarketings oder für spezielle Multiplikatoren (z. B. Ärzte oder Apotheker im Pharmabereich, Ski-, Tennis- oder Golflehrer in der Sportartikelbranche) werden z. B. Fachkonferenzen oder Auslandstagungen angeboten. Hier steht neben dem Informationszweck oft auch ein Incentivegedanke im Vordergrund. Ziel aller dieser Maßnahmen ist, beim Endverbraucher eine verstärkte Nachfrage zu erzeugen.

Durch Verkaufsförderung soll insbesondere die Media-Werbung ergänzt und die Effektivität des Handels erhöht werden. Käufer werden am Point of Sale mit speziellen Maßnahmen und Methoden direkt angesprochen (*Rennhak/Opresnik* 2016, S. 115).

Sponsoring lässt sich im Sinne eines integrierten Marketings sehr gut mit weiteren kommunikativen Maßnahmen kombinieren (*Bayerl/ Rennhak* 2006).

Definition

Sponsoring ist die Planung, Organisation und Kontrolle sämtlicher Aktivitäten, die mit der Bereitstellung von Geld, Sachmitteln, Dienstleistungen oder Know-how durch Unternehmen und Institutionen zur Förderung von Personen und/oder Organisationen in den Bereichen Sport, Kultur, Soziales und/oder Umwelt verbunden sind, um damit gleichzeitig Ziele der Unternehmenskommunikation zu erreichen (*Bruhn* 2003).

Der Sponsor vergibt an den Gesponserten Finanz- oder Sachmittel oder eine Dienstleistung und verlangt für diese Fördermittel eine Gegenleistung (*Kloss* 2007). Die übliche Gegenleistung des Gesponserten ist die Gewährung der kommunikativen Nutzung des Sponsorverhältnisses. Weitere Möglichkeiten sind die Vergabe von Lizenzen, die Nutzung des Marken- oder Firmennamens des Sponsors zu werbewirksamen Zwecken in Verbindung mit dem Gesponserten sowie die Teilnahme eines Gesponserten in der Kommunikation des Sponsors (*Rennhak/ Opresnik* 2016, S. 117).

Das Sponsoring sollte mit anderen Instrumenten der Unternehmenskommunikation vernetzt werden, um so seine kommunikative Wirkung voll entfalten zu können. Typischerweise sollte das Budget, das in Sponsoringmaßnahmen fließt, noch einmal in gleicher Höhe für klassische Kommunikationsmaßnahmen ausgegeben werden. Eine der wichtigsten und überwiegend im Sportsponsoring anzutreffenden Anwendung ist die Markierung von Ausrüstungsgegenständen (*Rennhak/Opresnik* 2016, S. 117) oder das Anbringen von Logos im Rahmen einer Veranstaltung, z. B. auf Banden, Plakaten, Eintrittskarten, Programmheften und Wegweisern.

Die Öffentlichkeitsarbeit ist ein weiteres wichtiges Instrument bei der Kommunikation von Sponsoringmaßnahmen. Das Unternehmen kann das Sponsoring im Rahmen von Events und Messen verwenden. Es können eigene Events in Anlehnung an ein gesponsertes Ereignis veranstaltet oder bei Veranstaltungen Teile des Programms selbst übernommen werden (*Bruhn* 2003). Im Bereich der Verkaufsförderung können Autogrammstunden durch gesponserte Personen veranstaltet oder Treffen mit Prominenten verlost werden. Durch die Vergabe von Tickets und die Bereitstellung von VIP- oder Ehrenlogen für Außendienstmitarbeiter, Händler und Endverbraucher können neue Kontakte geknüpft und bereits bestehende Geschäftsbeziehungen gefestigt werden (*Koch* 1999). Auch die innerbetriebliche Kommunikation ist bei der Nutzung eines Sponsoringengagements von Bedeutung (*Bruhn* 2003).

Mit dem Aufkommen des *Sportsponsorings* in den 70er-Jahren begann die Entwicklung des Sponsorings als Element der Unternehmenskommunikation (*Kloss* 2007). Gefolgt wurde es vom Kultursponsoring in den 80er-Jahren und darauf vom Sozial- und Umweltsponsoring. Neuere Sponsoringarten sind z. B. das Bildungs- und das Wissenschaftssponsoring.

Das Sportsponsoring ist auch heute noch die beliebteste Art des Sponsorings. Das liegt nicht nur daran, dass zahlreiche Sportveranstaltungen große Medienereignisse sind und viele Sportarten Tausende von Fans anziehen, sondern auch daran, dass Sport ein Ereignis ist, das die Zuschauer und Fans emotional bindet. Zusätzlich wird der Sport mit positiven Attributen wie Erfolg, Leistung, Fitness, Sieg und Freizeit verbunden. Sportler werden oft als Vorbilder oder Idole gesehen (*Boochs* 2000).

Das *Kultursponsoring* zielt im Vergleich zum Sportsponsoring oft auf eine individuellere und regionale Zielgruppenansprache (*Haibach* 2002). Es ergeben sich vielfältige Einsatz- und Gestaltungsmöglichkeiten, sodass sich die gesponserten Kulturbereiche von der bildenden Kunst wie Malerei, Fotografie und Architektur über darstellende Kunst, Literatur und Filmkunst hin bis zur Musik erstrecken (*Kloss* 2007). Es können Einzelkünstler, Gruppen oder Kulturinstitutionen gefördert werden. Um insbesondere das junge, schwer erreichbare und wechselaffine Publikum anzusprechen, engagieren sich Unternehmen bei Tourneen von Rock- und Popkonzerten und veranstalten große Musik-Festivals. Insbesondere im regionalen Umfeld engagieren sich Unternehmen oft im Bereich Heimat-, Brauchtums- oder Denkmalpflege (*Rennhak/Opresnik* 2016, S. 118).

Im *Sozial- und Umwelt-(Öko-)Sponsoring* steht der Fördergedanke im Mittelpunkt. Werbliche Effekte zu erzielen ist zwar auch ein Motiv, aber nur ein zweitrangiges (*Bruhn* 2003). Beim Sozial- und Umweltsponsoring ist es sehr wichtig, dass sich das Unternehmen und dessen Vision und Philosophie und somit sein internes und externes Verhalten inhaltlich mit dem gesponserten Projekt deckt. Es werden ausschließlich nicht kommerzielle Gruppen und Organisationen wie karitative Einrichtungen, Selbsthilfegruppen und Verbände gestützt. Meist übersteigt die Förderung auch die rein finanzielle Ebene und wird zu einem langfristigen Engagement, z. B. durch die Gründung von Stiftungen und Fonds (*Rennhak/Opresnik* 2016, S. 118).

Zum *Bildungssponsoring* gehören im Wesentlichen Ausschreibungen, die Vergabe von Stipendien und die Veranstaltung von Schüler- und Studentenwettbewerben. Zum *Wissenschaftssponsoring* hingegen gehören die Unterstützung von Forschungsprojekten, die Ausstattung von Lehrstühlen, die Vergabe von Forschungspreisen oder der Aufbau von eigenständigen Forschungsinstituten (*Kloss* 2007).

Sponsoring wird in erster Linie zur Steigerung des Bekanntheitsgrades von Unternehmen, Produkten und Marken eingesetzt; es werden damit aber auch Imageziele verfolgt. Daneben wird – gerade in der Kombination mit Events – der direkte Kundenkontakt gesucht, die Kundenbindung intensiviert, die Mitarbeitermotivation erhöht und gesellschaftliche Verantwortung demonstriert (*Rennhak/Opresnik* 2016, S. 118).

Die Durchführung von Sponsoringmaßnahmen bringt zahlreiche Vorteile. Das Sponsoring schafft es, die generelle Werbeaversion der Bevölkerung und die Informationsüberflutung zu umgehen, da es in einem nicht kommerziellen Umfeld stattfindet und somit das kommerzielle Interesse nicht offensichtlich wahrnehmbar ist (*Kloss* 2007). Zusätzlich kann die Werbung in einer Sendung oder einem Artikel integriert sein und somit die Ablehnung von Werbeanzeigen oder -blöcken durch Zapping oder Weiterblättern umgehen. Durch die Vielfalt an Bereichen und Möglichkeiten schafft das Sponsoring kommunikative Wettbewerbsvorteile, da es möglich wird, eine emotionale Erlebniswelt aufzubauen und sich von den Werbemaßnahmen der Konkurrenz zu differenzieren (*Wünschmann et al.* 2004). Die Alleinstellung ist insbesondere als Haupt- oder Exklusiv-Sponsor gegeben und vor allem im Kultur-, Sozial- und Umweltbereich sehr gut möglich. Ein weiterer Vorteil ist die häufig hohe Reichweite von gesponserten Veranstaltungen (*Pepels* 2007). Dies kann durch die Nutzung von Multiplikatoreffekten der Medien unterstützt werden und somit die Erreichung einer sehr großen Zielgruppe und Werbewirksamkeit ermöglichen. Des Weiteren kann das Sponsoring Zielgruppen ansprechen, die durch kommerzielle Werbemaßnahmen nicht erreicht werden. Ein Sponsoringengagement erlaubt es einem Unternehmen, auch rechtliche Kommunikationsbarrieren zu überwinden, z. B. das Verbot von Tabakwerbung (*Kloss* 2007).

Sponsoring weist als Kommunikationsinstrument jedoch verschiedene Nachteile auf. Die Kommunikationswirkung hängt zudem von unkontrollierbaren Einflussfaktoren ab, die mit dem Gesponserten zusammenhängen und sich negativ auf das sponsernde Unternehmen auswirken können (*Wünschmann et al.* 2004). Ein weiterer Nachteil ist, dass sich die Sponsoringmaßnahmen meist auf kurze visuelle Botschaften wie Unternehmensnamen oder -logos beschränken und so nur eine begrenzte Informationsübermittlung ermöglichen (*Wünschmann et al.* 2004). Das bedeutet, dass schon vor Durchführung einer Sponsoringmaßnahme ein hinreichender Bekanntheitsgrad bestehen sollte, da Sponsoring alleine keine Möglichkeit für eine Produkt- oder Dienstleistungserklärung bietet.

Ein wichtiger Faktor, der erfüllt sein muss, um erfolgreiches Sponsoring zu betreiben, ist die *Glaubwürdigkeit* des Sponsoringengagements (*Angenendt et al.*, 2004). Unterstützt wird die Glaubwürdigkeit neben der Affinität oder Nähe der Sponsoringpartner auch durch die Kontinuität, Langfristigkeit und Regelmäßigkeit des Engagements (*Wünschmann et al.* 2004).

> **Definition**
> Product Placement ist die bewusste Platzierung eines markierten Produkts, einer Dienstleistung, einer abgestimmten Information oder einer Marke im Rahmen eines Spielfilms, einer Fernsehsendung oder einer ähnlichen Darbietung, ohne dass dies für den Medienkonsumenten als von einer Interessengruppe bezahlte, werbliche Kommunikation zu erkennen ist (*Rennhak/Nufer* 2008, S. 1021)

Das zu bewerbende Produkt wird beim Product Placement idealerweise passend in den Unterhaltungsinhalt integriert. Beim gut inszenierten Placement fällt dem Zuschauer die Verwendung eines bestimmten Produktes bzw. einer bestimmten Marke überhaupt nicht auf, da diese notwendiger Teil einer Handlung ist. Product Placement wird heute hauptsächlich von Markenartiklern angewandt. Beim Corporate Placement steht nicht das Produkt im Vordergrund, sondern die Firma beziehungsweise das Unternehmen an sich. Hier wird beispielsweise das Unternehmen direkt genannt oder es wird ein Logo gezeigt (*Frank/Rennhak* 2010).

Beispiel

Samsung hat während der Fernsehübertragung der Oscar-Nacht 2014 in Hollywood geschätzte 15 Millionen Dollar für Sponsoring, Produktplatzierung und eingespielte Werbefilmchen ausgegeben. Der größte kommunikative Effekt wurde jedoch durch das Product Placement der Moderatorin Ellen DeGeneres sichergestellt. Mit einem Samsung-Smartphone ließ sie sich von Schauspieler Bradley Cooper während der Sendung im Kreise berühmter und bekannter Schauspieler wie Meryl Streep, Kevin Spacey oder Brad Pitt fotografieren.

Das Bild wurde noch während der Show ins Internet gestellt und erreichte viele Klicks. Samsung hatte zugesichert, für jeden Re-Tweet einen Dollar zu spenden. Mehr als 40 Millionen Zuschauer soll die Sendung allein in Amerika gehabt haben. Drei Millionen Klicks kamen für DeGeneres zusammen. Das machte unter dem Strich drei Millionen Dollar. Ein Erfolg für die Gastgeberin und ein Schnäppchen für Samsung – soll doch der übertragende Fernsehsender ABC für einen halbminütigen Werbespot während der Veranstaltung mehr als 1,5 Millionen Dollar verlangt und bekommen haben. Das Gruppenbild wurde nicht nur zu einem gelungenen Imagegag für Samsung, sondern auch zu einem der teuersten Fotos der Welt (vgl. www.faz.net).

Inzwischen zahlen Markenhersteller für das Placement in Hollywoodfilmen enorme Summen. Product Placement wird von Produzenten gerne eingesetzt, um die hohen Kosten einer Filmproduktion zumindest teilweise zu decken. Bei der Einteilung von Product Placement in Abhängigkeit von der Programmintegration wird zwischen drei Hauptkategorien unterschieden (*Opresnik/Rennhak* 2011, S. 263):

- Von *implizitem Product Placement* spricht man, wenn eine Marke, eine Firma oder ein Produkt in einem Film auftaucht, ohne dabei explizit genannt zu werden. Die Verwendung ist hier passiv und sehr auf den Kontext bezogen.
- Als *integriertes explizites Product Placement* bezeichnet man ein Placement, sobald eine Marke oder eine Firma ausdrücklich genannt wird. Diese spielen eine aktive Rolle in der Handlung des Films. Das entsprechende Produkt oder die Marke wird also direkt angesprochen und ist in den Handlungsablauf integriert. Bei dieser Art von Product Placement wird auf die Merkmale und den Nutzen eines Produkts eindeutig hingewiesen.
- *Nicht integriertes explizites Product Placement* bezeichnet ein Placement, wenn eine Marke oder eine Firma ausdrücklich genannt, aber nicht in die Filmhandlung integriert wird. Der Name der werbenden Firma kann hierbei am Anfang, am Ende oder während des Films genannt werden.

In entsprechenden Studien erweist sich die Steigerung des Bekanntheitsgrads als das oberste Ziel von Unternehmen, die Produkte in Filmen platzieren. Diesem Ziel folgen die Imagesteigerung, die Emotionalisierung der Marke und die Kundenbindung (*Ramme et al.* 2008). Die Integration von Produkten in Filmen verschafft Unternehmen die Möglichkeit, sich durch emotionalisierte Produktdifferenzierung eine eigenständige Marktposition zu schaffen. Dies findet vor allem bei Me-too-Produkten statt, die sich sachlich kaum von Konkurrenzprodukten unterscheiden (*Opresnik/Rennhak* 2011, S. 267).

Product Placement bezieht seine Attraktivität für die werbende Industrie vor allem aus einer sehr hohen internationalen Reichweite. Die potenzielle Steigerung der Markenbekanntheit ist denn auch einer der wichtigsten positiven Aspekte des Product Placement. Für Produkte, die gesetzlichen Werbebeschränkungen oder -verboten unterliegen, bietet Product Placement eine legale Möglichkeit der Marktkommunikation. Besonders im Zuge der zunehmenden Beschränkungen in anderen Werbeformen erscheint das Product Placement oft als letztes Vehikel für Werbebotschaften.

Werbeunterbrechungen oder Werbung vor Kinofilmen werden von den meisten Rezipienten als störend empfunden. Product Placement hingegen ist eine sympathische Werbeform. Sie ist bei den Rezipienten durchaus akzeptiert, weil sie die Handlung nicht unterbricht, sondern integriert in den Filmgeschehnissen erscheint. Product Placement ermöglicht den Werbenden einen effizienteren Kontakt zur Zielgruppe.

4.5 Merksätze/Kontrollfragen/Zusammenfassung

Merksätze

- Unter *Markenführung* versteht man das Management der Unternehmens- oder Produktmarken, also die Planung, Koordination, Durchführung und Kontrolle sämtlicher Elemente, Bereiche und Aufgaben, die im Zusammenhang mit der Marke stehen.
- Die Summe aller von einem Unternehmen angebotenen Produkte wird als *Produktportfolio, Produktprogram oder auch als Produktsortiment* bezeichnet. Die Portfolioanalyse ist ein komplexes Instrument der strategischen Marketingplanung auf hohem Aggregationsniveau zur Visualisierung von internen Stärken und Schwächen des betrachteten Unternehmens sowie der externen Chancen und Risiken des Unternehmensumfeldes.
- Der *Produktlebenszyklus* beschreibt den Verlauf von Absatz bzw. Umsatz im Zeitablauf zwischen der Markteinführung eines Produkts und dem Zeitpunkt, an dem es vom Markt genommen, d. h. aus dem Produktportfolio eliminiert wird.

- *Produktinnovation* bedeutet die Entwicklung und Aufnahme von Neuprodukten in das bisherige Produktportfolio.
- Die *Marktabschöpfungsstrategie* ist durch einen relativ hohen Einführungspreis gekennzeichnet, der zunächst nur einen kleinen Kreis potenzieller Käufer anspricht. Nach und nach werden dann die Preise gesenkt, um weitere Käuferkreise gewinnen zu können.
- Die *Marktdurchdringungsstrategie* ist durch einen relativ niedrigen Einführungspreis gekennzeichnet, der in der Regel auch in den Folgeperioden beibehalten wird. Mithilfe des attraktiven Einstiegspreises versucht man, eine rasche Marktdurchdringung und einen hohen Marktanteil zu erringen, um dann Rationalisierungs- und Kostensenkungspotenziale zu realisieren und Gewinne zu erzielen.
- Die *Distributionsstrategie* beschäftigt sich mit der langfristig optimalen Ausgestaltung der Marketingkanäle und der Supply Chain zur Überwindung der Spannungen zwischen dem Hersteller und dem Endabnehmer.
- *Marketingkanäle* erfüllen eine Reihe von Funktionen sowohl für die Hersteller als auch für die Endverbraucher. Ihre Existenz sorgt für höhere Effizienz und geringere Kosten auf beiden Seiten, indem sie eine Reihe von Funktionen erfüllen:
  - Reichweite
  - Spezialisierung
  - Ausgleich quantitativer, qualitativer und zeitlicher Spannungen
  - Dienstleistung
- *Kommunikationsinstrumente* entfalten ihre Wirkungen vor allem langfristig und sind deshalb von strategischer Natur. Im Rahmen der Produktkommunikation soll die Kommunikationsstrategie Unterstützung beim Produktabverkauf leisten – der Einsatz von Kommunikationsinstrumenten wie Medienwerbung oder Verkaufsförderung stehen im Vordergrund. Bei der Zielgruppenkommunikation dient die Kommunikation der differenzierten Ansprache von einzelnen Zielgruppen und soll einen spezifischen Kundennutzen vermitteln.
- *Kommunikationsziele* können Kontaktziele (streutechnische Ziele), ökonomische Ziele (Verhaltensziele) und außerökonomische Ziele (Wirkungsziele) sein.
- Die *Informationsüberlastung* kommt durch eine Reizüberflutung des Konsumenten zustande. Für werbetreibende Unternehmen wird es aufgrund dieses Information Overloads immer herausfordernder, mit ihren Werbebotschaften überhaupt zum Konsumenten durchzudringen.
- *Public Relations (PR)* bzw. *Öffentlichkeitsarbeit* bezeichnet die Strategie des Werbens um das Vertrauen der Öffentlichkeit. Zur Umsetzung der beschriebenen PR-Strategien bedienen sich PR-Verantwortliche verschiedener Medien zur Zielgruppenansprache.
- Die *Verkaufsförderung* ist ein zeitlich und marktsegmentspezifisch gezielt einzusetzendes Instrument der Kommunikationsstrategie. Sie dient

der Aktivierung der Marktbeteiligten (z. B. eigene Vertriebsmitarbeiter, Händler, Kunden) mit dem Ziel der Erhöhung der Verkaufsergebnisse durch personen- und sachbezogene Zusatzleistungen zum Kernangebot. Man unterscheidet Außendienst-, Händler- und Kunden-Promotions.

- Im Rahmen von *Sponsoring* stellt ein Unternehmen Geld, Sachmitteln, Dienstleistungen oder Know-how zur Förderung von Personen und/oder Organisationen in den Bereichen Sport, Kultur, Soziales und/oder Umwelt zur Verfügung, um damit Ziele der Unternehmenskommunikation zu erreichen.
- *Product Placement* ist die bewusste Platzierung eines markierten Produkts, einer Dienstleistung, einer abgestimmten Information oder einer Marke im Rahmen eines Spielfilms, einer Fernsehsendung oder einer ähnlichen Darbietung, ohne dass dies für den Medienkonsumenten als von einer Interessengruppe bezahlte, werbliche Kommunikation zu erkennen ist.

Kontrollfragen

K1 Welche Vorteile für Hersteller und Konsumenten verbinden sich mit den genannten Aufgaben einer Marke?

K2 Wie versucht eine Fluggesellschaft wie z. B. *Lufthansa* die (Premium-)Qualität ihrer Transportleistung zu kommunizieren?

K3 Welches sind mögliche methodische Kritikpunkte am Marktattraktivitäts-Wettbewerbsvorteils-Portfolio?

K4 Überlegen Sie sich bitte drei Faktoren oder Größen, welche die Länge der einzelnen Phasen des Produktlebenszyklus beeinflussen können.

K5 Die Aussagefähigkeit des Produktlebenszykluskonzepts wird oft bezweifelt. Führen Sie bitte drei der häufig genannten Kritikpunkte auf.

K6 Wer könnten aus Unternehmenssicht interessante Innovatoren/Frühadopter für ein neues Restaurant sein, die man z. B. im Zuge der Eröffnung bevorzugt einlädt?

K7 Wodurch unterscheidet sich die Preisstrategie grundsätzlich von den anderen Marketinginstrumenten?

K8 Wie schaffen es Anbieter wie H&M, die Kosten für ihre Kunden zu senken und dadurch den wahrgenommenen Produktwert zu erhöhen?

K9 Wie unterscheiden sich statische und dynamische Preisstrategien prinzipiell?

K10 Wie beeinflusst der Trend hin zu Käufermärkten die Möglichkeiten von Unternehmen, Dienstleistungen zu bepreisen?

K11 Welche der folgenden Aussagen sind richtig?

- Bei einer parallel zur Mengenachse verlaufenden Preis-Absatz-Kurve kann der Anbieter den Preis erhöhen, ohne dass die Nachfragemenge zurückgeht.
- Eine Preis-Absatz-Kurve zeigt den Zusammenhang zwischen der Preisforderung eines Anbieters und der auf ihn entfallenden Marktnachfrage.
- Wenn der Staat für ein homogenes Gut einen Preis vorschreibt, dann sind die Angebots- und die Nachfragemenge gleich hoch.
- Für heterogene Güter bildet sich kein einheitlicher Preis auf dem Markt.
- Ein Monopolist kann eine beliebige Menge zu einem beliebigen Preis absetzen.

K12 Nennen Sie jeweils drei Beispiele für Güter mit eher elastischer bzw. eher unelastischer Nachfrage.

K13 Warum versuchen staatliche Aufsichts- und Kontrollorgane, Preisabsprachen zu verhindern?

K14 Entscheiden Sie sich in den folgenden vier Fällen für den direkten oder für den indirekten Absatz.

	Spricht für direkten Absatz	**Spricht für indirekten Absatz**
Die Kauffrequenz ist hoch.		
Das Produkt ist stark erklärungsbedürftig.		
Es gibt sehr viele Kunden.		
Die Kunden sind geografisch weit verstreut.		

K15 Welche Produkte würden Sie am ehesten exklusiv vertreiben?

- Produkte, bei denen sich die Kunden typischerweise selbst bedienen, oder Produkte, die persönlich verkauft werden?
- Technisch anspruchsvolle Produkte oder nicht erklärungsbedürftige Produkte?
- Wartungsarme oder wartungsintensive Produkte?

K16 Welches könnten Nachteile eines Supply Chain Managements sein?

K17 Welche Betriebsformen des Einzelhandels dürften von der starken Expansion des Internets und seiner Möglichkeiten besonders betroffen sein?

K18 Welche Wechselbeziehungen zwischen Kommunikationszielen, Kommunikationsbudget und Kommunikationsinstrumenten und -kanälen sind denkbar?

K19 Warum ist die Frage „Wie viel Mehrumsatz hat die Kommunikationsmaßnahme gebracht?" falsch?

K20 Nennen Sie einige Beispiele, wie Unternehmen auf den Information Overload reagieren.

K21 Welches sind Vorteile einer integrierten Kommunikation gerade für kleinere und mittelgroße Unternehmen?

Zusammenfassung

Das Kapitel befasst sich mit der Umsetzung der Marketingstrategie auf der Ebene der Instrumentalstrategien. Diese sind die Produkt-, die Preis-, die Distributions- und die Kommunikationsstrategie.

Im Rahmen der *Produktstrategie* werden zunächst Entscheidungen getroffen, die sich auf das *einzelne Produkt* beziehen. Produkte werden im Wettbewerbsumfeld entlang einer oder mehrerer Nutzendimensionen, die ein Produkt aus Kundensicht hat (Grundnutzen, persönlicher Nutzen, soziologischer Nutzen), differenziert und positioniert. Die Produktstrategie sieht sich bei Dienstleistungen vor besonderen Herausforderungen, denn diese sind immateriell, nicht lagerbar und heterogen. Sie werden zudem simultan produziert und konsumiert.

Der *Preis* ist eine wichtige Größe für die Kaufentscheidung. Die Festlegung des Preises erfordert sowohl betriebswirtschaftliche Kenntnisse wie auch psychologisches Geschick. Die marktorientierte Bepreisung ist die breite und vor allem strategische Perspektive auf die Preisstellung. Es gibt verschiedene statische und dynamische Hoch- und Niedrigpreisstrategien. Die Preiselastizität ist das Verhältnis der relativen Mengenänderung zu der sie auslösenden relativen Preisänderung.

Die *Distributionsstrategie* beinhaltet zwei (eng miteinander verknüpfte) Themenfelder: die Gestaltung der Marketingkanäle und die physische Distribution (Supply Chain).

Im Zuge der strategischen Vertriebskanalgestaltung muss das Unternehmen entscheiden, ob es seine Produkte *direkt* oder *indirekt* vertreiben will. Darüber hinaus ist der optimale Grad der *Marktabdeckung* festzulegen. Hier ist zwischen exklusiver, selektiver und intensiver Distribution zu wählen.

Die aktuellen Trends in der Distributionsstrategie sind u.a. davon geprägt, dass Unternehmen versuchen, die Vorteile direkter und indirekter Vertriebskanäle zu kombinieren. Dazu setzen sie Multi-Channel-Ansätze und Mischformen wie Franchising ein.

Die *Kommunikationsstrategie* hat die Aufgabe der Leistungsdarstellung des Unternehmens gegenüber seinen Zielgruppen. Da sämtliche strategischen Marketinginstrumente kommunikative Wirkungen entfalten können, gilt die Kommunikationsstrategie als Bindeglied zwischen allen Instrumenten des Marketing-Mix.

4.6 Weiterführende Literatur/Glossar

Ferrell O. C./Hartline M. D., Marketing Strategy, 6. Auflage, Boston, 2014.

Opresnik M.-O./Rennhak, C., Allgemeine Betriebswirtschaftslehre. Grundlagen unternehmerischer Funktionen, 2. Auflage, Wiesbaden, 2015.

Rennhak, C./Opresnik M.-O., Marketing: Grundlagen, Wiesbaden, 2016.

Exkurs: Glossar

Distributionsstrategie – beschäftigt sich mit der langfristig optimalen Ausgestaltung der Absatzwege (synonyme Bezeichnungen sind Absatzkanal, Distributionskanal, Vertriebsschiene, Vertriebsweg) zur Überwindung der Spannungen zwischen dem Hersteller und dem Endabnehmer

Franchising – ein Franchisegeber räumt einem oder mehreren rechtlich selbstständigen Franchisenehmern gegen Entgelt das Recht ein, genau bestimmte Leistungen unter Nutzung des gesamten Marketing- und Managementkonzepts des Franchisegebers an Dritte zu vertreiben.

Information Overload – die Überlastung der am Kommunikationsprozess teilnehmenden Personen mit zum Teil irrelevanten Informationen.

Kommunikationsstrategie – die Gesamtheit der langfristigen Kommunikationsinstrumente und -maßnahmen eines Unternehmens, die eingesetzt werden, um das Unternehmen und seine Leistungen den relevanten Zielgruppen des Unternehmens vorzustellen.

Markenführung – das Management der Unternehmens- oder Produktmarken, also die Planung, Koordination, Durchführung und Kontrolle sämtlicher Elemente, Bereiche und Aufgaben, die im Zusammenhang mit der Marke auftreten

Marktabschöpfungsstrategie – ist durch einen relativ hohen Einführungspreis gekennzeichnet, der zunächst nur einen kleinen Kreis potenzieller Käufer anspricht. Nach und nach werden dann die Preise gesenkt, um weitere Käuferkreise gewinnen zu können.

Marktdurchdringungsstrategie – ist durch einen relativ niedrigen Einführungspreis gekennzeichnet, der in der Regel zunächst auch in den Folgeperioden beibehalten wird, um dann gegebenenfalls moderat angehoben zu werden.

Physische Distribution – die Planung, Steuerung und Kontrolle aller Bewegungs- und Lageraktivitäten, die mit dem physischen Fluss des Produkts vom Ende der Produktion bis zum Kunden verbunden ist

Preiselastizität – Maß dafür, wie stark sich die nachgefragte Menge verändert, wenn sich der Preis um ein Prozent ändert

Preisstrategie – alle Aktionsparameter, die sich auf die marktgerechte Gestaltung der vom Unternehmen auf dem Absatzmarkt eingeforderten Gegenleistung für das angebotene Leistungsprogramm beziehen

Product Placement – die bewusste Platzierung eines markierten Produkts, einer Dienstleistung, einer abgestimmten Information oder einer Firma im Rahmen eines Spielfilms, einer Fernsehsendung oder einer ähnlichen Darbietung.

Produktinnovation – die Entwicklung und Aufnahme von Neuprodukten in das bisherige Programm (Sortiment)

Produktstrategie – alle Tätigkeiten, die sich auf die marktgerechte Gestaltung des Leistungsprogramms einer Unternehmung beziehen, d. h. alle Aktivitäten, die mit der Auswahl und Weiterentwicklung eines Produktes oder eines Produktbündels sowie dessen Vermarktung zusammenhängen

Public Relations (PR) bzw. *Öffentlichkeitsarbeit* – die Strategie des Werbens um das Vertrauen der Öffentlichkeit durch das Management von Informations- und Kommunikationsprozessen (zwischen Organisationen) einerseits und ihren externen oder internen Umwelten (Teilöffentlichkeiten) andererseits

Sponsoring – ein Unternehmen stellt Geld, Sachmitteln Dienstleistungen oder Know-how zur Förderung von Personen und/oder Organisationen in den Bereichen Sport, Kultur, Soziales und/oder Umwelt zur Verfügung, um damit Ziele der Unternehmenskommunikation zu erreichen.

Value Added Services – Sekundärdienstleistungen, die in Kombination mit einer Primärleistung des Produkts ein Leistungsbündel ergeben, das zumindest einzelnen Konsumentengruppen einen zusätzlichen Nutzen („value add") gegenüber anderen Leistungsbündeln mit gleicher Primärleistung verspricht.

Verkaufsförderung (Sales Promotion) – ein zeitlich und marktsegmentspezifisch gezielt einzusetzendes Instrument der Kommunikationsstrategie. Sie dient der Aktivierung der Marktbeteiligten (z. B. eigene Vertriebsmitarbeiter, Händler, Kunden) mit dem Ziel der Erhöhung der Verkaufsergebnisse durch personen- und sachbezogene Zusatzleistungen zum Kernangebot. Man unterscheidet entsprechend Außendienst-, Händler- und Kunden-Promotions.

5 Umsetzung und Controlling für Marketingstrategien

Unternehmen müssen nach der strategischen Analyse, der Definition der übergeordneten Marketingstrategie und deren Umsetzung in Instrumentalstrategien weitere Faktoren berücksichtigen, um erfolgreich zu sein. Das generische Ziel der Marketingstrategie ist, profitable Kunden langfristig an das Unternehmen zu binden. Dazu sind Themen wie Kundenzufriedenheit, -loyalität und -bindung relevant.

Ist im Unternehmen eine Strategie zur langfristigen Kundenbindung vorhanden, kann man nun endlich darangehen, den nächsten Schritt im Managementzyklus (Plan-Act-Control) zu realisieren und die Strategien auch in die Tat umzusetzen, d. h. zu implementieren. Diese Implementierung beinhaltet verschiedene Ansatzpunkte und Problemfelder. Zudem werden die möglichen Implementierungspfade und die kritischen Erfolgsfaktoren der Strategieimplementierung dargestellt. Um die Strategien nachhaltig im Unternehmen zu verankern, ist oftmals auch eine Anpassung der Marketingorganisation erforderlich.

Nach der Implementierung der Marketingstrategie geht es darum, den Erfolg derselben zu erfassen und zu messen. Im Zuge des Strategiecontrollings soll jetzt ein ebenso systematisches Nachhalten des Erfolgs der Marketingstrategie sichergestellt werden, damit auch auf eventuelle Abweichungen problemadäquat, umfassend und zeitnah reagiert werden kann.

Lernziele

Ziel dieses Kapitels ist die Hinführung an die verschiedenen Ansätze zur Kundenbindung und zu deren spezifischem Beitrag im Rahmen der Marketingstrategie. Zudem werden die wichtigsten Herausforderungen bei der Implementierung einer Marketingstrategie und der Instrumentenkoffer des Strategiecontrollings vorgestellt. Im Einzelnen ist das:

- die Wirkungskette der Kundenbindung
- der Zusammenhang zwischen Qualität und Kundenzufriedenheit
- die verschiedenen Phasen des Beziehungslebenszyklus
- die Voraussetzung für die Implementierung eines strategischen Kundenbindungsmanagements
- die verschiedenen Ansätze zur Bestimmung des Kundenwerts
- die besonderen Herausforderungen der Strategieimplementierung
- die grundlegenden Elementen und Aktivitäten der Strategieimplementierung
- die Vor- und Nachteile der verschiedenen Ansätze der Strategieimplementierung
- die Rolle des internen Marketings im Rahmen der Strategieimplementierung
- die wichtigsten Aufgaben und Instrumente des Strategiecontrollings

Exkurs: Abstract

Once the strategy is defined, it needs to be implemented. The chapter introduces different approaches each having different (dis-)advantages. After declining with the diverse challenges of strategy implementation, its impact has to be measured in order to evaluate its success and eventually readjust it.

Exkurs: Schlüsselbegriffe

- Kundenbindung
- Kundenbindungsmanagement
- Kundenbindungsnutzen
- Kundenlebenszyklus
- Kundenwert
- Strategiecontrolling

Exkurs: Englische Fachbegriffe

- Customer Loyality
- Customer Relationship Management
- Customer Loyality Benefit
- Customer Life Cycle
- Customer Equity/Customer Lifetime Value
- Strategy Controlling

5.1 Strategieimplementierung

Die Implementierung spielt im Prozess der strategischen Marketingplanung eine kritische Rolle. Dies umfasst verschiedene Elemente, die zusammenspielen müssen, damit eine Marketingstrategie letztendlich erfolgreich umgesetzt werden kann und praktisch funktioniert. Die verschiedenen Ansätze der Strategieimplementierung verfügen über unterschiedliche Vor- und Nachteile. Besonders ist jedoch das interne Marketing bei der Strategieimplementierung hervorzuheben.

5.1.1 Strategische Fragestellungen der Marketingimplementierung

Die Implementierung der Marketingstrategie ist für jedes Unternehmen erfolgskritisch, weil sie die eher konzeptionell-theoretische Strategieplanung in die Tat umsetzt (vgl. *Ferrell/Hartline* 2014, S. 325). Die Implementierung konzentriert sich also im Prozess der Marketingplanung auf das „Wie".

Die Strategieimplementierung ist ein weites Feld und aus diesem Grund wird ihre Rolle oft missverstanden. Ein Teil dieser Missverständnisse rührt daher, dass Marketingstrategien im praktischen Ergebnis oft zu anderen als den geplanten Resultaten führen. *Ferrell/Hartline* (2014, S. 257) sprechen sogar davon, dass Unternehmen eigentlich immer zwei Marketingstrategien haben: eine *intendierte* und eine *realisierte* Strategie.

Die intendierte Marketingstrategie ist dabei diejenige, die das Unternehmen eigentlich anstreben will und die im Marketingplan niedergelegt ist. Die tatsächlich realisierte Marketingstrategie ist die Marketingstrategie, die sich tatsächlich im Wechselspiel der verschiedenen Marktkräfte und -beteiligten ergibt.

Das bedeutet keineswegs, dass die realisierte Strategie durchweg besser oder schlechter als die intendierte Strategie ist. Häufig macht die Implementierung der Marketingstrategie den Unterschied zwischen intendierter und realisierter Strategie aus (vgl. *Ferrell/Hartline* 2014, S. 257). Dies liegt zumeist daran, dass sich im Laufe der Implementierung interne bzw. externe Rahmenbedingungen ändern und das Unternehmen hierauf reagiert (oder es unterlässt und so die intendierte Strategie eine andere als die beabsichtigte Wirkung entfaltet).

Um eine maximale Wirkung der Marketingmaßnahmen sicherzustellen, müssen Planung und Implementierung eng abgestimmt und integriert betrachtet werden. Die landläufige (und in der Unternehmenspraxis leider immer noch viel zu häufig anzutreffende) Meinung ist, dass Planung und Implementierung an sich separate, bestenfalls auf einander aufbauende Schritte der Marketingplanung sind. Das

Gegenteil ist der Fall! Planung und Implementierung bedingen sich wechselseitig, und je enger sie aufeinander abgestimmt sind, desto höher ist die Erfolgswahrscheinlichkeit jeder Marketingstrategie.

Die meisten Probleme der Strategieimplementierung entstehen aus einer unzureichenden Abstimmung von Marketingstrategie und Marketingimplementierung. *Ferrell/Hartline* (2014, S. 258) machen dies an den drei Aspekten Interdependenz, Evolution und Separation fest.

Viele Unternehmen unterstellen, dass der Planungs- und der Implementierungsprozess Einbahnstraßen sind. Dies bedeutet in der Praxis, dass zunächst die Marketingstrategie geplant wird und dann versucht wird, diese zu implementieren. Die inhaltliche Konzeption des Marketingplans determiniert selbstverständlich in weiten Teilen die Marketingimplementierung. Umgekehrt bestimmt jedoch auch die Marketingimplementierung mit allen ihren Limitationen, wie der Marketingplan inhaltlich zu konzeptionieren ist. Die nachfolgende Abbildung zeigt diese wechselseitige *Interdependenz* schematisch auf.

Abbildung 68: Schematischer Zusammenhang von Marketingstrategie und Marketingimplementierung nach *Ferrell/Hartline* (2011, S. 326)

Die Komplexität in der Marketingplanung wird noch dadurch verschärft, dass sich in der Zwischenzeit die internen und externen Rahmenbedingungen ändern. Dies ist eher die Regel denn die Ausnahme. Denken Sie nur an die sich laufend ändernden Kundenwünsche, auf die die Wettbewerber reagieren (wenn sie nicht gar proaktiv Marketingmaßnahmen ergreifen), und die internen Strukturen im Unternehmen. Bisweilen schreitet diese *Evolution* in den Rahmenbedingungen so schnell voran, dass eine gerade erst beschlossene Marketingstrategie bereits wieder veraltet ist. Da Marketingstrategie und Marketingimplementierung wechselseitig voneinander abhängen, müssen beide kontinuierlich miteinander weiterentwickelt werden.

Ein weiterer Aspekt, der in diesem Zusammenhang zu diskutieren ist, ist die irrige Annahme, dass es für jede Strategie nur eine richtige Art der Marketingimplementierung gäbe. Marketingstrategien entstehen oft in einer Art „Trial and Error"-Verfahren. Dies trifft im gleichen Maße auf die Marketingimplementierung zu.

Unternehmen benötigen ein hohes Maß an Agilität sowohl im Bereich der Marketingstrategie als auch im Bereich der Marketingimplementierung, um erfolgreich am Markt agieren zu können. Die geringe Effizienz der Marketingimplementierung in vielen Unternehmen ist häufig auf die Art und Weise zurückzuführen, wie Planung und Implementierung in diesen Unternehmen durchgeführt werden.

Planung und Implementierung werden oft in Unternehmen getrennt organisiert. Das Management befasst sich mit den planerischen Aufgaben, während die operativen Mitarbeiter sich vornehmlich um die Implementierung kümmern. Diese Separation von Planung und Implementierung auf der Ebene der handelnden Personen führt dazu, dass die Führungskräfte keinen Blick für die Implementierung und die damit verbunden Probleme im Tagesgeschäft haben. Sie glauben, dass sich eine gute Strategie quasi von alleine implementiert und alle Mitarbeiter automatisch von einer neuen Strategie begeistert und hoch motiviert sind, diese sofort umzusetzen.

Die Experten in Bezug auf die tagtäglichen Probleme in der Implementierung – die operativen Mitarbeiter – hingegen sind nur sehr begrenzt in die Planung der Marketingstrategie involviert. Da sie vom Prozess der Strategieplanung weitgehend entkoppelt sind,

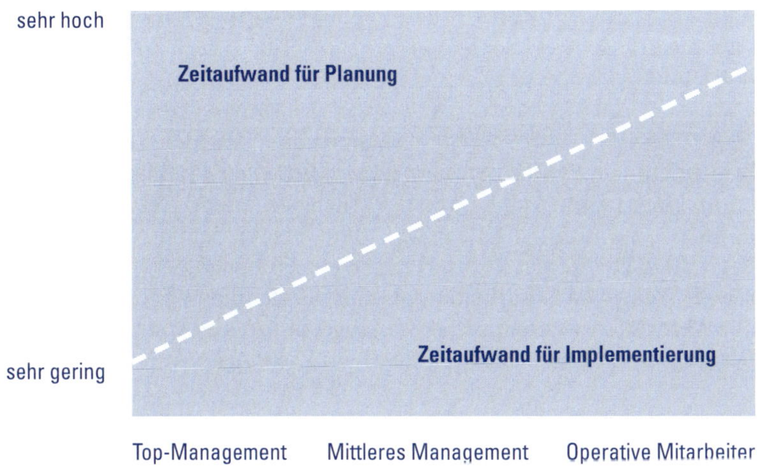

Abbildung 69: Trennung von Planung und Implementierung nach *Ferrell/Hartline* (2014, S. 259)

identifizieren sie sich weniger mit den Zielen des Gesamtunternehmens und konzentrieren sich verstärkt auf ihren unmittelbaren Arbeitsbereich. Zudem ist es für sie schwierig, die Implikationen einer Marketingstrategie in Gänze zu erfassen, die sie selbst nicht mitentwickelt haben.

5.1.2 Elemente der Strategieimplementierung

Die Marketingimplementierung basiert auf einer Reihe von Elementen und Aktivitäten, die untereinander in enger Beziehung stehen. Um eine effiziente Marketingimplementierung zu gewährleisten, müssen die verschiedenen Elemente miteinander harmonieren (vgl. *Ferrell/Hartline* 2011, S. 259).

Abbildung 70: Elemente der Marketingimplementierung nach *Ferrell/Hartline* (2011, S. 260)

Ferrell/Hartline (2014, S. 259 ff.) erläutern die einzelnen Elemente der Strategieimplementierung. *Gemeinsame Ziele und Werte* aller Mitarbeiter im Unternehmen sind quasi der „Klebstoff", der die verschiedenen Elemente zusammenhält und aus den verschiedenen Abteilungen, Bereichen, Divisionen, Profit Centern etc. eine schlagkräftige Einheit formt. Wenn alle Mitarbeiter dieselben Ziele und Werte teilen, sind alle Aktivitäten automatisch besser abgestimmt und koordiniert. Alle Maßnahmen richten sich auf dieselben Ziele aus.

Beispiel

Ferrell/Hartline (2014, S. 259) nennen hier u. a. das Beispiel Google. Das Unternehmen dokumentiert dies auf seiner Homepage (http://www.google.de/about/company/facts/culture/) wie folgt:

„Unsere Mitarbeiter machen Google zu dem, was es ist. Wir holen clevere und zielstrebige Menschen in unser Team. Dabei sind uns Fähigkeiten wichtiger als Erfahrung. Zwar teilen alle Googler gemeinsame Ziele und Visionen für das Unternehmen, aber wir haben ganz unterschiedliche Hintergründe und sprechen viele Sprachen, wie auch unsere Nutzer aus den verschiedensten Ländern der Welt kommen. Unsere Freizeitinteressen reichen von Radfahren und Imkern bis hin zu Frisbee und Foxtrott.

Wir möchten uns eine offene Kultur erhalten, wie sie typisch für Start-ups ist. Jeder kann sich aktiv einbringen und seine Ideen und Meinungen mit den anderen teilen. In unseren wöchentlichen TGIF-Treffen („Thank God it's Friday – Zum Glück ist Freitag") und natürlich auch per E-Mail oder in unserem Café, können sich die Googler mit unternehmensrelevanten Fragen direkt an Larry Page, Sergey Brin und andere aus dem Managementteam wenden. Unsere Büros und Cafés sind so eingerichtet, dass die Interaktion zwischen Googlern innerhalb der Teams sowie teamübergreifend gefördert wird – ob bei der Arbeit oder bei einer Runde Kicker."

Die Institutionalisierung gemeinsamer Ziele und Werte ist ein langfristiger, zeitaufwändiger und teurer Prozess. Ansatzpunkte sind hier in erster Linie Mitarbeiterentwicklungs- und -sozialisationsprogramme. Trotz der hohen Kosten lohnt der Aufwand. Die Existenz gemeinsamer Ziele und Werte wird vielfach als das wichtigste Element in der Marketingimplementierung angesehen, da es sich direkt auf die Motivation der Mitarbeiter zur Implementierung von Marketingstrategien auswirkt (vgl. *Ferrell/Hartline* 2014, S. 260).

Der Terminus *Marketingstruktur* bezieht sich darauf, wie ein Unternehmen seine Marketingaktivitäten organisiert. Sämtliche Aufgaben des Marketings müssen in der Unternehmensstruktur so verankert werden, dass die Marktorientierung des Unternehmens gewährleistet ist. Es muss also geklärt werden, wer welche Marketingaufgaben wahrnimmt und wie die Verantwortlichen zusammenspielen. Es muss eine *Marketingorganisation* im Unternehmen aufgebaut werden.

Traditionell wird der Marketingbereich nach den verschiedenen *Marketingfunktionen* organisiert. Die einzelnen Aufgaben des Marketings wie Marktforschung, Kommunikation, Vertrieb usw. stehen dabei als gleichberechtigte Abteilungen innerhalb der Marketingabteilung. Der Vorteil dieser Organisationsform ist, dass sich die Mitarbeiter in ihren Arbeitsbereichen Expertenwissen aufbauen können. Allerdings ist diese Organisationsstruktur wenig effek-

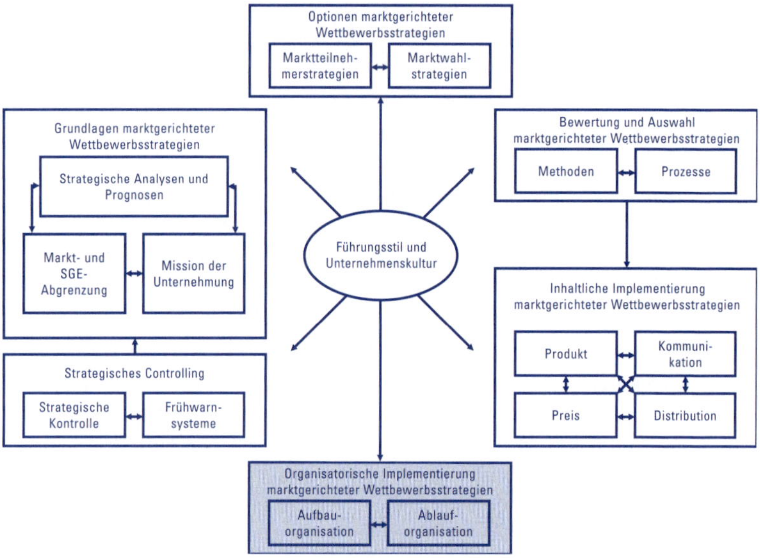

Abbildung 71: Organisatorische Implementierung marktgerichteter Wettbewerbsstrategien im Prozess der strategischen Marketingplanung und -implementierung nach *Benkenstein/Uhrich* (2009, S. 175)

tiv, wenn viele verschiedene Produkte und Märkte betreut werden müssen. Kein Mitarbeiter ist für ein Produkt oder für einen Markt komplett verantwortlich. Deshalb wählen Unternehmen mit einem relativ breiten und heterogenen Produktprogramm häufig eine Marketingorganisation, die sich nach Produkten, Kundengruppen oder Absatzgebieten gliedert.

In der *produktorientierten Marketingorganisation* bilden Produkte oder Produktgruppen das wesentliche Kriterium bei der Zusammenfassung der Aufgaben. Dabei leitet ein sogenannter Produktmanager das Marketing für ein Produkt oder eine Produktgruppe. Alle Aktivitäten müssen koordiniert werden, z.B. die Information und Beratung von Einkauf und Produktion. Diese Dezentralisierung der einzelnen Marketingaufgaben bietet sich vor allem dann an, wenn die Produkte bzw. Produktgruppen sehr heterogen sind und damit die Marketingaufgaben sehr unterschiedlich ausfallen. Die Vorteile der produktorientierten Marketingorganisation liegen in der eindeutigen Kompetenzabgrenzung und der schnelleren Anpassungsfähigkeit bei Veränderungen in einem Produktbereich. Die Mitarbeiter fühlen sich für „ihr" Produkt verantwortlich, arbeiten motivierter und planen langfristig. In der Regel sind die Mitarbeiter kreativer und es entstehen mehr Innovationen. Die Schwierigkeit besteht in den Doppelarbeiten für die unterschiedlichen Produktbereiche. So werden z. B. die Kommunikationsaktivitäten nicht mehr zentral für alle Produktbereiche durchgeführt, sondern jeder Produktbereich hat seine eigene Kommunikationsabteilung. Durch die fehlende Spezialisierung der Aufgabe kann es zu einem differenzierten Auftritt des Unternehmens nach außen kommen.

Die *kundenorientierte Marketingorganisation* berücksichtigt die Besonderheiten der verschiedenen Kundengruppen. Ein Mitarbeiter ist für eine festgelegte Kundengruppe verantwortlich. Statt eines Produktmanagers gibt es jetzt einen Kunden- oder Accountmanager (der z. B. für besonders wichtige Schlüsselkunden den Titel „Key Account Manager" trägt). Dieser fungiert als die Stimme des Kunden im Unternehmen. Die kundenorientierte Organisationsstruktur kommt vor allem dann infrage, wenn sich Kunden in ihren Anforderungen besonders stark unterscheiden und diese Differenzierung wichtiger ist als die Differenzierung nach Produkten oder Produktgruppen.

Die *gebietsorientierte Marketingorganisation* teilt das gesamte Absatzgebiet in räumliche Einheiten auf. Ein Regionalmanager ist jeweils für ein Teilgebiet verantwortlich. Diese Organisationsstruktur wird gewählt, wenn es sich um große Absatzgebiete mit unterschiedlichem Kundenverhalten handelt. Vorteil dieser Organisationsform ist die Berücksichtigung der speziellen Anforderungen von Regionen, Ländern oder Kulturen. Die Mitarbeiter werden zu Experten in Bezug auf Kunden, Wettbewerb, politische Gegebenheiten u. a. Nachteil kann der lange Kommunikationsweg zwischen den Regionen sein. Die gebietsorientierte Marketingorganisation bietet sich vor allem für Unternehmen mit relativ engem Produktproramm an, d. h., wenn sich die einzelnen Produkte nicht zu stark unterscheiden. Gleichzeitig sollten die spezifischen Kundenerfordernisse sich nicht generell je nach Kunden, sondern vor allem je nach Region unterscheiden.

Organisationelle *Systeme und Prozesse* stellen die operativen Abläufe in Unternehmen sicher. Hierunter fallen z. B. IT-Systeme, strategische Planung, Budgetierung, Einkauf, Auftragsabwicklung, Produktion und Qualitätssicherung (vgl. *Ferrell/Hartline* 2014, S. 261).

Um Marketingstrategien zu implementieren und die oben erwähnten Strukturen, Systeme und Prozesse überhaupt mit Leben erfüllen zu können, sind *Ressourcen* erforderlich. Typischerweise werden tangible Ressourcen (z. B. finanzielle Ressourcen, Produktionsausstattung) und intangible Ressourcen (z. B. Marketing-Know-how, Kundenloyalität, Markenwert) unterschieden (vgl. *Ferrell/Hartline* 2014, S. 261). An der Wahl der Beispiele können Sie bereits erkennen, dass im Bereich des strategischen Marketings die intangiblen Ressourcen durchaus ebensolche Bedeutung haben wie die tangiblen. Unabhängig davon, ob es sich um tangible oder intangible Ressourcen handelt, entscheidet die Ressourcenausstattung häufig darüber, ob eine Marketingstrategie erfolgreich implementiert werden kann oder nicht. Deshalb bedarf es – wie oben erwähnt – bereits in der Planungsphase einer umfassenden Evaluation der Ressourcenausstattung. Zudem ist die benötigte Ressourcenausstattung vor einer Freigabe der Marketingstrategie an die Unternehmensführung zu kommunizieren. Knappe Ressourcen können dann in die vielversprechendsten Projekte gesteckt werden.

Eine besonders kritische Ressource bei der Implementierung einer Marketingstrategie sind die *Mitarbeiter*, weshalb diese als separates Element genannt sind. Ihre Qualität und Diversität entscheidet häufig über Erfolg oder Scheitern von Marketingstrategien. Entsprechend sind Personalthemen zu wichtigen Fragestellungen innerhalb des Marketings geworden (vgl. *Ferrell/Hartline* 2014, S. 261). Dies betrifft u. a. Personalauswahl, Personalentwicklung, Personalbeurteilung, Personalanreizsysteme, Mitarbeitermotivation sowie Mitarbeiterzufriedenheit und -bindung.

- Den Anforderungen, die das Marketing an die Mitarbeiter stellt, muss bei der *Personalauswahl und -entwicklung* Rechnung getragen werden (vgl. *Ferrell/Hartline* 2014, S. 261 f.). Die Fähigkeiten der Mitarbeiter sollen so den jeweiligen Aufgaben im Marketing entsprechen. Dem Aspekt der Diversität der Mitarbeiter wird in letzter Zeit größere Bedeutung beigemessen. Das Ziel vieler Unternehmen ist, die Diversität auf der Kundenseite auch auf der Mitarbeiterseite adäquat abzubilden.
- *Personalbeurteilungs- und -anreizsysteme* spielen bei der Implementierung von Marketingstrategien ebenfalls eine große Rolle (vgl. *Ferrell/Hartline* 2014, S. 262). Eine wichtige Entscheidung ist dabei die zwischen ergebnis- und verhaltensbasierten Systemen. Ein *ergebnisbasiertes System* evaluiert und kompensiert Mitarbeiter auf der Basis messbarer und quantifizierbarer Vorgaben wie z. B. Umsatzzielen. Derartige Systeme unterstellen einen direkten Zusammenhang zwischen Verhalten und Einsatz der Mitarbeiter und den vereinbarten Zielgrößen. Sie sind relativ einfach umzusetzen, erfordern wenig Kontrolle und funktionieren bei stabilen Rahmenbedingungen relativ gut.

Im Vergleich dazu beurteilen und belohnen verhaltensbasierte Systeme Mitarbeiter nach subjektiv-qualitativen Standards wie Bemühen, Motivation, Teamfähigkeit und Freundlichkeit etc. Derartige Systeme setzen direkt bei den marketingrelevanten Steuerungsgrößen an und sind zudem von den Mitarbeitern vollständig zu kontrollieren. Sie sind jedoch mit hohem Aufwand verbunden und in der Praxis nicht leicht umzusetzen, weil sie ein erhebliches Maß an Kontrolle durch die Vorgesetzten erfordern.

Die Wahl zwischen ergebnis- und verhaltensbasierten Systemen kann nur unternehmensindividuell auf der Basis der Anforderungen von Produkten, Märkten und Kunden erfolgen. Entscheidend ist, dass das Personalbeurteilungs- und -anreizsystem den Personaleinsatz in die zur Implementierung der Marketingstrategie notwendige Richtung lenkt und so seiner Steuerungsfunktion nachkommt.

Zur erfolgreichen Implementierung einer Marketingstrategie ist zudem die *Motivation* der Mitarbeiter entscheidend, jene auch in die Tat umzusetzen. Ihre Motivation ist unmittelbar durch ihre Gesamtzufriedenheit mit ihrer Arbeitsstelle und ihrer Aufgabe sowie ihrer Identifikation mit dem Unternehmen, seinen Zielen und seinen Werten bedingt. Hier sei nochmals an das oben erwähnte Beispiel Google und seine Anstrengungen erinnert, seine Mitarbeiter zu motivieren und auf die gemeinsamen Ziele und Werte einzuschwören.

Das Verhalten der Unternehmensleitung und das der Mitarbeiter gehen bei der Marketingimplementierung Hand in Hand (vgl. *Ferrell/Hartline* 2014, S. 263). *Führung* bezeichnet dabei die Art und Weise, wie Manager mit ihren Mitarbeitern kommunizieren und wie sie diese motivieren. Die Unternehmensführung ist für die Etablierung einer Unternehmenskultur verantwortlich, die den Erfolg der Marketingimplementierung sicherstellt.

Daher haben sich die Anforderungen im Bereich der Führung gerade in den letzten Jahren massiv gewandelt. Transparenz, offene Kommunikation, die Schaffung von wechselseitigem Vertrauen sowie die Inklusion der Mitarbeiter im Entscheidungsprozess haben wesentlich an Bedeutung gewonnen.

Früher	Heute	Beispiele
Erfolgsfaktoren Größe und Macht	Erfolgsfaktoren Agilität und Überzeugung/Werte	Pharmabranche: Großkonzerne zunehmend von kleinen Biotech-Unternehmen bedrängt; langfristige CSR schützt vor öffentlichem Druck durch Aktivisten
Imperativ Nr. 1 oder Nr. 2 in einem Markt zu sein (vgl. BCG-Portfolio)	Fokus auf Nischen und Innovation	Erfrischungsgetränke: Energydrinks nehmen Coca Cola und Pepsi Marktanteile ab; Erfolg von Starbucks aus der Nische heraus
Shareholder Value-Orientierung	Kundenorientierung	Position der deutschen (fertigenden) Industrie vs. finanzindustrie-dominierte Volkswirtschaften wie UK
Lean Production und Business Process Reeingineering; Kurzfristorientierung	Außenperspektive und langfristige Vision	Erfolg durch kundenorientierte Innovation (z. B. Apple) – der Fokus auf Effizienz im bestehenden Geschäft ist nur nach innen gerichtet; schnelle Turnarounds zahlen sich langfristig oft nicht aus
Bestenauswahl und Mitarbeiter-Rankings	Auswahl leidenschaftlicher Überzeugungstäter	Mitarbeiter suchen Sinn in ihrer Arbeit und wollen sich im Job selbst verwirklichen

Abbildung 72: Veränderung in der Führungsphilosophie nach *Ferrell/Hartline* (2011, S. 333)

5.1.3 Ansätze der Strategieimplementierung

Unternehmen verfolgen unterschiedliche Ansätze, um Marketingstrategien zu implementieren und ihre Mitarbeiter dazu zu motivieren, Marketingstrategien umzusetzen. Im Folgenden werden vier Ansätze dargestellt: Implementierung per Anordnung, Implementierung durch Veränderung, Implementierung durch Konsensbildung und Implementierung als Organisationskultur (vgl. *Ferrell/Hartline* 2014, S. 263).

- Bei der *Implementierung per Anordnung* entwickelt die Unternehmensleitung die Marketingstrategie und übermittelt diese in der Unternehmenshierarchie nach unten, wo das mittlere Management und die operativen Mitarbeiter die Implementierung übernehmen. Dies hat zunächst zwei wesentliche Vorteile: Die Entscheidungsfindung ist einfach und es besteht nicht wirklich Unklarheit, was im Zuge der Strategieimplementierung zu geschehen hat. Die Implementierung per Anordnung hat jedoch auch gravierende Nachteile: Die Machbarkeit der Implementierung steht nicht im Fokus der Betrachtung. Weiterhin entsteht eine künstliche Zweiteilung bei den Mitarbeitern in „Strategen" und „Implementierer": Die Unternehmensführung hat häufig wenig Gespür für die Kundenbedürfnisse und die Anforderungen des Tagesgeschäfts. Deshalb verursacht die Implementierung per Anordnung oft Motivationsprobleme bei den einfachen Mitarbeitern.
- Die *Implementierung durch Veränderung* ist zunächst der Implementierung per Anordnung relativ ähnlich. Der Fokus dieses Ansatzes liegt nur viel stärker auf der Implementierung selbst. Hauptziel aller Unternehmensaktivitäten ist nämlich, dass Unternehmen selbst so umzugestalten, das die Implementierung der Marketingstrategie gelingt. Dies geschieht z. B. durch Akquisitionen oder neue Beteiligungen, Umstrukturierungen, Personalauf- oder -abbau oder den Einsatz neuer Technologien.
- Top-Manager geben ungern Kontrollmöglichkeiten auf (was allerdings die Voraussetzung für die nachfolgend erläuterte Implementierung durch Konsensbildung und Implementierung als Organisationskultur ist). Deshalb erscheint in ihren Augen die Implementierung durch Veränderung besonders attraktiv. Dieser Ansatz schafft eine gewisse Balance zwischen den Extrempunkten „Implementierung per Anordnung" und „Implementierung durch Konsensbildung". Nachteilig ist jedoch, dass Planung auf der einen und Implementierung auf der anderen Seite immer noch separiert sind. Dies führt zu den oben genannten Motivationsproblemen auf Mitarbeiterseite. Zudem ist – wie Sie sich leicht vorstellen können – die Umsetzung des Ansatzes oft sehr aufwändig und zeitintensiv. Dies ist besonders kritisch, wenn sich in der langen

Implementierungsperiode signifikante Veränderungen im Unternehmensumfeld ergeben.

- Bei der *Implementierung durch Konsensbildung* arbeiten alle Ebenen des Unternehmens bei der Entwicklung und Evaluation von Marketingstrategien eng zusammen. Jeder Bereich hat eine spezifische Sicht auf externe Erfordernisse und Handlungsbedarfe. Die Aufgabe der Unternehmensführung besteht jetzt darin, als Moderator und Koordinator zu fungieren und die unterschiedlichen Sichtweisen auszugleichen und abzustimmen, um so die bestmögliche Marketingstrategie zu identifizieren. Im (idealen!) Endergebnis herrscht diesbezüglich Konsens über alle Unternehmensbereiche und -funktionen hinweg.
  Der große Vorteil dieses Ansatzes besteht daran, dass die Endscheidungsfindung bezüglich der Marketingstrategie nahe an die Erfordernisse des Tagesgeschäfts herangerückt wird. Dadurch erhalten die Mitarbeiter, die tatsächlich an der Kundenschnittstelle arbeiten, stärkere Mitgestaltungsmöglichkeiten. Zugleich sorgt die stärkere Beteiligung der operativen Mitarbeiter für eine höhere Motivation bei der Umsetzung der Marketingstrategie. Die Involvierung aller Bereiche und Funktionen bereits in der Phase der Strategiefindung sorgt für geringeren Koordinationsaufwand bei der Implementierung. Die Implementierung durch Konsensbildung sollte vor allem dann zum Einsatz kommen, wenn Unternehmen in hochkomplexen und sehr dynamischen Umfeldern agieren. Die Konsensbildung stellt sicher, dass alle Perspektiven und das kollektive Wissen der Organisation in die Strategiefindung eingehen. Die Implementierung durch Konsensbildung erfordert jedoch zum einen, dass die Unternehmensleitung bereit ist, einen Teil ihrer Entscheidungsbefugnisse an untere Hierarchieebenen zu delegieren. Zum anderen stellt sie sehr hohe Anforderungen an die Kommunikationskompetenz aller Beteiligten.
- Begreift man *Implementierung als Organisationskultur*, sind Strategieplanung und -implementierung Verlängerungen von Unternehmensmission und -vision bzw. der Unternehmenskultur. Dieser Ansatz entspricht in vielerlei Hinsicht der Implementierung durch Konsensbildung. Bei der Implementierung als Organisationskultur wird jedoch die Grenze zwischen „Strategen" und „Implementierern" vollständig aufgelöst. Ist die Implementierung lediglich das Weiterdenken der Unternehmensvisionen bzw. -ziele, so sind alle Hierarchiestufen an der Entscheidungsfindung beteiligt. In einem derartig idealen Unternehmen, in dem alle Mitarbeiter die Unternehmenskultur leben, weiß jeder Mitarbeiter intuitiv, welche Rolle ihm im Zuge der Implementierung zukommt. Durch ein derartiges Empowerment der Mitarbeiter ergibt sich eine extreme Dezentralisierung. Die Rolle der Unternehmensleitung beschränkt

sich auf die Weiterentwicklung der Unternehmensvision und der Unternehmenskultur. Dies ist für diesen Ansatz extrem erfolgskritisch, denn nur die „richtige“ Unternehmensvision und die „richtige“ Unternehmenskultur schaffen die Voraussetzung dafür, dass die Mitarbeiter intuitiv die richtigen Entscheidungen treffen. Die Unternehmenskultur muss nachhaltig über Mitarbeiterauswahl, -sozialisation und -entwicklung etabliert werden. Von allen Ansätzen zur Implementierung ist das deshalb mit Sicherheit der aufwändigste. Gleichzeitig ist er, wenn die kritischen Voraussetzungen gegeben sind, der effizienteste und effektivste, denn die Mitarbeiter sind hier am besten motiviert.

5.1.4 Internes Marketing und Strategieimplementierung

Unternehmen werden sich immer stärker der zentralen Rolle der Mitarbeiter bei der Implementierung der Marketingstrategie bewusst (vgl. *Ferrell/Hartline* 2014, S. 268). Entsprechend gehen sie die Implementierung von Marketingstrategien heute differenzierter an. Insbesondere die Mitarbeiterloyalität ist (auch gerade angesichts des demografischen Wandels) eine zentrale Zielgröße geworden.

Das interne Marketing wurde dabei zu einem wichtigen Instrument. Wovon reden wir hier eigentlich? Das Konzept des internen Marketings stammt ursprünglich aus dem Dienstleistungsbereich. Hier wurde es zunächst genutzt, um die Aufmerksamkeit der Mitarbeiter auf das Thema Kundenzufriedenheit zu lenken. Heute versteht man hierunter alle Maßnahmen, um die Mitarbeiter für die Implementierung der Marketingstrategie zu motivieren, sie zu koordinieren und zu integrieren (vgl. *Ferrell/Hartline* 2014, S. 268). Die Zielsetzungen des internen Marketings sind (vgl. *Ferrell/Hartline* 2014, S. 268):

- Verständnis und Akzeptanz bei den Mitarbeiter zu schaffen für die Rolle, die ihnen im Zuge der Implementierung zukommt,
- die Mitarbeiter zu motivieren und in Richtung Kundenorientierung zu sensibilisieren und
- so schließlich Kundenzufriedenheit zu schaffen.

Dadurch wird auch klar, dass die externe Zielsetzung „Kundenzufriedenheit“ wesentlich von den Handlungen der internen Kunden, den Mitarbeitern, bestimmt ist (vgl. *Ferrell/Hartline* 2014, S. 268).

Im internen Marketing hat jeder Mitarbeiter zwei Kunden: interne und externe. Das gilt über alle Hierarchiestufen hinweg. Im Gegensatz zu traditionellen Implementierungsansätzen sind im internen Marketing alle Mitarbeiter für die Marketingimplementierung verantwortlich (vgl. *Ferrell/Hartline* 2014, S. 268). Die erfolgreiche Marketingimplementierung gelingt als Ergebnis der gemeinsamen Anstrengung aller Mitarbeiter. Der Prozess des internen Marketings entspricht dem des externen Marketings. Das interne Marketingprogramm ist zugleich Input für und Output von Marketingimplementierung und externem Marketingprogramm. Dies bedeutet, dass weder die Marketingstrategie noch die Marketingimplementierung ohne Berücksichtigung des internen Marketings entwickelt bzw. durchgeführt werden können (vgl. *Ferrell/Hartline* 2014, S. 268).

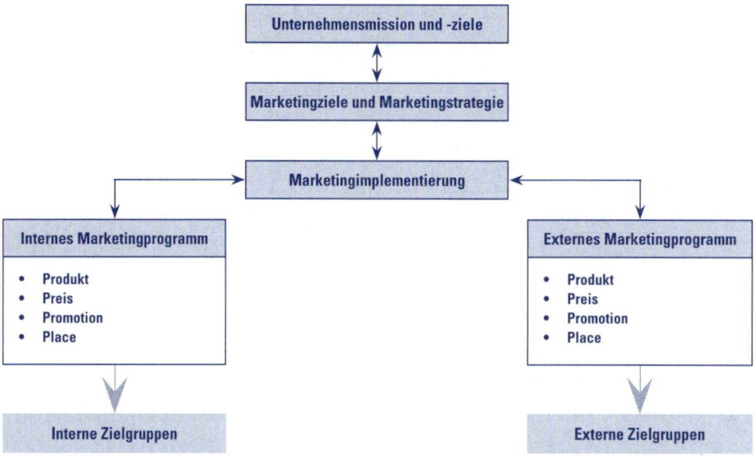

Abbildung 73: Der Prozess des internen Marketings nach *Ferrell/Hartline* (2014, S. 269)

Die verschiedenen Elemente des internen Marketingprogramms sind denen des externen Marketingprogramms ähnlich. Die internen Produkte sind im Wesentlichen die Marketingstrategien, die intern „verkauft" werden müssen. Dies umfasst auch spezifische Aufgaben, Verhaltensweisen und Einstellungen der Mitarbeiter und z. B. den Wertekanon des Unternehmens.

Neue Marketingstrategien fordern den Mitarbeitern häufig Veränderungen und zusätzliches Engagement ab. Dies auf sich zu nehmen ist der „Preis" im internen Marketing – die Gegenleistung der Mitarbeiter.

Die interne Distribution entspricht im Wesentlichen den internen Kommunikationskanälen (vgl. *Ferrell/Hartline* 2014, S. 270). Beispiele für interne Vertriebskanäle sind Planungsmeetings, Workshops, Berichte und Memos oder persönliche Gespräche. Dazu zählen aber auch Sozialisations- und Trainingsmaßnahmen, die der Umsetzung einer neuen Marketingstrategie dienen.

Eng verknüpft mit diesen Maßnahmen ist natürlich die interne „Pro motion". Hierunter fallen alle Maßnahmen, welche die Mitarbeiter von der Vorteilhaftigkeit der neuen Marketingstrategie überzeugen helfen, z. B. Betriebsversammlungen, E-Mails, CEO-Blogs oder auch Corporate TV.

Aufgrund der physischen und auch psychischen Distanzen, die zwischen Mitarbeitern ein und desselben Unternehmens heute bestehen, bedarf es unterschiedlichster Kanäle, um alle Mitarbeiter anzusprechen. Das Kommunikationsziel ist erst erreicht, wenn wirklich alle Mitarbeiter die Marketingstrategie verstanden haben (vgl. *Ferrell/Hartline* 2014, S. 270). *Ferrell/Hartline* (2014, S. 270) sehen im Wesentlichen fünf kritische Erfolgsfaktoren für das interne Marketing:

- Rekrutierung, Selektion und Training geeigneter *Mitarbeiter* sind eine entscheidende Voraussetzung für den Erfolg interner Marketinganstrengungen. Hier ergibt sich eine klare Schnittmenge zwischen Personal- und Marketingfunktion im Unternehmen.
- Das *Top-Management* muss die Marketingstrategie voller Überzeugung tragen. Bedenken Sie das Fehlen dieses Erfolgsfaktors: Wie sollen die Mitarbeiter motiviert werden, eine Strategie zu unterstützen, hinter der nicht einmal die Unternehmensleitung steht?
- Die *Be-* und *Entlohungsmechanismen* für die Mitarbeiter müssen eng an die Implementierung gekoppelt werden.
- Im Unternehmen sollte eine *offene Kommunikation* über alle Hierarchiegrenzen hinweg gepflegt werden. Nur auf diese Weise können alle kritischen Inputs eingesammelt werden und die Mitarbeiter ihre jeweilige Rolle im Rahmen der Implementierung verstehen.
- Letztendlich sollten getreu dem Grundsatz „Structure follows Strategy" die Unternehmensstrukturen, -prozesse und -systeme strategiekonform zugeschnitten werden.

Was theoretisch plausibel klingt, ist in der tagtäglichen Unternehmenspraxis oft trotzdem nicht ganz so einfach zu bewerkstelligen. Nicht überall ist ein internes Marketing erfolgreich installiert. Woran liegt das? *Bruhn* (1999, S. 183 ff., und 2002, S. 262 ff.) sieht drei zentrale Herausforderungen für die Implementierung des internen Marketings in Unternehmen:

- *Inhaltlich-konzeptionelle Barrieren:* Hierzu gehören vor allem jene Probleme, die auf Fehlinterpretationen des internen Marketings bzw. Fehleinschätzungen bezüglich seiner Rolle und Leistungsfähigkeit zurückzuführen sind. Teilweise werden dem internen Marketing falsche Aufgaben zugewiesen; häufig wird auch die Notwendigkeit einer gleichzeitig nach außen und innen gerichteten Marketingorientierung nicht erkannt.
- *Organisatorisch-strukturelle Barrieren:* Diese resultieren häufig aus wenig klar definierten Schnittstellen zwischen Marketing und Personalbereich. Zwar ist die enge Verzahnung der Bereiche ein entscheidender Erfolgsfaktor des internen Marketings (s. o.), aber

in der Unternehmensrealität sind doch allzu häufig Ressortegoismen anzutreffen

- *Personell-kulturelle Barrieren:* Bisweilen entwickeln Mitarbeiter Skepsis und manchmal sogar Ängste im Hinblick auf die Maßnahmen des internen Marketings. Veränderungsmaßnahmen, die mit neuen Marketingstrategien einhergehen, schaffen Unsicherheiten in Bezug auf das Ausmaß der persönlichen Betroffenheit sowie die in der Zukunft erforderlichen Fähigkeiten und Kompetenzen der Mitarbeiter.

Obwohl das Konzept des internen Marketings in der Literatur bereits eine weite Verbreitung gefunden hat und die Verzahnung von externem und internem Marketing den Unternehmen vielerlei Potenziale am Markt eröffnen könnte, erfreut sich dieser Ansatz in der Unternehmenspraxis noch keiner allzu großen Popularität. Hier ist das interne Marketing als integrativer Ansatz an der Schnittstelle zwischen Marketing- und Personalmanagement noch nicht anerkannt genug (vgl. *Bruhn* 1999 und 2002). Eine stärkere Prozessorientierung in den Unternehmen, der Abbau von Ressortegoismen, die Schaffung eines vertrauensvollen Klimas sowie Anerkennung und Belohnung des persönlichen Beitrags der Mitarbeiter für den Unternehmenserfolg sind wichtige Zukunftsaufgaben, die Sie eines Tages in Ihrem Wirkungsfeld angehen sollten.

5.2 Strategiecontrolling

Die tatsächlich realisierte Marketingstrategie eines Unternehmens ist die Marketingstrategie, die sich im Wechselspiel der verschiedenen Marktkräfte und -beteiligten ergibt. Das bedeutet auch, dass die Ergebnisse häufig von den Erwartungen abweichen. Hierfür sehen *Ferrell/Hartline* (2014, S. 270) vier mögliche Ursachen:

- Die Marketingstrategie war von vornherein ungeeignet bzw. unrealistisch.
- Der Implementierungsansatz wurde falsch gewählt.
- Der Implementierungsprozess wurde schlecht gemanagt.
- Das interne und/oder das externe Umfeld haben sich zwischen der Festlegung der Marketingstrategie und ihrer Implementierung signifikant verändert.

Um auf mögliche Abweichungen zwischen intendierten und realisierten Ergebnissen zeitnah reagieren zu können, müssen sämtliche Marketingaktivitäten fortlaufend evaluiert und kontrolliert werden. Auch wenn mögliche Implementierungsprobleme idealerweise bereits erkannt und gelöst werden, bevor sie tatsächlich entstehen, ist das in der Unternehmenspraxis nicht immer möglich. Deshalb sollte jedes Unternehmen über ein Marketingcontrollingsystem verfügen, das potenzielle Probleme bereits erkennt, bevor diese tatsächlichen Schaden anrichten können.

Das strategische Marketingcontrolling stellt Informationen für den strategischen Planungsprozess bereit. Zudem stellt es kritische Inputs zur Gestaltung der Früherkennungssysteme, der Analyse künftiger Marktbeziehungen und der langfristigen Budgetierung zur Verfügung. Im Rahmen seiner Kontrollfunktion sollte das strategische Marketingcontrolling vor allem Fehlentwicklungen innerhalb der Marketingplanung und der Realisierung der Marketingmaßnahmen identifizieren. Zudem sorgt es für eine Überprüfung der Prämissen, die den strategischen Planungen zugrunde liegen (vgl. *Benkenstein/Uhrich* 2009, S. 216).

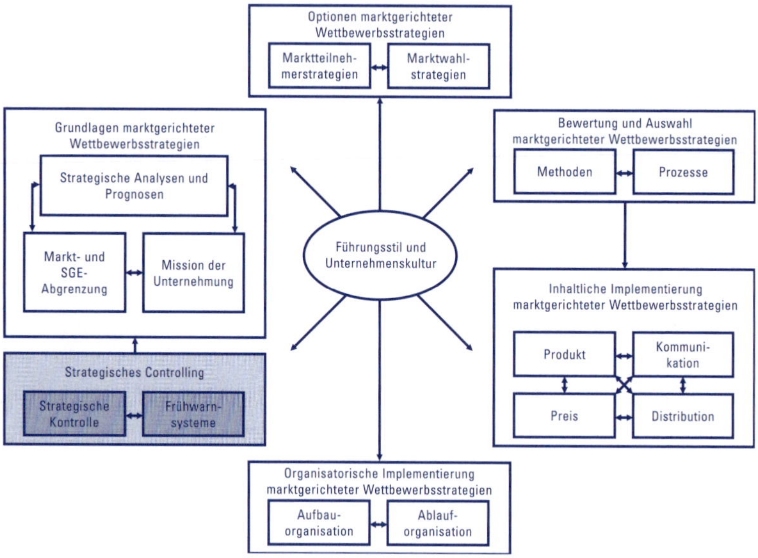

Abbildung 74: Strategisches Controlling im Prozess der strategischen Marketingplanung und -implementierung nach *Benkenstein/Uhrich* (2009, S. 175)

Im strategischen Controlling kommen u.a. Kennzahlen zur Fortschritts- und Erfolgskontrolle zum Einsatz. Dazu werden Vorschläge zur Reaktion auf Abweichungen der tatsächlichen von der geplanten Entwicklung abgeleitet. Man muss regelmäßig prüfen, in welchem Maße die Marketinginstrumente den erwarteten Beitrag zur Umsetzung der Ziele leisten. Nur so kann man korrigierend eingreifen. Die Kontrolle ist eine Grundvoraussetzung für die Unternehmenssteuerung, denn nur aus einem Soll/Ist-Vergleich lassen sich (frühzeitig) Verbesserungsmöglichkeiten und Anpassungsnotwendigkeiten ableiten. (vgl. *Benkenstein/Uhrich* 2009, S. 216).

Oberstes Ziel des Marketingcontrollings ist es laut *Benkenstein/Uhrich* (2009, S. 216), die Effizienz und Effektivität der marktgerichteten Führung zu optimieren und eine maximale Anpassungsfähigkeit des Unternehmens an die Dynamiken der internen und externen Rahmenbedingungen sicherzustellen. *Benkenstein/Uhrich* (2009, S. 217) detaillieren dieses Oberziel in weitere Teilziele:

- Sicherung der Unternehmensexistenz
- Antizipation von Chancen und Risiken
- Effizienz im Einsatz der Marketinginstrumente
- Steuerung des Marketingbereichs im Sinne der Ertrags- bzw. Shareholder-Value-Logik
- Sicherstellung von Entscheidungsflexibilität und Entscheidungssicherheit bei dynamischen Umfeldveränderungen

Um diese Ziele fortwährend erreichen zu können, müssen zu jedem Zeitpunkt die benötigten Informationen aus den Bereichen Planung und Kontrolle zur Verfügung stehen. *Benkenstein/Uhrich* (2009, S. 217) sehen somit Planungs- und Kontrollaufgaben, Steuerungs- und Regelungsaufgaben und Informationsversorgungsaufgaben als zentrale Aufgaben des Marketingcontrollings an:

- Unter der *Planungs- und Kontrollaufgabe* verstehen *Benkenstein/Uhrich* (2009, S. 217) die systematische, kritische und objektive Prüfung und Beurteilung der grundlegenden Marketingziele und ihrer Umsetzung. Dadurch erfolgt eine Rückkoppelung in den Prozess der Marketingplanung und – dort, wo notwendig – eine Anpassung der Marketingstrategie oder ihrer Implementierung (vgl. *Meffert* 1986)
- Die *Steuerung und Regelung* der Marketingaktivitäten umfasst die Identifikation und Analyse von Zielabweichungen. Zugleich werden hier Maßnahmen aufgezeigt, wie Abweichungen kompensiert werden können (*Benkenstein/Uhrich* 2009, S. 217).
- Die *Informationsgewinnung* des Marketingcontrollings soll alle führungsrelevanten Informationen systematisch erfassen und entscheidungsvorbereitend aufbereiten (*Benkenstein/Uhrich* 2009, S. 217).

Ferrell/Hartline (2014, S. 271) unterscheiden zur Umsetzung der vielfältigen Controllingaufgaben *formale* und *informelle Controllingsysteme.*

5.2.1 Formale Controllingsysteme

Formale Controllingsysteme setzen sich aus Aktivitäten, Mechanismen und Prozessen zusammen, die entwickelt wurden, um eine erfolgreiche Implementierung der Marketingstrategie sicherzustellen.

Die verschiedenen Bausteine steuern das Verhalten der Mitarbeiter vor und während der Implementierung und helfen, die Ergebnisse nach Abschluss des Implementierungsprozesses zu erfassen und zu

Formale Controllingsysteme	Input-Controlling	• Rekrutierung und Training der Mitarbeiter • Allokation von Mitarbeitern und Finanzmitteln • Ausgaben für Forschung und Entwicklung
	Prozess-Controlling	• Evaluierung und Kompensation von Mitarbeitern • Empowerment der Mitarbeiter • Interne Kommunikation
	Output-Controlling	• Leistungsstandards (z. B. bzgl. Umsatz, Marktanteil, Gewinn) • Marketingaudit
Informelle Controllingsysteme	Mitarbeiter-Selbstkontrolle	• Mitarbeiterzufriedenheit • Verbundenheit mit dem Unternehmen • Bekenntnis zur Marketingstrategie
	Soziale Kontrolle	• Gemeinsame Werterhaltung im Unternehmen • Werte und Normen im unmittelbaren Arbeitsfeld
	Kulturelle Kontrolle	• Unternehmenskultur • Rituale

Abbildung 75: Das System des Marketingcontrollings nach *Ferrell/Hartline* (2014, S. 271)

bewerten (vgl. *Ferrell/Hartline* 2014, S. 271 f.). Sie lassen sich danach systematisieren, ob sie beim Input, beim Prozess oder beim Output ansetzen:

- *Input-Controlling:* Die Grundannahme ist hier, dass die Marketingstrategie niemals richtig implementiert werden kann, wenn der hierfür benötigte Input (z. B. Werkzeuge und Ressourcen) nicht in ausreichendem Maße zur Verfügung steht. Besonders kritisch wird dabei die ausreichende Verfügbarkeit von geeigneten Mitarbeitern und finanziellen Mitteln angesehen (vgl. *Ferrell/Hartline* 2014, S. 272).

- *Prozess-Controlling:* Das Prozess-Controlling umfasst alle Aktivitäten, die geeignet sind, während des Implementierungsprozesses das Verhalten der Mitarbeiter zu steuern. Entscheidend ist hier die bindende Verpflichtung der Unternehmensführung auf die Marketingstrategie. Lebt das Management die Marketingstrategie vor, lassen sich auch die Mitarbeiter entsprechend motivieren. Weiterhin ist es von großer Bedeutung, wie die Evaluierung und die Kompensation der Mitarbeiter erfolgt. Die Beurteilungskriterien hierfür sollten einen klaren Bezug zur Marketingstrategie aufweisen (vgl. *Ferrell/Hartline* 2014, S. 272).

- *Output-Controlling:* Das Output-Controlling versucht sicherzustellen, dass die tatsächlichen Ergebnisse der Marketingstrategie den geplanten Ergebnissen entsprechen. Das vornehmliche Mittel, dies zu erreichen, besteht darin, formale Zielvorgaben zu machen. Diese können entweder breit (z. B. Umsatzziele, Gewinnziele) oder sehr spezifisch (z. B. Anzahl der Kundenbeschwerden, Anteil pünktlicher Auslieferungen) gefasst werden. Das ist letztendlich unternehmensspezifisch zu gestalten – wichtig ist, dass die Zielvorgaben einerseits von den Mitarbeitern in ausreichendem Maße beeinflusst werden können und andererseits möglichst eng mit der Marketingstrategie verknüpft sind.

Ferrell/Hartline (2014, S. 273) empfehlen als bevorzugte Methode des Output-Controllings ein umfassendes Marketing-Audit. Das Marketing-Audit soll es dem Management ermöglichen, Ziele, Strategien, organisatorische Strukturen und Verfahren im Marketing rechtzeitig veränderten internen und externen Rahmenbedingungen anzupassen. Geprüft werden dabei im Rahmen einer systematischen Soll/Ist-Abweichungsanalyse die Voraussetzungen für Planung, Steuerung und Kontrolle als Basis für die Planrevision von Marketingzielen, -strategien und -prämissen (vgl. *Köhler* 1993 und 2003). Das Marketing-Audit kann deshalb auch als eine Art „Metaanalyse“ bezeichnet werden.

Das Marketing-Audit soll periodisch und unabhängig durchgeführt werden. Startpunkt ist typischerweise ein Gespräch zwischen den Managern eines Unternehmens und den (externen) Auditoren, in dem zunächst Ziele, Umfang und Tiefe sowie Informationsquellen des Audits abgesteckt werden. In der Regel wird bei dieser Gelegenheit auch der Zeitplan für das Audit definiert. Aufbauend auf die hier getroffenen Absprachen erfolgt die Detailplanung. Es wird festgelegt, wer befragt und was hinterfragt werden soll, wann und wo Interviews stattfinden usw. Auf dieser Basis erfolgt dann die Datenerhebung. Wichtig sind natürlich dafür Interviews mit den entsprechenden Führungskräften, es sollten jedoch auch externe Partner (z. B. Händler und vor allem Kunden) einbezogen werden. Sie beurteilen das Unternehmen und sein Marketing oft weniger „betriebsblind“ als die Manager. Nach dem Abschluss der Datensammlung präsentieren die Auditoren der Unternehmensleitung ihre Ergebnisse und Verbesserungsvorschläge. Neben diesen Ergebnissen ist ein wertvolles Nebenprodukt der Prozess des Marketing-Audits selbst, der die Manager dazu zwingt, über die Marketingaktivitäten zu diskutieren und neue Vorstellungen zu erörtern.

5.2.2 Informelle Controllingsysteme

Informelle Controllingsysteme beeinflussen das Verhalten der Mitarbeiter subtiler, als dies formale Controllingsysteme vermögen. Es handelt sich hierbei um ungeschriebene mitarbeiterbezogene Mechanismen, die ihre Wirkung individuell oder im Rahmen der Gruppendynamik entfalten (vgl. *Ferrell/Hartline* 2014, S. 275).

Ferrell/Hartline (2014, S. 275 f.) unterscheiden mit der Selbstkontrolle, der sozialen Kontrolle und der kulturellen Kontrolle vornehmlich drei informelle Controllingsysteme:

- Durch *Selbstkontrolle* steuern die Mitarbeiter ihr eigenes Verhalten, indem sie sich selbst Ziele setzen und deren Erreichung nachhalten. Die Zielsetzungen hängen dabei im Wesentlichen davon ab, wie wohl sich die Mitarbeiter bei der Ausübung ihrer Tätigkeit fühlen: Eine hohe Mitarbeiterzufriedenheit führt dazu, dass die persönlichen Ziele mit denen des Unternehmens in Einklang stehen. Zudem beeinflussen Anreizsysteme den Selbstkontrollmechanismus: Intrinsisch motivierte Mitarbeiter kontrollieren ihr Verhalten verglichen mit extrinsisch motivierten Mitarbeitern in stärkerem Maße selbst.
- *Soziale Kontrollmechanismen* greifen vor allem in Kleingruppen, die sich selbst einen Kodex von Werten, Normen und Zielen vorgeben. Die soziale Interaktion in diesen Kleingruppen motiviert die Gruppenmitglieder. Positiver wie negativer „Gruppendruck" sorgt dafür, dass sich die einzelnen Gruppenmitglieder im Sinne der Gruppenziele verhalten. Abweichendes Verhalten des Einzelnen wird von der Gruppe sanktioniert. Aufgabe des Managements ist, die Gruppenziele in Einklang mit den Unternehmenszielen zu bringen, denn Gruppendruck kann sich auch gegen das Unternehmen richten: Ist es die Norm in der Gruppe, die Ziele des Unternehmens zu ignorieren, so wird ein Verhalten im Sinne der Unternehmensziele von der Gruppe negativ sanktioniert.
- *Kulturelle Kontrollmechanismen* ähneln denen der sozialen Kontrolle, wirken aber auf einer wesentlich breiteren Basis. Diesmal wirken jedoch nicht die Gruppennormen verhaltenssteuernd, sondern die Unternehmenskultur. Kulturelle Kontrolle sorgt für die Durchsetzung gemeinsamer Werte im Unternehmen. Diese steuern das Mitarbeiterverhalten und leiten es an. Problematisch ist jedoch, dass die Etablierung einer Unternehmenskultur extrem zeitaufwändig ist.

Die formalen Controllingsysteme eines Unternehmens beeinflussen die informellen Controllingsysteme zum einen ganz wesentlich. Zum anderen ist zu konstatieren, dass nicht alle Aspekte des Mitarbeiterverhaltens auf der Basis formaler Kontrollmechanismen gesteuert werden können. Genau an diesem Punkt setzen die informellen Kontrollmechanismen ein (vgl. *Ferrell/Hartline* 2014, S. 276).

5.2.3 Die Balanced Scorecard

Eine integrierte Sichtweise zum Zweck des Marketingcontrollings liefert die *Balanced Scorecard (BSC)*. Der Ausgangspunkt dieses Ansatzes liegt in der Kritik an herkömmlichen Controlling- und Führungssystemen, die sich sehr stark auf Finanzkennzahlen konzentrieren (*Benkenstein/Uhrich* 2009, S. 224). Typische Ziele sind zum Beispiel Umsatzwachstum, Marktanteil oder Rendite (finanzielle Ziele). Bei diesen Kennzahlen handelt es sich um sogenannte nachlaufende Indikatoren. Die Informationen liegen erst ex post und damit gegebenenfalls zu spät vor, um noch angemessen reagieren zu können.

Die Balanced Scorecard stellt neben der Abkehr von der Finanzlastigkeit bestehender Kennzahlensysteme einen klaren Bezug des Controllings zur Marketingstrategie sicher (vgl. *Kaplan/Norton* 1997). Die Ex-post-Perspektive wird zudem durch eine Berücksichtigung vorauslaufender (Ex-ante) Kennzahlen ergänzt.

Solche Frühindikatoren sind vor allem bei den Marketingkennzahlen zu finden. Die Marketingpotenziale von heute (z. B. latente Kundenwünsche, Schwächen der Wettbewerber) sind die Vertriebschancen von morgen. Diese führen dann – quasi übermorgen – zu Umsatzerlösen, die am Periodenende in das Finanz-Reporting eingehen.

Deswegen hat sich in den vergangenen Jahren der Schwerpunkt auf Frühindikatoren als Marketingkennzahlen verlagert. Die Unternehmensführung braucht neben quantitativen Kennzahlen noch qualitative Indikatoren, die Veränderungen frühzeitig aufdecken. Beispiele für solche Frühindikatoren sind Kundenzufriedenheit, Innovationsfähigkeit, Kundenorientierung der Organisation, Engagement und Zufriedenheit der Mitarbeiter, Gewinnung von Neukunden oder Image des Unternehmens (markt- und kundenbezogene Ziele). Wichtige Anhaltspunkte dazu liefert auch das Beschwerdemanagement, z. B. die Anzahl der pro Periode eingehenden Beschwerden.

Bei der Aufstellung der Balanced Scorecard werden auf der Basis der Marketingstrategie konkrete Zielgrößen abgeleitet. Der Grundgedanke ist dabei die umfassende Berücksichtigung der verschiedenen Dimensionen bzw. Perspektiven bei der Leistungsbeurteilung eines Unternehmens als Grundlage von Steuerung und Kontrolle (vgl. *Kaplan/Norton* 1997).

So werden die konventionellen Finanzkennzahlen ergänzt um

- Kundenperspektive,
- interne Prozessperspektive und
- Lern- bzw. Entwicklungsperspektive (Mitarbeiterperspektive).

Damit erfolgt das Controlling aus vier verschiedenen Perspektiven heraus (vgl. *Benkenstein/Uhrich* 2009, S. 224):

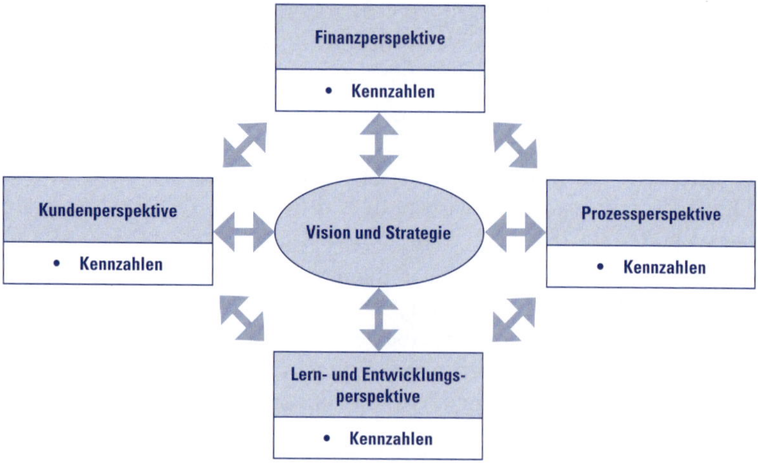

Abbildung 76: Schema einer Balanced Scorecard nach *Benkenstein/Uhrich* (2009, S. 225)

Wichtig für die Handhabbarkeit dieses Instruments in der Unternehmenspraxis ist, nur Kennzahlen mit explizitem Strategiebezug auszuwählen. Es sollen zudem nicht zu viele Kennzahlen in die Balanced Scorecard eingehen, damit diese nicht zu einem „Datenfriedhof" mutiert. *Benkenstein/Uhrich* (2010, S. 224) empfehlen 15 bis 25 Einflussfaktoren.

Als wesentlichen Vorteil der Balanced Scorecard heben *Benkenstein/Uhrich* (2009, S. 225) die Übersetzung der Unternehmensstrategie in operationale Messgrößen hervor. Die Balanced Scorecard erfordert zudem eine kausale Analyse von Ursache-Wirkungs-Beziehungen zwischen den verschiedenen Kennzahlen. Sie ist also keine bloße Kennzahlensammlung, sondern verbindet Strategieentwicklung, -implementierung, -controlling und -steuerung (vgl. *Weber/Schäfer* 2000).

Aufgrund ihrer einfachen Handhabung, starken Abstraktion und Visualisierung erleichtert die Balanced Scorecard zudem die Kommunikation über Funktionen und Hierarchieebenen hinweg.

Kritisch ist jedoch anzumerken, dass das Werkzeug Balanced Scorecard zunächst einmal keinerlei Hinweise darauf liefert, wie es inhaltlich zu füllen ist, d. h., wie die relevanten Kennzahlen ermittelt werden sollen. Zudem ist unklar, wie die Spitzenkennzahlen auf niedrigere Hierarchieebenen heruntergebrochen werden sollen. Insbesondere bei der Definition der Ausprägungen qualitativer Kennzahlen (z. B. Image oder Qualität) dominieren subjektive Einflüsse der Entscheidungsträger (vgl. *Benkenstein/Uhrich* 2009, S. 225).

5.3 Merksätze/Kontrollfragen/Zusammenfassung

Merksätze

- Unternehmen haben immer zwei Marketingstrategien: eine intendierte und eine realisierte Strategie. Planung und Implementierung bedingen sich wechselseitig, und je enger sie aufeinander abgestimmt sind, desto höher ist die Erfolgswahrscheinlichkeit jeder Marketingstrategie.
- Die Marketingimplementierung basiert auf der Marketingstrategie, gemeinsamen Zielen und Werten, der Marketingstruktur, Systemen und Prozessen, Führung, Ressourcen und Mitarbeiter. Um eine effiziente Marketingimplementierung zu gewährleisten, müssen die verschiedenen Elemente miteinander harmonieren.
- Die Organisation des Marketingbereichs kann traditionell nach Funktionen erfolgen; bei einem heterogenen Produktprogramm empfiehlt sich allerdings die Organisation nach Produkten, Kundengruppen oder Absatzgebieten.
- Unternehmen verfolgen bei der Marketingimplementierung unterschiedliche Ansätze. Die wichtigsten Ansätze sind die Implementierung per Anordnung, die Implementierung durch Veränderung, die Implementierung durch Konsensbildung und die Implementierung als Organisationskultur. Unternehmen werden sich immer stärker der wichtigen Rolle der Mitarbeiter bei der Implementierung der Marketingstrategie bewusst. Das interne Marketing dient dazu, Verständnis und Akzeptanz bei den Mitarbeitern zu schaffen für die Rolle, die ihnen im Zuge der Implementierung zukommt, die Mitarbeiter zu motivieren und in Richtung Kundenorientierung zu sensibilisieren und so schließlich Kundenzufriedenheit zu schaffen.
- Erfolgsfaktoren für das interne Marketing sind Rekrutierung, Selektion und Training geeigneter Mitarbeiter, Top-Management-Commitment, passende Anreizsysteme für die Mitarbeiter, offene Kommunikation und die Schaffung der organisatorischen Voraussetzungen. Herausforderungen bestehen in inhaltlich-konzeptionellen, organisatorisch-strukturellen und personell-kulturellen Barrieren.
- Weichen geplante von tatsächlichen Ergebnissen der Marketingstrategie ab, kann es dafür vier Ursachen geben: Die Marketingstrategie war von vornherein ungeeignet bzw. unrealistisch, der Implementierungsansatz wurde falsch gewählt, die Implementierung wurde schlecht gemanagt, das interne und/oder das externe Umfeld haben sich zwischen der Festlegung der Marketingstrategie und ihrer Implementierung signifikant verändert.
- Man unterscheidet formale und informelle Controllingsysteme. Formale Controllingsysteme lassen sich danach systematisieren, ob sie beim Input, beim Prozess oder beim Output ansetzen. Die bevorzugte Methode des Output-Controllings ist das Marketing-Audit. Informelle Controllingsysteme sind ungeschriebene mitarbeiterbezogene Me-

chanismen, die ihre Wirkung individuell oder im Rahmen der Gruppendynamik entfalten. Dazu gehören die Selbstkontrolle, die soziale Kontrolle und die kulturelle Kontrolle.

- Eine integrierte Sichtweise zum Zweck des Marketingcontrollings liefert die Balanced Scorecard. Sie ergänzt die Finanzperspektive mit der Kundenperspektive, der internen Prozessperspektive und der Lern- und Entwicklungsperspektive.

Kontrollfragen

K1 Welche besondere Rolle kommt dem mittleren Management bei der Verzahnung von Strategieplanung und Strategieimplementierung zu?

K2 Entspricht die produktorientierte, die kundenorientierte oder die gebietsorientierte Marketingorganisation am besten den Marketingerfordernissen? Begründen Sie Ihre Antwort!

K3 Welche Aspekte müssen Sie beachten, um die wichtigste Ressource „Mitarbeiter" in der gewünschten Form zur Verfügung zu haben – und zu halten?

K4 Skizieren Sie in einem Satz die wichtigsten Ansätze zur Implementierung von Marketingstrategien.

K5 Warum versuchen Großunternehmen teilweise, ihre Marketingstrategien über Akquisitionen zu realisieren?

K6 Was verstehen Sie unter dem Konzept des internen Marketings?

K7 Welche kritischen Erfolgsfaktoren für das interne Marketing kennen Sie?

K8 Wie kann den von Bruhn angesprochenen Herausforderungen für das interne Marketing zweckmäßig begegnet werden?

K9 Welche internen Maßnahmen kann ein Unternehmen ergreifen, um die Kundenzufriedenheit bzw. die Kundenbindung zu fördern?

K10 Welches ist das oberste Ziel des Marketingcontrollings und welche Aufgaben müssen erledigt werden, um das Ziel zu erfüllen?

K11 Welches könnten praktische Probleme eines Marketing-Audits sein? Würden Sie vor diesem Hintergrund den Einsatz externer Auditoren empfehlen?

K12 Sie haben gelernt, dass die Balanced Scorecard eine kausale Analyse von Ursache-Wirkungs-Beziehungen zwischen den verschiedenen Kennzahlen erfordert. Skizzieren Sie nun eine beispielhafte Ursache-Wirkungs-Kette, die von der Lern- und Entwicklungsperspektive ausgeht und auf die finanzielle Perspektive einwirkt.

Zusammenfassung

Nach der Auswahl der geeignetsten Marketingstrategie und ihrer Übersetzung in Instrumentalstrategien ist die nächste Herausforderung die Implementierung.

Die *Implementierung der Marketingstrategie* ist für jedes Unternehmen erfolgskritisch, weil sie die eher konzeptionell-theoretische Strategieplanung in die Tat umsetzt. Die Strategieimplementierung wird oft missverstanden. Dies rührt daher, dass Marketingstrategien im praktischen Ergebnis oft zu anderen als den geplanten Resultaten führen. Jedes Unternehmen hat eigentlich immer zwei Marketingstrategien: eine *intendierte* und eine *realisierte* Strategie.

Die landläufige (und in der Unternehmenspraxis leider immer noch viel zu häufig anzutreffende) Meinung ist, dass Planung und Implementierung an sich separate (und bestenfalls aufeinander aufbauende) Schritte der Marketingplanung sind. Das Gegenteil ist der Fall! Planung und Implementierung bedingen sich wechselseitig, und je enger sie aufeinander abgestimmt sind, desto höher ist die Erfolgswahrscheinlichkeit jeder Marketingstrategie. Die meisten Probleme der Strategieimplementierung entstehen aus einer unzureichenden Abstimmung von Marketingstrategie und Marketingimplementierung.

Die Marketingimplementierung basiert auf einer Reihe von Elementen und Aktivitäten, die untereinander in enger Beziehung stehen. Dies sind die gemeinsamen Ziele und Werte, die Marketingstrategie, eine geeignete Marketingstruktur, passende Systeme und Strukturen, ausreichende Ressourcen (wobei hier insbesondere die Mitarbeiter eine herausragende Rolle spielen) und eine umsetzungsorientierte Führungsphilosophie. Um eine effiziente Marketingimplementierung zu gewährleisten, müssen die verschiedenen Elemente miteinander harmonieren.

Unternehmen verfolgen unterschiedliche Ansätze, um Marketingstrategien zu implementieren und ihre Mitarbeiter zu motivieren, Marketingstrategien umzusetzen. Vier wichtige Ansätze sind die *Implementierung per Anordnung, die Implementierung durch Veränderung, die Implementierung durch Konsensbildung* und *die Implementierung als Organisationskultur.*

Unternehmen werden sich immer stärker der wichtigen Rolle der Mitarbeiter bei der Implementierung der Marketingstrategie bewusst. Um sie erfolgreich einzubinden, bedienen sich immer mehr Unternehmen der Instrumente des internen Marketings. Die Zielsetzungen dieses Ansatzes sind, Verständnis und Akzeptanz bei den Mitarbeitern zu schaffen für die Rolle, die ihnen im Zuge der Implementierung zukommt, die Mitarbeiter zu motivieren und in Richtung Kundenorientierung zu sensibilisieren und so schließlich Kundenzufriedenheit zu schaffen.

Im *internen Marketing* hat jeder Mitarbeiter zwei Kunden: interne und externe. Die verschiedenen Elemente des internen Marketingprogramms sind denen des externen Marketingprogramms ähnlich. Die internen Pro dukte sind im Wesentlichen die Marketingstrategien, die intern „verkauft" werden müssen.

Erfolgsfaktoren für das interne Marketing sind Rekrutierung, Selektion und Training geeigneter Mitarbeiter, Top-Management-Commitment, passende Anreizsysteme für die Mitarbeiter, offene Kommunikation und die Schaffung der organisatorischen Voraussetzungen. Herausforderungen bestehen in inhaltlich-konzeptionellen, organisatorisch-strukturellen und personell-kulturellen Barrieren.

Nach der Implementierung der Marketingstrategie geht es darum, den Erfolg derselben zu erfassen und zu messen. Im Zuge des *Strategiecontrollings* soll ein systematisches Nachhalten des Erfolgs der Marketingstrategie und ihrer Implementierung sichergestellt werden, damit eventuelle Abweichungen problemadäquat, umfassend und bearbeitet werden.

Um auf mögliche Abweichungen zwischen intendierten und realisierten Ergebnissen rechtzeitig reagieren zu können, müssen sämtliche Marketingaktivitäten fortlaufend evaluiert und kontrolliert werden. Das *strategische Marketingcontrolling* stellt Informationen für den strategischen Planungsprozess bereit. Zudem gibt es kritischen Input zur Gestaltung der Früherkennungssysteme, der Analyse künftiger Marktbeziehungen und der langfristigen Budgetierung.

Zur Umsetzung der vielfältigen Controllingaufgaben kommen formale und informelle Controllingsysteme zum Einsatz. Formale Controllingsysteme lassen sich danach systematisieren, ob sie beim Input, beim Prozess oder beim Output ansetzen.

Bevorzugte Methode des Output-Controllings ist das Marketing-Audit. Es soll als Metaanalyse dem Management ermöglichen, Ziele, Strategien, organisatorische Strukturen und Verfahren im Marketing rechtzeitig veränderten internen und externen Rahmenbedingungen anzupassen. Geprüft werden dabei im Rahmen einer systematischen Soll/Ist-Abweichungsanalyse die Voraussetzungen für Planung, Steuerung und Kontrolle als Basis für die Planrevision von Marketingzielen, -strategien und -prämissen.

Bei den *informellen Controllingsystemen* handelt es sich um ungeschriebene mitarbeiterbezogene Mechanismen, die ihre Wirkung individuell oder im Rahmen der Gruppendynamik entfalten. Es werden mit der Selbstkontrolle, der sozialen Kontrolle und der kulturellen Kontrolle vornehmlich drei informelle Controllingsysteme unterschieden.

Eine integrierte Sichtweise zum Zweck des Marketingcontrollings liefert die *Balanced Scorecard*. Bei der Aufstellung der *Balanced Scorecard* werden auf der Basis der Marketingstrategie konkrete Zielgrößen abgeleitet. Der Grundgedanke ist die umfassende Berücksichtigung der verschiedenen Dimensionen bzw. Perspektiven bei der Leistungsbeurteilung eines Unternehmens als Grundlage von Steuerung und Kontrolle. So werden die konventionellen Finanzkennzahlen um eine Kunden-, eine interne Prozess- und eine Lern- bzw. Entwicklungsperspektive ergänzt.

5.4 Weiterführende Literatur/Glossar

Ferrell O. C./Hartline M. D., Marketing Strategy, 6. Auflage, Boston, 2014.

Exkurs: Glossar

Strategiecontrolling – Sicherstellung des systematischen Nachhaltens des Erfolges der Marketingstrategie und ihrer Implementierung

Informelle Controllingsysteme – ungeschriebene, mitarbeiterbezogene Mechanismen, die ihre Wirkung individuell oder im Rahmen der Gruppendynamik entfalten

Balanced Scorecard – auf Basis der Marketingstrategie werden konkrete Zielgrößen (monetäre wie auch vorgelagerte nicht monätere) abgeleitet.

6. Literaturverzeichnis

Aaker D. A., Strategic Marketing Management, 5. Auflage, New York et al., 1998.

Abell D. F., Strategic Windows. In: Journal of Marketing, 42. Jg., July 1978, S. 21–26.

Abell D. F., Defining the Business. The Starting Point of Strategic Planning. Englewood Cliffs New Jersey, 1980.

Abell D. F./Hammond J. S., Strategic Marketing Planning. Problems and Analytical Approaches, Englewood Cliffs New Jersey, 1979.

Adam D., Investitionscontrolling, München/Wien, 2000.

Ahlert D., Distributionspolitik, 3. Auflage, Stuttgart/Jena, 1996.

Albach H., Innovationsstrategien zur Verbesserung der Wettbewerbsfähigkeit. In: Zeitschrift für Betriebswirtschaft, 59. Jg., 1989, S. 1338–1352.

Ansoff H. I., Management Strategie, München, 1966.

Ansoff H. I., Die Bewältigung von Überraschungen und Diskontinuitäten durch die Unternehmensführung. Strategische Reaktionen auf schwache Signale. In: *Steinmann H.* (Hrsg.): Planung und Kontrolle, München, 1981, S. 233–264.

Arvidsson, A. (2008): Brand value. In: Journal of Management, Vol.13, No. 3, 2008, S. 188–193.

Backhaus K., Preisgleitklauseln als risikopolitisches Instrument bei langfristigen Fertigungs- und Absatzprozessen. In: Zeitschrift für betriebswirtschaftliche Forschung, Kontaktstudium, 31. Jg., 1979, S. 3–11.

Backhaus K./Meyer M., Strategische Allianzen und strategische Netzwerke. In: wirtschaftswissenschaftliches Studium, 22. Jg., 1993, S. 330–334.

Backhaus K./Voeth M., Industriegütermarketing, 8. Auflage, München, 2007.

Barney J. B., Firm Resources and Sustained Competitive Advantages. In: Journal of Management, Jg. 17, 1991, S. 99–120.

Bauer H. H., Marktabgrenzung. Konzeption und Problematik von Ansätzen und Methoden zur Abgrenzung und Strukturierung von Märkten unter besonderer Berücksichtigung von marketingtheoretischen Verfahren, Berlin, 1989.

Bauer H. H., Marktabgrenzung. In: *Tietz B./Köhler R./Zentes J.* (Hrsg.): Handwörterbuch des Marketing, Stuttgart, 1995, S. 1709–1722.

Bayerl S./Rennhak C., Entwicklungslinien Sponsoring. In: *Rennhak*, C. (Hrsg.): Unternehmenskommunikation 2.0 – Neue Wege im Marketing, Stuttgart, 2006, S. 123–137.

Bayerl S./Rennhak C., E-Markenführung. Munich Business School Working Paper 2007–01.

Bea F.X./Haas J., Strategisches Management, 4. Auflage, Stuttgart, 2005.

Becker J., Marketing-Konzeption. Grundlagen des zielstrategischen und operativen Marketing-Managements, 10. überarbeitete Auflage, München, 2013.

Benkenstein M., Die Gestaltung der Fertigungstiefe als wettbewerbsstrategisches Entscheidungsproblem – Eine Analyse aus transaktions- und produktionskostentheoretischer Sicht. In: Zeitschrift für betriebswirtschaftliche Forschung, 46. Jg., 1994, S. 483–498.

Benkenstein M., Die Verkürzung der Fertigungstiefe als absatzwirtschaftliches Entscheidungsproblem. In: Wirtschaftswissenschaftliches Studium, 24. Jg., 1995, S. 180–185.

Benkenstein M./Uhrich S., Strategisches Marketing. Ein wettbewerbsorientierter Ansatz, 3. Auflage, Stuttgart, 2009.

Berekoven L., Internationales Marketing, 2. Auflage, Berlin, 1985.

Bergmann K., Angewandtes Kundenbindungsmanagement, Frankfurt/Main, 1998.

Boochs W., Sponsoring in der Praxis – Steuerrecht, Zivilrecht, Musterfälle, Neuwied et al., 2000.

Broom G./Center A./Cutlip S., Effective Public Relations, 7. Auflage, New Jersey, 1994.

Bruhn, M., Internes Marketing. Integration der Kunden- und Mitarbeiterorientierung. Grundlagen – Implementierung – Praxisbeispiele, 2. Auflage, Wiesbaden, 1999.

Bruhn, M., Relationship Marketing – Das Management von Kundenbindung, München, 2001.

Bruhn, M., Integrierte Kundenorientierung. Implementierung einer kundenorientierten Unternehmensführung, Wiesbaden, 2002.

Bruhn M., Sponsoring – Systematische Planung und integrativer Einsatz, 4. Auflage, Frankfurt am Main et al., 2003.

Bruhn M., Kommunikationspolitik – Bedeutung, Strategien, Instrumente, 3. Auflage, München, 2005.

Bruhn M., Marketing. Grundlagen für Studium und Praxis, 9. Auflage, München, 2009.

Bruhn M./Georgi D., Wirtschaftlichkeit des Kundenbindungsmanagements. In: *Bruhn M./Homburg C.* (Hrsg.): Handbuch Kundenbindungsmanagement, 8. überarbeitete und erweiterte Auflage, Wiesbaden, 2013, S. 677–708.

Buzzell R. D./Ortmeyer G., Channel Partnerships Streamline Distribution. In: Sloan Management Review, 36. Jg., Nr. 3, Spring 1995, S. 85–96.

Buzzell R. D./Quelch J. A., Multinational Marketing Management, Reading Massachusetts, 1988.

Carpenter G. S./Nakamoto K., Consumer Preference Formation and Pioneering Advantage. In: Journal of Marketing Research, 26. Jg., 1989, S. 285–298.

Cockburn I. M./Henderson R. M./Stern S., Untangling the Origins of Competitive Advantage. In: Strategic Management Journal, Vol. 21, 2000, S. 1123–1145.

Coenenberg A. G./Prillmann M., Erfolgswirkungen der Variantenvielfalt und Variantenmanagement – Empirische Erkenntnisse aus der Elektronikindustrie. In: Zeitschrift für Betriebswirtschaft, 63. Jg., 1995, S. 1231–1253.

Cooper R.G., Selecting winning new product projects. In: Journal of Product Innovation Management, Vol. 2 (1), 1985, S. 34–44.

Cornwell B., State of the Art and Science in Sponsorship-linked Marketing. In: Journal of Advertising, Vol. 37, No. 3, 2008, S. 41–55.

Corsten H., Produktionswirtschaft – Einführung in das industrielle Produktionsmanagement, 11. Auflage, München/Wien, 2007.

Czincota M./Ronkainen I. A., International Marketing, 8. Auflage, Chicago, 2007.

Diller H., Vahlens Großes Marketinglexikon, 2. Aufl., München, 2001.

Esch F.-R., Strategie und Technik der Markenführung, 3. überarb. und erw. Auflage, München, 2005.

Ferrell O. C./Hartline M. D., Marketing Strategy, 6. Auflage, Boston, 2014.

Fill C., Marketing Communications, London, 2005.

Finsterbusch S., Samsung kauft sich einen Oskar Auftritt. In Frankfurter Allgemeine, 04.03.2014, http://www.faz.net/aktuell/wirtschaft/unternehmen/ellen-degeneres-selfie-samsung-kauft-sich-einen-oscar-auftritt-12831037.html, Abruf: Januar 2016.

Fischl C./Rennhak C., Conglomerate Discount – eine empirische Analyse am Beispiel der DAX30-Unternehmen. Munich Business School Working Paper 2006-02.

Florin G., Strategiebewertung auf der Ebene der Strategischen Geschäftseinheiten, Frankfurt/Main, 1988.

Frank B./Rennhak C., Product Placement – Das Beispiel Sex and the City: The Movie. In: *Rennhak C.* (Hrsg.): Kommunikationspolitik im 21. Jahrhundert, Stuttgart, 2010, S. 49–84.

Frank R. E./Massy W. F./Wind Y., Market Segmentation, Englewood Cliffs, New Jersey, 1972.

Freter H., Marktsegmentierung, Stuttgart et al., 1983.

Freter H./Naskrent J./Hohl N./Staub B., Markt- und Kundensegmentierung: Kundenorientierte Markterfassung und -bearbeitung, 2. Auflage, Stuttgart, 2008.

Gabele E./Kretschmer H., Unternehmensgrundsätze, Zürich, 1986.

Galinanes-Garcia A./Rennhak C., Kundenbindung – Grundlagen und Begrifflichkeiten. In: *Rennhak C.* (Hrsg.): Herausforderung Kundenbindung, Wiesbaden, 2006, S. 3–14.

Gälweiler A., Strategische Geschäftseinheiten (SGE) und Aufbau-Organisation der Unternehmung. In: Zeitschrift für Führung und Organisation, 48. Jg., 1979, S. 252–260.

Gemünden H.-G., Innovationsmarketing – Interaktionsbeziehungen zwischen Herstellern und Verwendern innovativer Investitionsgüter, Tübingen, 1981.

Georgi D., Kundenbindungsmanagement im Kundenbeziehungslebenszyklus. In: *Bruhn M./Homburg C.* (Hrsg.): Handbuch Kundenbindungsmanagement, 7. vollständig überarbeitete und aktualisierte Auflage, Wiesbaden, 2010, S. 277–298.

Gilbert X./Strebel P.J., Outpacing Strategies. In: Imede-Perspectives for Managers, 9. Jg., September 1985, S. 4–16.

Glaister D., US networks cash in as advertisers turn to product placement. Spending on ‚branded entertainment' soars, guardian.co.uk. 2005.

Graf G., Grundlagen der Volkswirtschaftslehre, 2. Auflage, Heidelberg, 2002.

Grant R. M., The Resource-based View of Competitive Advantage: Implications for Strategy Formulation. In: California Management Review, Vol. 33, Heft 3, 1991, S. 114–135.

Grunig T. E./Hunt T. T., Managing Public Relations, New York, 1984.

Gugler P., Building Transnational Alliances to Create Competitive Advantage. In: Long Range Planning, 25. Jg., Nr. 1, 1992, S. 90–99.

Gutenberg E., Grundlagen der Betriebswirtschaftslehre: Der Absatz, Band 2, Wiesbaden, 1976

Haibach M., Handbuch Fundraising – Spenden, Sponsoring, Stiftungen in der Praxis, aktual. und erweiterte Neuausgabe, Frankfurt am Main, 2002.

Halfmann M./Rennhak C., Kundenwert. In: *Rennhak C.* (Hrsg.): Herausforderung Kundenbindung, Gabler, 2006, S. 15–24.

Hamel G./Prahalad C. K., Competing for the Future, Boston, 1994.

Harrigan, K. R., Strategies for Declining Businesses, Lexington, 1980.

Harrigan K. R., Strategies for Vertical Integration, Lexington Massachusetts, 1983.

Henderson B. D., Henderson on Corporate Strategy, Cambridge, Massachusetts, 1979.

Henderson B. D., Die Erfahrungskurve in der Unternehmensstrategie, 2. Auflage, Frankfurt/Main, 1984.

Hermanns, A., Sponsoring – Grundlagen, Wirkungen, Management, Perspektiven, 2. völlig überarbeitete und erweiterte Auflage, München, 1997.

Hinterhuber H. H., Strategische Unternehmensführung – 1. Strategisches Denken, 7. Auflage, Berlin/New York, 2004.

Hippner H., CRM – Grundlagen, Ziele und Konzepte. In: *Hippner H./Wilde K.* (Hrsg.): Grundlagen des CRM – Konzepte und Gestaltung, Wiesbaden, S. 13–41.

Homburg C./Bruhn M., Kundenbindungsmanagement – Eine Einführung in die theoretischen und praktischen Problemstellung. In: *Bruhn M./Homburg C.* (Hrsg.): Handbuch Kundenbindungsmanagement, 8.überarbeitete und erweiterte Auflage, Wiesbaden, 2013, S. 3–37.

Homburg C./Becker A./Hentschel F., Der Zusammenhang zwischen Kundenzufriedenheit und Kundenbindung. In: *Bruhn M./Homburg C.* (Hrsg.): Handbuch Kundenbindungsmanagement, 8. überarbeitete und erweiterte Auflage, Wiesbaden, 2013, S. 103–134.

Hunt M. S., Competition in the Major Home Appliance Industry, Cambridge Massachusetts, 1972.

Irrgang W., Strategien im vertikalen Marketing – Handelsorientierte Konzeptionen der Industrie, München, 1989.

Kaplan A. M./Haenlein M., Users of the world, unite! The challenges and opportunities of social media. In: Business Horizons, Vol. 53 (1), 2010, S. 59–68.

Kaplan R. S./Norton D. P., Balanced Scorecard – Strategien erfolgreich umsetzen, Stuttgart 1997.

Kaschube J./Gasteiger R., Psychologische Grundlagen des Kundenverständnisses. In: *Rennhak C.* (Hrsg.): Herausforderung Kundenbindung, *Gabler*, 2006, S. 41–51.

Kern W., Die Zeit als Dimension betriebswirtschaftlichen Denkens und Handelns. In: Die Betriebswirtschaft, 52. Jg., 1992, S. 41–58.

Kesting T./Rennhak C., Marktsegmentierung in der deutschen Unternehmenspraxis, Wiesbaden, 2008.

Kleinaltenkamp M., Die Dynamisierung strategischer Marketing-Konzepte – Eine kritische Würdigung des „Outpacing Strategies"-Ansatzes von Gilbert und Strebel. In: Zeitschrift für betriebswirtschaftliche Forschung, 39. Jg., 1987, S. 31–52.

Kleinaltenkamp M., Markt- und Produktmanagement – Die Instrumente des Business-to-Business-Marketing, Wiesbaden, 2006.

Kloss I., Werbung. Handbuch für Studium und Praxis, 4. Auflage, München, 2007.

Koch H., Integrierte Unternehmensplanung, Wiesbaden, 1982.

Koch J., Marketing – Einführung in die marktorientierte Unternehmensführung, München et al., 1999.

Köhler R., Grundprobleme der strategischen Marketingplanung. In: *Geist M./Köhler R.* (Hrsg.): Die Führung des Betriebes, Stuttgart, 1981, S. 261–291.

Köhler R., Beiträge zum Marketing-Management. Planung, Organisation, Controlling, 3. Auflage, Stuttgart, 1993.

Köhler R., Marketing-Audit. In: *Diller H.* (Hrsg.): Vahlens Großes Marketing Lexikon, München, 2003.

Köhler R., Kundenorientiertes Rechnungswesen als Voraussetzung des Kundenbindungsmanagements. In: *Bruhn M./Homburg C.* (Hrsg.): Handbuch Kundenbindungsmanagement, 6. Aufl., Wiesbaden, 2008, S. 467–500.

Köhler R./Böhler H., Strategische Marketingplanung. Kursbestimmung bei ungewisser Zukunft. In: Absatzwirtschaft, Zeitschrift für Marketing, 27. Jg., 1984, Heft 3, S. 93–103.

Kotler Ph., Marketing-Management. Analyse, Planung und Kontrolle, 2. Auflage, Stuttgart, 1974.

Kotler Ph., Development and Tendencies of Marketing in the 1990's. In: *Meffert H./Wagner H.* (Hrsg.): Marketing – Quo Vadis? Documentation of the 15th IMMS Conference, Münster 1988, S. 25–37.

Kotler Ph., Marketing Management, 11th edition, New Jersey, 2003.

Kotler Ph./Bliemel F., Marketing-Management. Analyse, Planung, Umsetzung und Steuerung, 10. überarbeitete und aktualisierte Auflage, München, 2006.

Kotler Ph./Keller K.L./Bliemel F., Marketing-Management – Strategien für wertschaffendes Handeln, 12. Auflage, Stuttgart 2007.

Kreilkamp E., Strategisches Management und Marketing, Berlin/New York, 1987.

*Kreutzer R.,*Praxisorientiertes Marketing – Grundlagen, Instrumente, Fallbeispiele, Wiesbaden, 2010.

Kroeber-Riel W./Weinberg P./Gröppel-Klein A., Konsumentenverhalten, 9. Auflage, München, 2008.

Lambin J. J., Strategisches Marketing, Hamburg/New York, 1987.

Levitt Th., Marketing Myopia. In: Harvard Business Review, 38.Jg., July-August, 1960, (S. 45–56).

Link J./Hildebrand V., Mit IT immer näher zum Kunden. In: Harvard Business Manager, 3/1995, S. 30–38.

Marshall A., More Profitable Pricing, New York et al., 1978.

Mattson B. E., Spotting a Market Gap for a New Product. In: Long Range Planning, 18. Jg., 1985, S. 173–181.

Mauri A. G., Yield management and perception of fairness in the hotel business. In: International Review of Economics, Vol. 54 (2), 2007, S. 284–293.

Mayer H., Werbewirkung und Kaufverhalten unter ökonomischen und psychologischen Aspekten, Stuttgart, 1990.

McCarthy, E. J., Basic Marketing, A Managerial Approach, Homewood, 1960.

Meffert H., Marketing. Einführung in die Absatzpolitik, 1. Auflage, Wiesbaden, 1977.

Meffert H., Marketingstrategien in schrumpfenden Märkten. In: *Pack, L./Börner, D.* (Hrsg.): Betriebswirtschaftliche Entscheidungen bei Stagnation, Wiesbaden, 1984, S. 37–71.

Meffert H., Marketing. Grundlagen der Absatzpolitik, 7. Auflage, Wiesbaden, 1986.

Meffert H., Marketing und Allgemeine Betriebswirtschaftslehre. Eine Standortbestimmung im Lichte neuerer Herausforderungen der Unternehmensführung. In: *Kirsch W./Picot A.* (Hrsg.): Die Betriebswirtschaftslehre im Spannungsfeld zwischen Generalisierung und Spezialisierung, Wiesbaden, 1989, S. 337–357.

Meffert H., Marketingforschung und Käuferverhalten, 2. Auflage, Wiesbaden, 1992.

Meffert H., Marketing-Management. Analyse – Strategie – Implementierung, Wiesbaden, 1994.

Meffert H., Marketing. Grundlagen marktorientierter Unternehmensführung. Konzepte – Instrumente – Praxisbeispiele, 9. überarbeitete und erweiterte Auflage, Wiesbaden, 2000.

Meffert H./Bruhn M., Marketingtheorie – Quo vadis? Bemerkungen zur Abgrenzung der Marketingdisziplin. In: *Meffert H.* (Hrsg.): Arbeitspapier Nr. 14 des Instituts für Marketing der Universität Münster, Münster, 1976.

Meffert H./Burmann C./Becker C., Internationales Marketing-Management, Wiesbaden, 2010.

Meffert H./Burmann Ch./Kirchgeorg M., Grundlagen marktorientierter Unternehmensführung. Konzepte – Instrumente – Praxisbeispiele, 10. Auflage, Wiesbaden, 2008.

Miller D., Configurations of Strategy and Structure – Towards a Synthesis. In: Strategic Management Journal, 7. Jg., 1986, S. 233–249.

Mollenhauer M., Total Quality Management – Höchstleistungen für den Kunden. In: *Little A. D.* (Hrsg.): Automobilindustrie 2000 – Überlebensstrategien für die deutschen Automobilhersteller und -zulieferer, Handout zum Wiesbadener Unternehmergespräch am 18./19. September 1991, S. 55–81.

Morris R. J., Developing a Mission for a Diversified Company. In: Long Range Planning, 29. Jg., Nr. 1, 1996, S. 103–115.

Müller W., Geschäftsfeldplanung. In: *Tietz B./Köhler R./Zentes J.* (Hrsg.): Handwörterbuch des Marketing, Stuttgart, 1995, S. 760–785.

Müller-Hagedorn L., Handelsmarketing, 4. Auflage, Stuttgart et al., 2005.

Nerdinger F., Kundenorientierung, Göttingen, 2003.

Nieschlag, R./Dichtl E./Hörschgen H., Marketing: ein entscheidungstheoretischer Ansatz, Berlin, 1974.

Oakland J., Total Quality Management, 2. Auflage, Oxford, 1993.

Opresnik M.-O./Rennhak, C., Allgemeinen Betriebswirtschaftslehre. Grundlagen unternehmerischer Funktionen, 2. Auflage, Berlin Heidelberg 2015.

Opresnik M.-O./Rennhak, C., Grundlagen der allgemeinen Betriebswirtschaftslehre, Wiesbaden, 2011.

Parasurman A./*Zeithaml* V., A conceptual model of service quality and its implications for future research. In: Journal of Marketing, Vol. 49, 1985, S. 41–50.

Penrose E. T., The Theory of the Growth of the Firm, Oxford, 1959.

Pepels W., Einführung in die Kommunikationspolitik, Stuttgart, 1997.

Pepels W., Marketing – Lehr- und Handbuch, 5. Auflage, München, 2007.

Perridon L./Steiner M., Finanzwirtschaft der Unternehmung, 13. Auflage, München, 2004.

Pfetzig, A., Instrumente des Marketing, Berlin, 2004.

Porter M. E., Competitive Strategy. Techniques for Analyzing Industries and Competitors, New York, 1980.

Porter M. E., Competitive Advantage. Creating and Sustaining Superior Performance, New York, 1985.

Porter M. E., Wettbewerbsstrategie. Methoden zur Analyse von Branchen und Konkurrenten, 10. Auflage, Frankfurt/New York, 1999.

Porter M. E., Wettbewerbsvorteile, 6. Auflage, Frankfurt/New York, 2000.

Ramme I./Waldner A./Franchi D./Köhler A., Product Placement Monitor 2008. Wirkungen und Chancen, Nürtingen, 2008.

Reichheld F., Der Loyalitätseffekt – Die verborgene Kraft hinter Wachstum und Gewinnen und Unternehmenswert, Frankfurt, 1997.

Reitsperger W. D./Daniel S. J./Tallman S. B./Chismar W.G., Product Quality and Cost Leadership – Compatible Strategies? In: Management International Review, 33. Jg., Special Issue, Heft 1, 1993, S. 7–21.

Remmerbach K.-U., Markteintrittsentscheidungen – Eine Untersuchung im Rahmen der strategischen Marketingplanung unter besonderer Berücksichtigung des Zeitaspekts, Wiesbaden, 1988.

Renker C., Marketing im Mittelstand. Anforderungen, Strategien, Maßnahmen, 3. Auflage, Berlin, 2009.

Rennhak C., Die Wirkung vergleichender Werbung, Wiesbaden, 2001.

Rennhak C., Herausforderung Kundenbindung, Wiesbaden, 2006.

Rennhak C., Ansätze zur Erklärung der Kommunikationswirkung. In: *Rennhak, C.* (Hrsg.): Unternehmenskommunikation 2.0 – Neue Wege im Marketing, Stuttgart, 2006, S. 25–49.

Rennhak C./Nufer G., Stichwort Product Placement. In: *Häberle S.G.* (Hrsg.): Das neue Lexikon der Betriebswirtschaftslehre, München, 2008, S. 1021.

Rennhak, C./Numberger S., Wie binden Banken ihre Kunden? Ergebnisse einer Branchenstudie. In: Genossenschaftsblatt, 111. Jg., 8/2005, S. 30–33.

Rinne S./Rennhak C., Information Overload – Der Zwang neue Wege in der Kommunikation zu gehen. In: *Rennhak C.* (Hrsg.): Unternehmenskommunikation 2.0 – Neue Wege im Marketing, Stuttgart, 2006, S. 51–68.

Rosenberg L. J., Marketing, Englewood Cliffs, New Jersey, 1977.

Russel, E., Grundlagen des Marketing, München, 2010.

Sandig C., Betriebswirtschaftspolitik, 2. Auflage, Stuttgart, 1966.

Schreyögg G., Unternehmensstrategie. Grundfragen einer Theorie strategischer Unternehmensführung, Berlin/New York, 1993.

Schumpeter J., Theorie der wirtschaftlichen Entwicklung, Berlin, 1911.

Schwaiger, M., Multivariate Werbewirkungskontrolle – Konzepte zur Auswertung von Werbetests, Reihe Neue betriebswirtschaftliche Forschung, Bd. 231, Wiesbaden, 1997.

Selznick Ph., Leadership in Administration: A Sociological Interpretation, New York, 1957.

Simon H., Die Zeit als strategischer Erfolgsfaktor. In: Zeitschrift für Betriebswirtschaft, 59. Jg., 1989, S. 70–93.

Slater S. F., Competing in High-Velocity Markets. In: Industrial Marketing Management, 22. Jg., 1993, S. 255–263.

Slater S. F., The Challenge of Sustaining Competitive Advantage. In: Industrial Marketing Management, 25. Jg. 1996, S. 79–86.

Stauss B., Grundlagen und Phasen der Kundenbeziehung: Der Kundenbeziehungslebenszyklus. In: *Hippner H./Wilde K.* (Hrsg.): Grundlagen des CRM – Konzepte und Gestaltung, Wiesbaden, 2004, S. 339–360.

Stauss B., Vermeidung von Kundenverlust und Stärkung der Kundenbindung durch Beschwerdemanagement. In: *Bruhn M./Homburg C.* (Hrsg.): Handbuch Kundenbindungsmanagement, 8. überarbeitete und erweiterte Auflage, Wiesbaden, 2013, S. 399–428.

Steffenhagen H., Werbeziele als Instrument der Markenführung. In: *Fischer G.* (Hrsg.): Marketing, Loseblatt-Ausgabe, 19. Nachlieferung, Teil B 2.5, 1997, S. 1–22.

Steffenhagen H., Marketing. Eine Einführung, 6. Auflage, Stuttgart, 2008.

Stengel S./Rennhak C., Management der Corporate Identity. In: *Rennhak C.* (Hrsg.): Aktuelle Instrumente der Marketingpraxis, Stuttgart, 2012, S. 141–177.

Stuckey J./White D., When and When Not to Vertically Integrate. In: Sloan Management Review, 34. Jg., Spring 1993, S. 71–83.

Tewes M., Der Kundenwert im Marketing – Theoretische Hintergründe und Umsetzungsmöglichkeiten einer wert- und marktorientierten Unternehmensführung, Wiesbaden, 2003.

Toporowski W. (2009): Strategisches Beschaffungsmanagement und Vertriebsmanagement, München, 2009.

Treis B., Grundlagen der Allgemeinen Betriebswirtschaftslehre, Göttingen, 1992.

Unger F./Fuchs W., Management der Marketing-Kommunikation, Berlin, 2005.

Weber J./Schäfer J./Schäffer U., Balanced Scorecard & Controlling, 3. Auflage, Wiesbaden, 2000.

White H. C., Markets from Networks: Socioeconomic Models of Production, New Jersey, 2001.

Wilde K. D., Bewertung von Produkt-Markt-Strategien, Berlin, 1989.

Wildemann H., Erfolgspotentialaufbau durch neue Produktionstechnologien. In: *Simon H. (Hrsg.)*: Wettbewerbsvorteile und Wettbewerbsfähigkeit, Stuttgart, 1988, S. 116–128.

Winkelgrund R., Produktdifferenzierung durch Werbung – Ein Beitrag zur kommunikationspolitischen Positionierung von Markenartikeln, Frankfurt/Main et al., 1984.

Winkelmann P., Vertriebskonzeption und Vertriebssteuerung – Die Instrumente des integrierten Kundenmanagements, München, 2008.

Wünschmann S./Leuteritz A./Johne U., Erfolgsfaktoren des Sponsoring – Ergebnisse einer empirischen Studie. In: Dresdner Beiträge zur Betriebswirtschaftslehre der Technischen Universität Dresden, Nr. 90/04, 2004.

https://www.YouTube.com/watch?v=1BCA8dQfGi0
http://www.bmw.de
http://www.henkel.de
http://www.nestle.de
http://www.nutella.de
http://www.pcwelt.de
http://www.prosieben.de
http://www.riu.com
http://www.swarovski.com
https://secure-nikeplus.nike.com
http://www.heise.de
http://www.google.de

7. Sachverzeichnis

Abgrenzung strategischer Geschäftsfelder 40
abnehmergerichtete Aspekt 111
Abnehmersegmentierung 33
Abnehmerzielgruppen 33
Abschöpfungs- und Rückzugsstrategien 101
aktive Wettbewerbsorientierung 108
Alleinstellungsmerkmals 29
American Marketing Association 4
Anpassungsstrategien 110, 112
Ansoff 98
Aspekt der Abnehmer 111
Aspekt der Hauptwettbewerber 108
Aspekt der Zulieferer 113
Aspekt des Handels 111
Ausweichstrategien 109, 113

B2B-Bereich 46
B2B-Segmentierungskriterien 46
Balanced Scorecard 247, 248
betriebliche Absatzlehre 13
Beziehungsintensität 117
Beziehungslebenszyklus 117

Checklisten 135
Corporate Identity Managements 22
Corporate Social Responsibility 10
Cross-Buying-Bereitschaft 121
Cross-Selling- Käufe 116
Cross- und Up-Selling-Potenzials 121
Customer Equity 119, 226
Customer Lifetime Value 119
Customer Relationship Management 12

Database-Management System 119
Datenschutz 9
differenzierten Marktbearbeitungsstrategien 111
Differenzierung 31, 103
Differenzierungskosten 105
Differenzierungsstrategie 132, 150
Differenzierungsvorteile 103, 113, 125
Differenzierungsvorteilen 105
Diversifikation 100
Domestic Marketing 125
Dynamic Capabilities 30
dynamischen Strategiekonzept 107

Echte Innovationen 100
Eigenerstellung 113
eigenständiger Markteintritt 129
Einkaufsstättenwahl 45
Elemente der Marketingimplementierung 230
Erfolgsfaktoren im Wettbewerb 101
ergebnisbasiertes System 234
Erwartungshaltung 114
Evolution 228

finanziellen Ziele 24
Flankenangriff 110
Formale Controllingsysteme 243
Fragmentierung der Medienlandschaft 7

Franchising 113
Fremdbezug 113
Frontalangriff 110
Frühindikatoren 247
Funktionsbereichsziele 17
Funktionstest 135

gebietsorientierte Marketingorganisation 233
generische Strategien 97
geographische Segmentierung 43
Geschäftsfeldziele 27
globalen Marketingstrategien 126
Guerillaangriff 110

Handelsbetriebslehre 13
Handelsgerichtete Marketingstrategien 111
handelsgerichteter Verhaltensstrategien 112
Handlungsziele 17, 26
Handlungszielen 23
Herausforderer 110
Horizontale Diversifikation 100

Imitatives Verhalten 109
Implementierung 12
Implementierung als Organisationskultur 237
Implementierung durch Konsensbildung 237
Implementierung durch Veränderung 236
Implementierung per Anordnung 236
Informationspotenzial 122, 151
Informelle Controllingsysteme 245
Innovationsorientierung 104
Innovatives Verhalten 109
Input-Controlling 244
Inside-Out-Perspektive 28
Instrumentalziele 17
intangible Ressourcen 233
Integrationsvorteilen 125
intendierte Marketingstrategie 227
Interdependenz 228
internationalen Marketingstrategien 126
International Marketing 125
interne Einflussfaktoren 127
internen Marketing 238
internen Marketingprogramms 239
Investitionsrechnung 137

jungen Märkten 128

Käufermärkte 13
Kaufvolumen 45
Kernkompetenz 29
Key Account Manager 233
kollektive Einkaufsverhalten 47
Kompetenztests 134
Konfliktstrategie 110
Konsistenztest 134
Konzentrationsstrategie 31
Konzept der funktionalen Ähnlichkeit 37
Konzept der Kernkompetenzen 97
Konzept der Konkurrenzsituation 36
Konzept der Kreuzpreiselastizitäten 36
Konzept der Kundensegmentierung 42
Konzept der Lückenplanung 98
Konzept der physisch-technischen Ähnlichkeit 35
Konzept der strategischen Geschäftseinheiten 42
Konzept der strategischen Gruppen 38

Konzept der verwenderorientierten bzw. subjektiven Austauschbarkeit 36
Konzept des internen Marketings 238
Kooperationsstrategien 110, 112
kooperativen Strategien 114
Kostenführerschaft 31, 105, 132
Kostenmanagement 106
Kostensenkungspotenziale 105
Kostenvorteile 105
Kostenvorteilsgerichtete Wettbewerbsstrategien 105
kritische Erfolgsfaktoren 240
Kulturelle Kontrollmechanismen 246
Kundenakquisitionsphase 117
Kundenbeziehungslebenszyklus 117
Kundenbindung 118, 119
Kundenbindungsmanagement 118
Kundenbindungsphase 118
Kundenbindungsprogramm 119
Kundendeckungsbeitrags 121
Kundenlebenszyklus 116
Kundenloyalität 121
kundenorientierte Marketingorganisation 233
Kundenrückgewinnungsphase 118
Kundensegmentierung 42
Kundenwert 119, 120
Kundenwertanalyse 119
Kundenwertermittlung 122
Kundenwertmanagements 122
Kundenwertpotenzialen 122
Kundenzufriedenheit 114, 115

Laterale Diversifikation 100
Lead User 122
Lebenszykluskonzept 116
Leitsätze 20

makrogeographische Segmentierung 43
Managementzyklus 139
Markenorientierung 104
Marketing-Audit 245
Marketingcontrollings 243
Marketingcontrollingsystem 242
Marketingfunktionen. 231
Marketingmix 143
Marketingorganisation 231
Marketingstrategie 11, 14
Marketingstrategien 143
Marketingziele 16, 18, 142
Marktarealstrategien 102
Marktaustrittsbarrieren 130
Marktdurchdringung 99
Marktdurchdringungsstrategie 99, 150
Markteintrittsbarrieren 107, 129
Marktentwicklung 99
Marktfeld 99
Marktfeldstrategien 102
Marktnischenstrategien 124
marktorientierte Ansatz 30, 32
Marktparzellierungsstrategien 102
Marktsättigung 132
Marktsegmentierung 33
Marktselektion 33
Marktspezialisierung 124
Marktstellungsziele 24
Marktstimulierungsstrategien 102
mass customization 104
Massenmärkte 33
mehrdimensionale Marketingstrategie 103
mehrdimensionales Strategiekonzept 143
Me-too-Produkte 100

Mischstrategien 127
Mittel-Zweck-Beziehungen 18
Motive 44
muddling through 16
multinationaler Strategien 126
multipler Rechtssysteme 9

nachhaltigen Wettbewerbsvorteil 39
nicht eigenständiger Markteintritt 129
nicht-monetär messbare Größen 121
Nielsen-Gebiete 43
Nischenmärkte 33
Normstrategien 97, 103
Nutzwertanalyse 136

Oberziele 17
Offshoring 113
operationale Handlungsziele 16
operative Marketing-Controlling 144
Organisations-bezogene Variablen 46
Organisationsmitglieder-bezogene Variablen 47
Organisationsverhaltens-bezogene Kriterien 47
Output-Controlling 244
Outside-In-Perspektive 31

passiven Wettbewerbsorientierung 108
Pionier 129
Pionierstrategie 129
Präferenzen 44
Preisführerschaft 105
Preis- und Leistungsvorteilsstrategien 101
Preisverhalten 45
Prestigeziele 24
Proaktives Wettbewerbsverhalten 109
Produktentwicklung 99
Produktmanager 232
Produkt-Markt-Matrix 98
produktorientierten Marketingorganisation 232
Produktprogrammbreite 104
Produktspezialisierung 124
produktspezifischen Variablen 44
produktspezifischen Wahrnehmungen 44
Prozess-Controlling 244
Prozess des internen Marketings 238
Psychographische Kriterien 44
psychographischen Segmentierung 44

Qualitätsorientierung 104
Quasi-neue Produkte 100

reaktives Verhalten 109
realisierte Marketingstrategie 227
Referenzpotenzial 121, 151
Relationship Marketing 4, 116
relevanten Marktes 33, 34
Rentabilitätsziele 24
ressourcenbasierten Ansatzes 28
ressourcenorientierte Ansatz 28, 32

Segmentierungskriterien 43
Selbstkontrolle 246
selektive Spezialisierung 124
Sensitivitätsanalysen 138
Separation 229
Shop-in-Shop-Konzepte 113
Situationsanalyse 15, 142
Soziale Kontrollmechanismen 246
sozialen Ziele 24
soziodemographischen Segmentierungsansatzes 44

soziodemographische Segmentierung 43
Sprinkler- oder Diversifikationsstrategie 127
Strategie der Diversifikation 100, 150
Strategie der Marktentwicklung 99, 150
Strategieimplementierung 227
Strategieplanung 10
Strategieraster nach J. Becker 102
Strategiesystematiken 102
strategische Geschäftseinheit 40
strategische Gruppen 38
strategische Marketingcontrolling 242
strategische Marketing-Controlling 144
strategischer Geschäftseinheiten 41
stuck in the middle 101

tangible Ressourcen 233
Timing 127
Treiber von Kostenvorteilen 105

Umweltschutzziele 24
Umzingelungsangriff 110
undifferenzierten Marktbearbeitungsstrategie 111
undifferenziertes Massenmarketing 125
unternehmensexternen Größen 127
Unternehmensgrundsätzen 16
Unternehmensleitlinien 20
Unternehmensmission 16, 18, 19
Unternehmenspersönlichkeit 22
Unternehmensphilosophie 16, 20
Unternehmenszwecks 16, 18, 19
Unterziele 27
Ursache-Wirkungskette 250

verhaltensbasierte System 234
verhaltensorientierte Kriterien 45
verhaltensorientierten Segmentierung 45
Vertikale Diversifikation 100
vollständige Marktabdeckung 124
Vorbeiangriff 110

Wachstumsstrategien 101
Wachstumsziele 98
Wasserfall- oder konzentrierten Marktbearbeitungsstrategie 127
Wechselbarrieren 119
Wertekette 105
werthaltige Nutzenversprechen 8
Wettbewerbsintensität 38
Wettbewerbskräfte 39
Wettbewerbsvorteil 11
Wirtschaftlichkeitsanalysen 137

Zeitvorteile 106, 107
Zielbildungsprozesses 23
Zielpyramide 16
Zielsystems 17
Zufriedenheitszustände 115
Zulieferergerichtete Verhaltensstrategien 114
zuliefergerichteter Marketingstrategien 113
Zulieferindustrie 113